广义设计学研究方法论

RESEARCH ON METHODOLO-
GY OF GENERALIZED DESIGN

赵伟 著

U0350663

天津大学出版社
TIANJIN UNIVERSITY PRESS

图书在版编目（CIP）数据

广义设计学研究方法论 / 赵伟著 . -- 天津 ： 天津
大学出版社，2019.11（2025.1 重印）
ISBN 978-7-5618-6534-7

Ⅰ．①广… Ⅱ．①赵… Ⅲ．①设计学－研究方法
Ⅳ．①TB21-3

中国版本图书馆 CIP 数据核字（2019）第 275540 号

Guangyi Shejixue Yanjiu Fangfalun

出版发行	天津大学出版社
地　　址	天津市卫津路 92 号天津大学内（邮编：300072）
电　　话	发行部：022-27403647
网　　址	www.tjupress.com.cn
印　　刷	永清县晔盛亚胶印有限公司
经　　销	全国各地新华书店
开　　本	185mm×260mm
印　　张	12.5
字　　数	328 千
版　　次	2019 年 11 月第 1 版
印　　次	2025 年 1 月第 2 次
定　　价	88.00 元

前　言

在当今社会，"设计"已经成为一个跨学科、跨专业、跨组织的综合活动。但是按照传统的社会分工和知识分类模式，"设计"却被切割为不断细化的各具体专业，"设计"的共性问题被忽视，不同领域的"设计"缺少对话的平台。此外，在资本和权力的影响下，设计往往沦为一种"附庸"，失去了自身的社会责任。因此，传统的"设计"概念需要被"广义化"，"广义设计学"的研究尚待开发。本书以此为契机，从设计研究方法论的视角，探讨了"广义设计学"研究的理论生成语境、哲学基础、研究范式危机与转向等问题；并将我国学者所认识的"广义设计学"纳入"设计研究"的框架中，倡导从"设计科学"的范式转向"设计研究"的范式。

全书分为四个部分。第一部分指出了"广义设计学"进入国内学者的视野始于美国学者赫伯特·西蒙提出的"设计的科学"和戚昌滋教授等提出的"广义设计科学方法学"。由于早期的设计研究延续了自然科学描述方法和工程设计规范方法，"广义设计学"的理论基础是建立在"表象主义"科学观之上的，从而使对"广义设计学"的研究陷入了危机，并造成了一些学者在设计学科理论建设中的"误读"。在此基础上，第二部分围绕"科学"与"设计"的关系，剖析了"广义设计"研究的哲学基础问题，并提出设计研究需要从"表象主义科学哲学"走向"科学实践哲学"。在"实践优位"的视野下，广义的设计活动和"广义设计"的研究活动建立起了一个自我运动、自我发展和自我完善的体系。第三部分对我国设计研究活动的背景及对策进行了分析，对研究的重要基石——"概念""理论"等问题进行了重新界定和拓展，区别了"概念"在"日常"和"严谨研究"中的不同用法、意义和局限；并以此为基础重新诠释了"设计""大设计""广义设计"之间的关系，进而提出我们需要借鉴"网络形成"理论重构"广义设计"，将对"广义设计"的探索置于复杂的社会网络中，将它视为一种网络的形成，在形成过程中，会增加新的设计知识节点，也会创造出新的设计接触点。"广义设计学"是对"广义设计"的研究，它不能被一种研究垄断，它是一个"复数"，因而其研究范式需要从"设计科学"转向"设计研究"。由于每一种研究策略中"广义设计"的研究目标、研究策略和研究基石各不相同，我们可以将其划分为"文化导向"的研究、"科学导向"的研究、"学科导向"的研究和"问题导向"的研究，以此将不同领域和不同视角的研究整合起来。第四部分在"广义设计观"的多维视角下，将各种不同的研究视为一种"广义设计"研究的"文化景观"，不同学者或实践者站在不同的位置上，都会有不同的"风景"。

赵　伟

2019 年 10 月

目　录

第一章　绪论

> 目前，思维的主要错误之一在于：当对象、内容已经发生了变化，并为思想的扩展创造或确定了前提的情况下，仍旧以不变的形式、范畴、概念等来思考。
>
> ——C.L.R.詹姆斯《关于辩证法的笔记》

> 虽然设计在许多方面深刻影响着我们所有人的生活，但是它的巨大的潜能却尚待开发。
>
> ——赫伯特·西蒙《人工科学》

1.1　走向"广义综合"的设计：研究背景与研究意义

在"生活无处不设计"的时代，"设计"一词似乎已经被四处泛用。不同身份、不同文化背景、不同知识结构的人对"设计"都有一个自己的概念，即使在设计学术界，"设计"的概念也是一直存在争议的。每当一个新的概念被提出，或许都会遭到旧有思想的质疑和诘难。在进入议题之前，为了避免在各自不同的语境"各说各话"，有必要建立一种"共同背景"（common ground）。为了避免任何先入为主的"预设"立场，本书将在复杂的社会语境中勾勒出当今动态发展中的设计实践的某个侧面，因为与某些"静态与封闭"的理论相比，更能说明问题的是"设计"的世界正在发生着什么。

自18世纪下半叶起，随着"设计过程"与"制造过程"的分离，现代设计经历了近三个世纪的发展，至今已经产生了巨大的变化。设计作为"人造之物"并没有唯一不变的本质，所谓设计本质（essences of design），是随着时代的发展而不断变化着的，设计对于人类社会的真正贡献并不只是单纯地追求便利、舒适或美观而已，设计必须考虑到"物质、资源、环境"对于人们的作用[1]。而今随着金融海啸、能源危机、环境污染、贫富差距的加剧使得全球环境越发复杂，设计研究、设计教育与设计实践领域正面临着如何将碎片化的"人类智慧"进行"广义综合"的挑战。

1　[日]大智浩，佐口七郎.设计概论[M].张福昌，译.杭州：浙江人民美术出版社，1991:21.

1.1.1　设计研究：跨界交锋中激荡创意思维

2011 年 10 月 15 日至 17 日，在中国台北国际会议中心召开了由"台湾创意设计中心"主办的"2011 台北世界设计大会"（2011 IDA Congress Taipei）[1]。大会的主题"Design at the Edges"（交锋）非常明晰地体现出了当下设计活动的交叉性与整合性。

从讨论议题的范围（见表 1-1）可以看出，随着设计活动的不断扩展，不论是设计领域内部还是设计与其他领域都将面临深刻的结构重组与全新的研究模式，这需要在跨界交锋中激荡创意思维。这些新问题的出现无疑反映出按照既有专业划分壁垒森严的设计模式早已不适应当下的设计发展，也不利于设计人才的培养。作为设计者，必须在整个立体的"网络体系"中思考，不断调整自己的"坐标与定位"，及时发现自己与相同领域的交叉点与差异性，动态调整自己与其他领域的结合点与界线。正如 IDEO 的全球首席执行官蒂姆·布朗 (Tim Brown) 在 TED[2] 上的演讲（*Urges Designers to Think Big*，《鼓励设计师放大思考的格局》）所表达的，"设计不能越做越小，设计师应该放大思考设计的格局"[3]。

表 1-1　"2011 台北世界设计大会"讨论议题

· 设计实务与其他领域（包括科学、技术、政府、商业、非政府人道组织）在设计相互激荡后的前端突破
· 不同设计专业（特别是工业设计、视觉传达设计与室内设计）相互激荡后的前端突破。这些设计专业有哪些共同之处，有哪些独特之处
· 设计与其他领域的前端作品与概念，包括崭新的、具有争议性和实验性及挑战设计专业界线的作品与概念

值得反思的是，在当今社会"设计"（design）已经成为文化和日常生活的核心，设计实践的意义并非仅仅是一项专业实践，设计实践的范畴也不仅仅是国内现有学科目录上的"设计学"所能涵盖的。"设计"已经发展为一个集社会、文化、哲学、科学、艺术等研究于一体的应用性的学科群。设计的这种"跨学科性"需要更多不同背景的研究者介入设计实践与设计研究活动中，还需要社会大众对设计的价值和意义有更深层次的理解，如此才能搭建一种互动的、利于沟通的设计文化平台。设计作为多门学科的交叉地带，很多设计问题已经远远超出了设计本体的范畴。为了提供给社会更好的产品和服务，为了应对日益复杂的设计问题与设计情境，很多设计工作必须由具备多学科背景的跨专业团队完成，需要设计师、工程师、社会学家、人类学家、心理学家、自然科学家、艺术家以及用户都加入到设计实践的探索中。[4] 在跨学科的团队合作中，尽管每个人不可能掌握每一个学科的一切，但是为了更好地进行团队合作，非常有必要增进不同学科之间的了解。因此，一些国际著名的设计机构表示急需"T 形人才"。美国 IDEO 公司的首席执行官蒂姆·布朗认为，最好的设计师可以称为"T 形人才"，大写字母"T"笔画中的"横"与"竖"分别代表了跨领域解决问题的协作能力和对某一专业技能的

1　"2011 台北世界设计大会"是全球工业、平面及室内设计三大领域整合为国际设计联盟（IDA）后首次举办的世界设计大会，亦可说是设计界的奥林匹克运动会。大会吸引了全球 60 个国家的 3000 位设计专业人士，100 万人次参观展览，在世界设计史上具有重大意义。

2　TED（technology, entertainment, design 三个英语单词的缩写，即技术、娱乐、设计）是美国的一家私有非营利机构，该机构以它组织的 TED 大会著称。

3　Tim Brown. Urges Designers to Think Big[DB/OL].[2009-09]http://www.ted.com/talks/lang/en/tim_brown_urges _designers_to_think_big. html.

4　当下很多设计公司都采用跨学科的团队解决设计问题，如 IDEO，飞利浦公司，苹果公司，浩汉产品设计公司等。这种跨专业的协作团队很多时候也是临时性的组织，即在设计实践中为了解决某个项目的某个问题而组织在一起。英国学者迈克尔·吉本斯等称这种知识生产的新模式为模式 2。详见：迈克尔·吉本斯，卡米耶·利摩日，黑尔佳·诺沃提尼，等.知识生产的新模式：当代社会科学与研究的动力学 [M].陈洪捷，沈文钦，等译.北京：北京大学出版社，2011.

专攻能力[1]，而一个人只有不断实现自我知识结构的创新，才能够实现"个人知识"在"深度"与"广度"两个维度上不断协同重构。

1.1.2 设计教育：以创新为名义的整合

在国际设计教育界近十年的教育改革中，英国、芬兰、美国等国家恰恰考虑到设计教育应该转向"以创新为名义的整合"。2010 年 1 月 18 日，芬兰的阿尔托大学（Aalto University）成立，这所芬兰创新教育的"航空母舰"—— 阿尔托大学是由三所芬兰大学合并而建立起来的：赫尔辛基经济学院（The Helsinki School of Economics）、赫尔辛基理工大学（Helsinki University of Technology）和赫尔辛基艺术与设计学院（The University of Art and Design Helsinki）。"其宗旨在于构建一所前所未有的、专注创新的、跨学科合作的科研与教学机构，一个'非比寻常的、完整齐备的创新的温床'，一面'具有震撼力的、国际竞争力的、全国性的创新型教育的旗帜'，并力图到 2020 年实现世界领先的目标……阿尔托大学的使命就在于'为芬兰社会、科技、自然、经济、艺术、艺术设计、国家形象作出积极的贡献，增进人类与环境的福祉'。"[2] 芬兰阿尔托大学的视觉识别系统设计见图 1-1。

图 1-1 芬兰阿尔托大学的视觉识别系统设计

当然，自阿尔托大学成立以来，其艺术设计学院已经与我国多所院校，如中央美术学院、清华大学、景德镇陶瓷学院、江南大学、山东工艺美术学院、同济大学建筑与城市规划学院达成合作协议。但是值得深思的是，我国还没有像芬兰那样从建设"创新型国家"的宏观视角，将国家发展与设计教育在价值观与目标定位上建立起一座桥梁，从而更深刻地反思本土设计教育中定位模糊、缺乏特色、专业划分过细、缺少具有深度的跨学科和跨领域合作的种种缺陷。另外一个不可忽视的问题是，尽管我国非常缺乏高质量的创新人才，但是在现实的设计教育中却呈现出一种无限扩张的、"低端化"和"趋同化"及"空壳化"的教育模式。根据中央美术学院许平教授所带领的课题组的统计，"2010 年我国设计类院校已达 1448 所，6593 个专业和 407761 名学生入学。以大学本科四年学制计算，这几年全国学习设计相关专业的在学人数就超出 130 万人"[3]。但是与表 1-2 中非常先进的美国、日本、芬兰等国家的设计教育规模差距还是比较悬殊的。并且，芬兰、英国等国家的设计教育整合优势互补、定位明确，这与我国国内设计院校在 GDP 效应的影响下，热衷追求学科覆盖而导致学科结构与教育规模失控的局面不同。面对国内设计院校的盲目膨胀，许平认为："学科建设不能代替学术建设的观点。毕竟对于高等教育而言，学术发展是立学之本；对于艺术学科而言，执于学术之真、深于人文之善、精于创造之美，都为学术真谛，也都为立学根本之所在。达到这样的目标，就学校而言，资源的保证、结构的合理、标准的精深都是必要的条件，而对于教师而言，精力的保证、目标的专一、学养的精进，

1 [美] 沃伦·贝格尔 . 像设计师一样思考 [M]. 李馨，译 . 北京：中信出版社，2011:21.
2 袁熙旸 . 整合，以创新的名义：新世纪十年西方设计教育的一种走向 [J]. 创意与设计，2010(1):9-15.
3 许平 . 艺术教育盲目扩张之忧 [N]. 光明日报，2011-07-29(12).

都是当然的前提。"[1] 而就设计学术而言，在大的设计门类中设计学[2]的研究者与建筑学、广告学等设计范畴的学者"老死不相往来"，缺少交流；在设计学的学科内部也存在着理论研究不能影响设计实践的隔阂问题。这种封闭的状态，非常不利于在一个开放的、大设计的平台上增进设计研究的整合。我国某省艺术考生考试现场与教师阅卷现场见图 1-2。

表 1-2　世界各国设计院校人数规模的比较

国别	2000	2001	2002	2003	2004	2005	2006	2007	最近
韩国			36397						36397
美国			38000						38000
挪威	167								167
瑞典	540								540
新加坡	767								767
英国	11605	12159	12684	13005	12645	13420	13420	13270	13270
加拿大					3308				3308
丹麦							450		450
芬兰	714	816	819	886	861	812	827	944	944
冰岛	39	40	48	54					54
日本				28000					28000

注：引自英国设计协会与英国剑桥大学等 6 所大学中的研究机构共同完成的"国际设计力排行榜"。

图 1-2　我国某省艺术考生考试现场与教师阅卷现场

1.1.3　设计实践：创意阶层的崛起

从文艺复兴时期到资讯时代，很多国家都是走过了拼劳力、拼资源、拼污染防治等的一连串失败行动之后，又走向"创意制胜"的。在知识社会，创意人才将成为未来经济发展的主要动力，"创意产业每天为世界创造 220 亿美元的价值，以高于传统产业 24 倍的经济速度增长，美国 GDP 的 7%、英国 GDP 的 8% 由它贡献，创意产业已成为众多发达国家的支柱性产业"[3]。世界文化创意产业

1　许平. 艺术教育盲目扩张之忧 [N]. 光明日报，2011-07-29(12).
2　这里的设计学主要是指由原来的"图案学"—"工艺美术"—"艺术设计学"经由 2011 年学科目录调整后演变的"设计学"，当然这一称谓的演变应该体现出相比"艺术设计"更为宽广的视角，但更加深入具体的诠释仍需学界的深入探讨。此处主要是从设计门类的角度予以讨论。
3　[美] 理查德·佛罗里达. 创意阶层的崛起 [M]. 司徒爱勤，译. 北京：中信出版社，2010: 推荐序一.

之父约翰·豪金斯 (John Howkins) 预估全球创意产业经济规模每年成长率为 5%，按照他的推测 2020 年全球创意经济产值将达到 705 亿美元（见表 1-3）[1]。

表 1-3　全球创意经济市场的成长规模（单位：10 亿美元）

	1999 年	2004 年	2020 年
预估每年成长率为 5%			
设计	140	178	371
时尚	12	15	32
广告	45	57	119
建筑	40	51	106
艺术	9	11	24
工艺	20	25	53
合计	266	337	705

注：1999 年数值参考自 Howkins（2011）。

在历史的经验面前，很多国家早已意识到设计的重要性，为了更好地发展设计，更是从国家的层面设立专门的法律、政策保障，并设立专门的创意文化机构提高本国设计的国际竞争力。因为"国家创意力的开发是提高国家在世界竞争中的综合国力、核心竞争力最持久的措施"。国家创意力作为国家核心竞争力的核心力量又是由多重维度构成的，"它包括国家发展策略、国家的立国精神、国民的创意素质、科技教育政策、人才流动与奖励政策、学术环境、文化资源、基础科学、企业创新体系、全民创新运动、智慧财产全保护与开发、金融政策等"[2]。

美国成为一个典型的具有创新精神的国家，与其"创意阶层"的崛起与社会结构的变化具有很大的关系。据理查德·佛罗里达统计，截至 1999 年美国的创意阶层大约包括 3830 万名成员，占美国就业人口总数的 30%。[3] 而理查德·佛罗里达对"创意阶层"的定义远远不止设计师，他认为："这类创意人士包括科学家、工程师、画家、音乐家、设计师以及其他知识型的专业人士。"[4] 尽管跨越了不同的专业和领域，但是"创意阶层的所有成员，无论是艺术家还是工程师，作家还是企业家，都具有共同的创意精神，即重视创造力、个性、差异性和实力。对于创意阶层的成员来说，创意的每个方面和每种形式，无论是技术的、文化的，还是经济的，都是相互关联、密不可分的"[5]。而如何使我国从"中国制造"（Made in China）走向"中国设计"（Design in China）恰恰离不开创意人才，但如何培养这种创新人才，如何为创新人才建立良性的管理制度，如何营造多样性、包容性的社会环境是我们必须思考的问题。正如佛罗里达著名的"三 T"原则（人才 talent、技术 technology、宽容 tolerance）所表达的："宽容吸引人才，人才创造科技。"[6] 更重要的是这些创意阶层不仅仅"谋求生存"，更重视"表达自我"和"自我实现"。因此，创意阶层不仅仅是以广博的知识与创造性的智慧解决复杂的实际问题，还会为丰富城市文化与城市生活的多样性带来活力。美国《连线》杂志杰出编辑丹尼

1　单承刚．设计政策之建构与实行 [D]. 台湾：云林科技大学，2005.
2　陈放，武力．创意的背后一定有方法 [M]. 台北：海鸽文化出版图书有限公司，2008:68.
3　[美] 理查德·佛罗里达．创意阶层的崛起 [M]. 司徒爱勤，译．北京：中信出版社，2010:85.
4　[美] 理查德·佛罗里达．创意阶层的崛起 [M]. 司徒爱勤，译．北京：中信出版社，2010: 序言．
5　[美] 理查德·佛罗里达．创意阶层的崛起 [M]. 司徒爱勤，译．北京：中信出版社，2010:9.
6　[美] 理查德·佛罗里达．创意阶层的崛起 [M]. 司徒爱勤，译．北京：中信出版社，2010: 推荐序一．

尔·平克（Daniel H.Pink）认为经历了农业社会、工业社会和信息社会，"我们又将进步到一个创新型社会——创造者和共情能力者的社会，模式识别者和意义创造者的社会"（图1-3）[1]。这将是一个右脑崛起的社会，"右脑思维将成为职业生涯成功和个人满意度提升的关键"[2]。

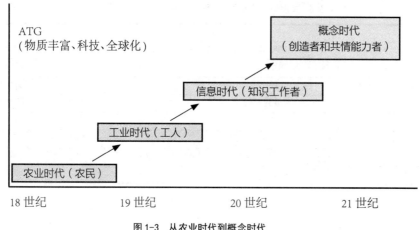

图1-3　从农业时代到概念时代

1.1.4　设计实践：设计塑造现代生活

在非物质社会，我们需要对设计的角色与定位进行全新的审视。设计不应该仅仅是商业资本的附庸，也不应单单是对社会文化的被动反映。不同地域的设计实践动态建构着该地域的社会文化形态和日常生活，设计更像是一个"鲜活的生命"形式，存在于不同国家、不同民族、不同地域，设计通过物的形态"表达了人们对生活的发言"。日本设计师原研哉指出："设计绝不仅仅是制造技术，设计是从生活发现新问题的行为。我们的环境是由具体生活着的人构成的，它所走向的前方，就是技术与设计的未来。"（图1-4）[3]故此，当我们讨论设计的时候，绝不能忽略人的主体性与能动性。英国设计史学者彭妮·斯帕克（Penny Sparke）也认为："设计的故事发生在一个综合的大背景下。其中包括经济、政治、技术、文化、社会、心理、伦理及全球生态系统等在内的各种其他力量，它们与设计一起，塑造了现代生活。我们曾经用过的、至今还在使用之中的设计及生活方式，是由我们自身的各种活动决定的。"通过对不同设计物品的选择可以反映出自己的个性特点及社会地位，"更重要的是，设计是人类文化多样性的反映，是在各种文化信息背后的强大驱动力之一"[4]。尤其在我国快速城市化的进程中，"设计"正扮演着重要的角色，我们需要用创新精神与设计思考去创造性地、系统性地解决中国社会的诸多现实问题。正如中国科学院在《2010中国可持续发展战略报告：绿色发展与创新》中所指出的："绿色发展本身是一种新的发展模式，是对传统模式的变革或创新。这种创新往往是全方位的，涉及技术、制度、组织、文化等多个维度，涵盖宏观和微观两个层面，甚至是革命性的、根本性的。"而该报告认为，实现这种创新的决定因素是"作为一种新的创新范式，绿色创新要求重构和平衡创新链条上的各种推动性与拉动性的因素"[5]。由此可见，设计的绿色发展不但需要系统化的

1　[美]丹尼尔·平克.全新思维[M].琳娜，译.北京：北京师范大学出版社，2007:38.
2　[美]丹尼尔·平克.全新思维[M].琳娜，译.北京：北京师范大学出版社，2007:39.
3　[日]原研哉.设计中的设计[M].朱鄂，译.济南：山东人民出版社，2008:36.
4　[英]彭妮·斯帕克.大设计：BBC写给大众的设计史[M].张朵朵，译.桂林：广西师范大学出版社，2012:9.
5　中国科学院可持续发展战略研究组.2010中国可持续发展战略报告：绿色发展与创新[R].北京：科学出版社，2010.

思考，还需要重构和平衡创新链条上的各种"推动性"与"拉动性"因素，从而实现宏观和微观的多维度思考。对于设计而言，具有责任感的创新型设计师需要从绘图员转变为"广义设计"的思考者，需要创造性地对"设计概念"重新进行"诠释"，需要以全新的理念解读传统，需要对习以为常的观念与生活方式提出质疑，需要重新思考"生存概念、生活方式、生产方式、能源概念、交通概念、安全概念、人居环境概念"[1]。只有这样，我们才能重新建构设计与社会、经济、文化、自然的关系，重新定位设计活动中生态链与生态网。设计正在也有责任参与中国文化的重建。

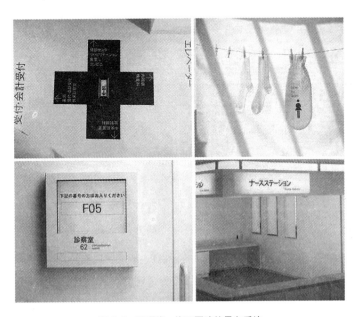

图 1-4　原研哉，梅田医院的导向系统

1.1.5　设计伦理：设计失控的时代

诚然，设计为经济发展和日常生活带来了很多改变，但是我们也不能忽略设计面临的巨大困境。在现代性的种种后果之中，"我们不得不正视这样一种现实：设计的消费主义倾向和极端化倾向，正在导致设计的全面失控。而且，这种失控由于它自身反思性和批判性立场的丧失，使其对于自己的失控几乎不能产生质疑和批判"[2]。例如，尽管很多人已经意识到当下的生活方式与价值观已经让地球不堪重负，但是却还有"包装过度"的月饼盒充斥市场，花样与功能层出不穷的手机吸引人们频繁的更换……甚至每当苹果公司有新手机、新平板电脑首发时，都会有大批顾客连夜排队购买（图 1-5）。这是因为整个社会文化对设计缺乏一种整体的认识，大众往往更多地关注产品自身的外观、功能和体验，而忽略产品背后的社会性及设计、生产、分配、消费之间是如何连接的、如何循环的综合性问题。当享受产品为自己带来的服务的同时，大众往往忽略掉产品背后的社会性：或许你身上的某国际品牌的牛仔裤是印度的童工缝制的[3]，或许你手上的苹果手机背后隐藏着一群因为加工手机摄像头而集体患上周围神经病变的中国工人（图 1-6）[4]，或许你乔迁的新居的土地上原本是一座历

1　李乐山.社会核心价值是创新的人文平台[EB/OL].[2009-07-17]http://blog.sina.com.cn/s/blog_530878ba0100e6ok.html? retcode=0.
2　海军.控制设计：设计的失控与风险反思[J].设计艺术研究，2011(2)：38-44.
3　生命不可承受之重 苦不堪言的世界童工[EB/OL].http://topic.eastmoney.com/GUCCI/2011-10-10.
4　苹果手机摄像头中有害物质造成8名工人中毒得怪病[EB/OL].[2011-02-04]http://sh.sina.com.cn/news/h/2011-02-14/0847172517.html.

史名人故居[1]……当然，如果单独面对童工问题、工人安全问题、历史名人故居问题，很多人都会义愤填膺，但是当面对自己挑选的设计产品的时候，或许公众假使得知设计产品背后的这些问题，也仍然不能削减他们对这些产品的喜爱和追求。这就是设计不得不面对的问题——人性（图 1-7），也使得我们不得不思考对设计的控制。在设计无所不在的今天，"我们必须重新反思设计创新、风险和控制三者之间的关系……越是强调创新的时代，越是需要强调这种控制性的设计原则、策略和价值立场"[2]。对设计的控制并非是站到设计创新的对立面，而是从更系统的角度对设计进行反思，因为假如设计对人类文化、生态环境产生种种负面作用的话，那么越是"智慧"的设计就越是危险的，用建设去破坏无疑将是十分荒谬的。不论设计的科技如何进步，也不能突破设计的责任感、使命感和价值观的底线，人性应该与科学、艺术一同构成"整体设计观"的重要一环。

图 1-5　三里屯苹果旗舰店 iPad2 首发——京夜未眠

图 1-6　央视曝光苹果核心供应商违规导致员工中毒住院

　　以上从设计研究、设计教育和设计实践三个层面以事实和学者观点为依据，对当下走向"整合"的设计趋势进行了粗线条的综述。由此我们可以看出设计发展的以下变化。

　　第一，设计研究方面，当下的设计研究越来越倾向于利用"跨学科"以及"超学科"的研究模式针对现实设计问题进行探索。在共同的问题情境中，不同设计专业以及与设计相关的其他知识门类呈现出学科汇聚的趋势，不同知识背景的研究者能够打破专业界限跨界合作，共同探索，在思想的交

1　旧城改造：还要从推土机前救下多少名人故居？ [EB/OL]. [2009-07-16]http://www.10fang.com/news/28458.html.
2　海军. 控制设计：设计的失控与风险反思 [J]. 设计艺术研究，2011(2)：38-44.

图 1-7　一人去世，百万人哭泣；百万人去世，谁人哭泣？

（图片来源：http://feedmerevolution.tumblr.com/post/11885756474/one-dies-
million-cry-million-die-no-one-cries）

锋中寻找创新的可能性。

第二，设计教育方面，当下的国际设计教育界正在将专业细分之后"各自为政"的设计专业整合起来，迈向资源共享、优势互补、多学科交叉的运作模式，并且视角已经由设计门类内部的交叉整合扩展到经济、科技、艺术与设计三大领域，这也直接影响了三大领域之间的资源调配、团队合作模式以及机构重建的问题。

第三，设计实践方面，随着"创意阶层的崛起"，创新能力不但已经上升为影响一个国家在国际中综合竞争力的重要核心因素，并且为民族工业和国民经济带来了可观的收益。随着"概念时代"的来临，右脑思考被赋予同左脑平等的地位，在企业面对如何实现技术创新与商业模式创新的时候，"设计师式"的思考方式正在影响新的生活方式和商业模式。并且，通过"设计思考"，设计师创造出原本不存在的东西，满足人们的需求，赋予生活新的意义，动态地形塑着当下的文化生活。但是在发掘设计潜力的同时，设计必须受到控制，设计共同体必须有设计伦理的观念，设计行为必须对资源、环境、人等多方面负责。

第四，当下的设计研究、设计实践与设计教育已经紧密结合在一起，尽管不同的国家有不同的模式，但是以问题为中心的设计研究已经渗透到设计实践与设计教育的方方面面。在跨学科的模式下，设计正走向开放性、互动性、多元性、情境性与地方性。

尽管设计的发展需要建立在具体的国情之上，但以上事实却体现了国际设计发展的必然趋势，这一趋势的变化也将对我国的设计发展提出严峻的挑战。从中我们不难发现在当今社会中，设计的意义已经发生了深刻的变化，但是设计理论的研究却并没有跟上设计实践的步伐。对于"设计学"自身而言，作为一门年轻的学科，"设计学"至今没有建立起能够与物理学、生物学、社会学、文学等成熟学科对话的学术体系，研究方法上也往往需要借助于自然科学或人文社会学科的研究工具；对于设计的"跨学科性"而言，设计的跨学科研究的深度往往取决于研究者的学术背景或跨学科团队的研究水平。而我国目前的某些交叉研究只是"借助设计言他"的概念游戏，如果将论文中的"设计"一词置换为"文化""艺术"等词论文仍然成立，由于研究者缺少设计实践的经验而难免变成空谈。因而，要想更深层次地认知设计，要想实现对设计门类的"广义综合"，在设计研究中就必须拓宽探讨设计的范畴和探究设计的视角，除了对"设计学"的本体进行研究之外，还要从设计的"跨学科性"的角度进行"广义设计"的研究。

1.2 关于广义设计学及已有相关研究的综述

对于"广义设计"的研究，貌似资料非常丰富，实际上却很分散。并且，由于对"广义设计学"的界定标准不同，或者说不同学者根据各自的诠释方式，在具体研究中建构了不同的研究对象、研究边界和研究范围，以此建立起不同的关于"广义设计"的"问题域"[1]。因此，如果不从研究者具体的"问题意识"进行分析，又难免造成对这些研究观点的混淆。如果借用法国著名社会学家皮埃尔·布迪厄的说法，对于"广义设计学"的研究同样是"一种做法"而非"著作"。[2] 同赫伯特·西蒙对"设计科学"的综合一样，从共同点而言，对于"广义设计学"的种种研究都是企图打破将设计划分为具体专业的局限，从跨学科的角度进行探索，从而试图创建一种多元化的、开放性的设计对话平台，并建立起一种"大设计"的观念。

必须指出的是，由于"广义设计学"涉及的问题非常广泛，需要跨越设计、人文、科学等不同的领域，在众多学者的研究基础之上将"广义设计学"的发展历程作出梳理，并将其进一步向前推进。作为以"问题为中心"的跨学科"融贯研究"，本书除了"设计研究"领域之外，还直接依托于科学哲学、研究方法论、比较哲学、语言学、思维方式、文化学、学习科学、认知科学等多个领域的学术成果，以下对较为重要的文献进行综述。

1. 设计研究

使"广义设计学"这一词汇进入国内设计研究学界视野的文献有三部：赫伯特·西蒙的《人工科学》（*The Sciences of the Artificial*, 1982）（武夷山译，北京，商务印书馆，1987）；戚昌滋等学者编著的《现代广义设计科学方法学》（北京，中国建筑工业出版社，1987）；杨砾、徐立合著的《人类理性与设计科学：人类设计技能探索》（沈阳，辽宁人民出版社，1988）。尽管这三部文献都从字面上涉及"广义设计学"，但是它们对于"广义设计学"的理解并不相同：西蒙提出了"设计的科学"（science of design）；戚昌滋等提出了"广义设计科学方法学"；杨砾、徐立将西蒙的理论纳入"设计研究"的框架，称"设计科学"是"广义设计学"的重要部分和核心内容。

早在 20 世纪 80 年代，国内学者就开始了对"广义设计学"的研究，西蒙的《人工科学》在设计美学[3]、设计基础理论[4-5]、设计方法学[6]、设计语义学[7]和机械工程[8-10]方面都得到了很多回应。但是在设计领域对《人工科学》的研究还停留在理论转述的层面，从引文深度上看，基本上只是采用了西蒙关于"设计科学"的定义以及关于"人工物"与"自然物"的划分。不足之处是该理论对设计实践活动的直接影响较为有限，并且非常缺少应用实例。但是，从设计学科的理论建设而言，西蒙通过扩大

1 "问题域"指提问的范围、问题之间的内在关系和逻辑可能性空间。
2 [法] 皮埃尔·布迪厄，[美] 华康德. 实践与反思：反思社会学导引 [M]. 李猛，李康，译. 北京：中央编译出版社，2004.
3 徐恒醇. 理性与情感世界的对话：科技美学 [M]. 西安：陕西人民教育出版社，1997:244-248.
4 李砚祖. 设计艺术学研究的对象及范围 [J]. 清华大学学报（哲学社会科学版），2003, 18(5): 69-80.
5 李砚祖. 设计新理念：感性工学 [J]. 新美术，2003, 24(4):20-25.
6 柳冠中. 事理学论纲 [M]. 长沙：中南大学出版社，2006.
7 舒湘鄂. 设计语义学 [M]. 武汉：湖北美术出版社，2001.
8 吴志新. 浅论广义设计学对设计工作的指导意义 [J]. 山东建筑工程学院学报，1991, 6(1): 62-65.
9 郑建启，李翔. 设计方法学 [M]. 北京：清华大学出版社，2006.
10 郑建启，胡飞. 艺术设计方法学 [M]. 北京：清华大学出版社，2009.

"设计"定义的范畴将不同门类的设计整合起来的做法得到了很多研究者的赞同，美国设计研究学者维克多·马格林认为，尽管当下还不能将"广义设计"转换为范式术语，但是分散于各个领域的设计研究必定要整合于"设计研究"（design research）的框架中。

随着英美设计研究学派的兴起与国内研究者的关注，从多学科的、广义化的角度理解"设计"才越来越被国人关注。但是相对而言，国内的这方面研究还是比较滞后的，很多研究仍停留在对个别学者、个别著作的介绍上，缺少整体上的史学视角，各种不同的研究成果还未能放到"设计研究"发展的"历史坐标系"中。

国内以史学的角度对设计研究进行梳理的研究论文还不多见，如祝帅的《艺术设计视野中的"人工科学"：以赫伯特·西蒙在中国设计学界的主要反响为中心》（2008）、赵江洪的《设计和设计方法研究四十年》（2008）、陈红玉的《20世纪英国设计研究的先驱者》（2008）、南京艺术学院刘存的硕士论文《英美设计研究学派的兴起与发展》（2009）都是对这一问题的探索和努力。此外，清华大学美术学院唐林涛的博士论文《设计事理学理论、方法与实践》（2004）的部分章节以奈杰尔·克罗斯教授编著的论文集《设计方法论的发展》（*Development in Design Methodology*，1984）为基础对"设计方法论"的历史进行了梳理。

2006年在设计研究学会成立40周年之际，很多参会的英美设计研究学派的成员梳理了该学派的发展历程。如土耳其伊斯坦布尔科技大学的尼根·巴亚兹（Nigan Bayazit）教授的《探究设计：设计研究四十年回顾》（*Investigating Design : A Review of Forty Years of Design Research*，2004）、英国雷丁大学雷切尔·拉克（Rachael Luck）博士的《设计研究：昨天、今天与明天》（*Design Research:Past Present and Future*，2006）与英国公开大学奈杰尔·克罗斯教授的《设计研究四十年》（*Forty Years of Design Research*，2006）对该学派的历史、研究内容与范畴、代表人物进行了较为系统的介绍，并作出了简要的总体评价。此外，在《当下设计研究：论文与项目案例精选》（*Design Research Now:Essays Selected Projects*，2007）中，洛夫·米歇尔（Ralf Michel）广泛地收录了荷兰、意大利、德国等学者的最新研究成果，尽管对于问题定义和方法论仍然缺乏定论，但是却展现了当下设计研究的重要立场与特征。

此外，"设计研究"还得到了各个设计领域的回应和重视。2010年11月17日到18日，"设计研究"清华大学—柏林工业大学联合博士论坛在清华大学召开，是我国风景园林学界首次开展的RTD（Research Through Design, 通过设计做研究）。会后《风景园林》杂志在2011年的第二期特别策划了"设计研究"专题，对设计研究的著名学者奈杰尔·克罗斯、沃福冈·尤纳斯、葛斯切·朱斯特、周洛珊、朱根·瓦丁格尔进行了访谈并发表了一些文章。其中，清华大学郭湧博士的《当下设计研究的方法论概述》[1]提出，设计学应该反思科学范式的研究方法，转向发展基于设计专长与设计思维的"设计学范式"研究方法论。

经过设计研究的不断发展，"设计"与"学科"，"设计"与"科学"[2]一直是不断被讨论的热点问题。这也与"设计"作为一门"学术"进入高等教育体系之后学术身份的合法性和学科属性的定位密切相关。奈杰尔·克罗斯教授认为，设计应当是并列于"科学"和"艺术"的第三种人类智力范畴，应该有自己的研究方法和研究旨趣。同时，奈杰尔·克罗斯还提出了"设计师式的认知方式"，由此"设计"

1 郭湧. 当下设计研究的方法论概述 [J]. 风景园林，2011(2):68-71.
2 Nigel Cross.Designerly Ways of Knowing:Design Discipline versus Design Science [J]. Design Issues,2001,17(3):49-55.

作为一门"学科"[1]被正式地提出了。不但这一观点的提出有利于"设计学"自身的学科建设，而且从"设计科学"到"设计研究"的转向也有利于对"广义设计学"的进一步研究。布鲁诺·拉图尔在《我们从未现代过：对称性人类学论集》中对于"科学"与"研究"[2]的区别同样给予了本书很多启示。

2. 科学哲学、科学研究方法论

由于设计学科自身还不够成熟，其研究方法论往往需要从其他学科借鉴，但不可忽视的是科学实践及科学哲学自身也是与设计同步发展的，这需要设计研究不能仍然狭隘地停留在以"本质主义"科学观看待"研究"及"设计研究"问题。在科学哲学方面，清华大学的吴彤教授等在《复归科学实践：一种科学哲学的新反思》[3]中以20世纪80年代兴起的科学实践哲学为基础，反思了传统科学哲学的种种弊端，批判了理论优位的"传统科学哲学"。从理论的建构上，吴彤教授带领的科研组吸纳了劳斯、皮克林、哈金、卡特赖特等人的研究成果，倡导"实践优位"的科学观；从具体的实践上，还将这一理论观点应用在科学技术哲学的具体教育实践中。此外，复旦大学的周丽昀博士[4]总结了"表现科学观"与"实践科学观"的差异及"实践科学观"的特征等；浙江大学的孟强博士也把"科学作为整理和改造世界的介入活动"[5]，都显示出科学观的转变与科学研究方法论的转向。此外，蔡云龙、叶超等学者在《地理学方法论》[6]中对方法论的总结对设计研究具有很大的启示。

3. 设计方法论与设计研究方法论

随着现代设计的发展，设计越来越不能离开"设计研究"的支撑，但是设计研究的方法论却一直受到自然科学研究方法的影响。在历史上，甚至一度出现了将"设计本体"等同于"自然科学本体"的"设计方法运动"。值得注意的是"设计的科学"和"广义设计科学方法学"的提出之时正面临着社会文化的转向——"复杂性思想"的兴起和学界对交叉学科的研究兴趣日益增强。在复杂性思想方面，法国学者埃德加·莫兰的《复杂性思想导论》[7]，尼古拉斯·雷舍尔的《复杂性：一种哲学概观》[8]等为本书的写作提供了新的思路。

由于早期的设计研究延续了自然科学描述方法和工程设计规范方法，这使"广义设计学"的理论基础建立在了"表象主义"科学观之上。"表象主义"的科学观由于脱离知识生产的过程抽象地讨论知识论问题，从而在自设的陷阱中不能自拔。它不但割裂了研究与世界的关联，使研究远离现实世界和日常生活，还导致一切设计都被对象化、抽象化、客观化了，对"广义设计学"的研究成为符合"广义设计"活动的设计方法汇总，但是现实世界的多元性与丰富性都未能纳入"设计科学"的研究视野，尤其是设计的艺术方面更不能在该框架下得到很好的诠释。对于这一问题，唐纳德·A.舍恩（Donald A.Schön）[9-10]、马克·第亚尼（Marco Diani）[11]、维克多·马格林（Victor Margolin）[12-13]从不同的角度提出了自己的质疑，并拓展了以往设计研究的视野。上述矛盾构成了"广义设计学"面临的理论困境

1　而非附庸于"科学"或"人文"的知识门类之中。
2　[法]布鲁诺·拉图尔.我们从未现代过：对称性人类学文集[M].刘鹏，安涅思，译.苏州：苏州大学出版社，2010：1.
3　吴彤，等.复归科学实践：一种科学哲学的新反思[M].北京：清华大学出版社，2010.
4　周丽昀.科学实在论与社会建构论比较研究：兼议从表象科学观到实践科学观[D].上海：复旦大学，2004.
5　孟强.从表象到介入：科学实践的哲学研究[M].北京：中国社会科学出版社，2008.
6　蔡运龙，叶超，陈彦光，等.地理学方法论[M].北京：科学出版社，2011.
7　[法]埃德加·莫兰.复杂性思想导论[M].陈一壮，译.上海：华东师范大学出版社，2008.
8　[美]尼古拉斯·雷舍尔.复杂性：一种哲学概观[M].吴彤，译.上海：上海世纪出版集团，2007.
9　[美]唐纳德·A.舍恩.反映的实践者：专业工作者如何在行动中思考[M].夏林清，译.北京：教育科学出版社，2007.
10　[美]克里斯·阿吉里斯，唐纳德·A.舍恩.实践理论：提高专业效能[M].邢清清，赵宁宁，译.北京：教育科学出版社，2008.
11　[法]马克·第亚尼.非物质社会：后工业世界的设计、文化与技术[C].滕守尧，译.成都：四川人民出版社，1998.
12　[美]维克多·马格林.人造世界的策略：设计与设计研究论文集[C].金晓雯，熊嫕，等.南京：江苏美术出版社，2009.
13　[美]维克多·马格林.设计问题：历史·理论·批评[M].柳沙，张朵朵，译.北京：中国建筑工业出版社，2010.

与难题，从根本上来看，这种困境是长期以来设计研究的哲学基础受到近代科学观的影响，片面追求"客观化""普遍性""技术理性"和"计算理性"所导致的。

当然，对于是"狭义定义设计"还是"广义定义设计"在国外尚处在争论状态，著名设计理论家维克多·马格林在《位于十字路口的设计》中，以"十字路口"作比，来表达自己的态度："随着这些设计训练课程被划分成不同的专业科目，各个科目的实践者便会对自己以及他人从事的设计活动的重要性给予不同的评价，在他们之间建立交流的平台显得非常困难。这样，将设计作为一种广义的人类活动来讨论便会处于低层次的发展阶段。"[1]其实任何事物的"分"与"合"都是同步的，所谓"孤阴不生，独阳不长"，专业细化和学科分化应该与专业整合和学科交叉是同步的。

从设计人才培养的角度来看，吕品晶教授认为："建筑教育并不仅仅是职业教育或者技术训练，它首先应该是广义的人才培养。若从这个角度思考建筑教育，它的内涵就应该更宽泛一些。广义而言，建筑教育不过是人才培养的一种媒介，我们应该以这个媒介来实现更大的人才教育目标，应该通过"建筑"来培养学生作为社会建设人才的思维能力和创造能力。"[2]

从设计的实践性与社会性的角度来看，迪尔诺特和巴克利清楚地指出，"设计不仅是专业人员参与的一种实践，它还是一种以多种不同方式进行的基本人类行为"。结构主义大师莫霍利·纳吉也认为："设计不是一种职业，它是一种态度和观点。"而本书也正是基于此来理解"广义设计学"的。广义上的设计应该是多层次的有机系统：它不是一套静态的知识系统，它需要不断地对知识系统进行更新与重构；它也不是一种固定的设计科学方法论，而是以宏观的视野、系统的思维、整合的态度来看待设计；它是一种态度、一种探索的方法、一种价值观念。所以，本书试图将设计放在社会实践之中，放回真实的生活中，来探讨它的生成方式、存在方式、存在价值。

以上研究成果都为本研究的展开奠定了基础。

1.3 本书研究思路与结构

1.3.1 本书的研究目标、重点、难点与重点要解决的问题

本书的研究难点之一是语言和具体的所指与思维的不对称性。不同的概念、同一概念的不同层面被不同的个体与群体以不同的目的建构和解构。就像一个满是抽屉的柜子，不同层的抽屉被打开，但是可能它们彼此并不在一个逻辑层面上，结果显得十分混乱。正如乔治·杜比所言，"我们必须在杂乱无章中四处寻找，以求打开最初的缺口，标出路线，就像考古学家置身于一片尚未发掘的空间，知道里面隐藏着巨大的财富，但地域实在太大，无法进行系统的挖掘，因此只限于挖几个定位的壕沟"[3]。并且，本书无意对与"广义设计"相关的所有问题进行"菜谱式"的罗列，也并非试图总结一份普遍主义的教条，而只能是一个探索的开始。书中提到的问题事实上比提供的答案更多，继而推动其他的研究者将本书肤浅的探索引向深入。

本书试图通过对"广义设计学"的研究对以下问题进行深入的思考与探讨。

(1) 对于设计的"概念化"：从"广义综合"的视角，我们如何才能更深刻地理解设计的角色、

1 [美]维克多·马格林. 人造世界的策略：设计与设计研究论文集 [C]. 金晓雯，熊嬿，译. 南京：江苏美术出版社，2009.
2 朱雷，臧峰. 差异性的建筑教育：对非工科院校建筑学院的访谈 [J]. 时代建筑，2007(3)：39-47.
3 [法]菲利普·阿利埃斯，乔治·杜比. 私人生活史 I：古代人的私生活 (从古罗马到拜占庭)[M]. 李群，等译. 海口：三环出版社，2006：5-6.

定位与意义？

（2）对于设计实践：从"广义综合"的视角，设计师应该如何思考设计，应该如何发挥设计的主体性与批判性？

（3）对于设计研究：从"跨学科整合"的视角，设计研究者都包括哪些人？设计研究应该研究什么？又该如何研究？

面对种种问题，首先我们应该对"广义设计学"的理论基础、历史发展及现状进行批判性的反思：以往对"广义设计学"的研究状况是什么？以往的"广义设计学"的理论基础是什么？它是否存在着问题与困境？根据国内设计研究的本土语境是延续还是转换这种理论基础？又该如何重构一种新的"广义设计学"？重构之后每一个设计者或研究者又能做什么？对于这些问题的回答，往往是与我们对"广义设计学"的理论和实践现状的批判与反思相伴而生的。本书涉及的主要研究问题与研究意义见图1-8。

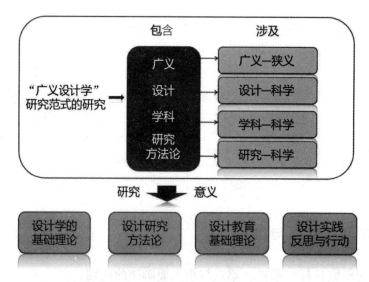

图1-8　本书涉及的主要研究问题与研究意义（作者自绘）

1.3.2　本书的研究方法与本书结构

本书以"广义设计观"的发展流变为主线，重点探讨了科学观的发展变化对设计研究哲学基础的影响。围绕这一主题，本书也将展开对各种不同观点的评价，对其理论贡献与局限性进行论述，以期从中找到"广义设计学"的理论内核及发展趋势，更深入地完善"广义设计观"的内涵。同时也希望借此开辟各种新的发展空间与理论增长点，对设计研究的理解进行新的探索。

在研究方法上，本书采用了吴良镛先生提出的"融贯的综合研究方法"，以"设计学科"为中心，"有目的地向外围展开，在有关科学中寻找结合点，以解决有关具体问题"（参见图1-9）。在研究过程中使用"谱系研究"的方法探讨了"人工科学"理论的发展问题，还使用"文献研究"的方法探讨了不同学者对"科学""设计"等观念的理解。此外，本书还引入了文化人类学、科学哲学、知识社会学、研究方法论、比较哲学等多学科的观点和分析方法。

全文分为四个部分。第一部分指出了"广义设计学"进入国内学者的视野始于赫伯特·西蒙提出的"设计的科学"和戚昌滋教授等提出的"广义设计科学方法学"。由于早期的设计研究延续了自然科学描述方法和工程设计规范方法，这使"广义设计学"的理论基础建立在了"表象主义"科学观之上，从而使对"广义设计学"的研究陷入了危机，并造成了一些学者在设计学科理论建设中的"误读"。在此基础上，第二部分围绕"科学"与"设计"的关系，剖析了"广义设计"研究的哲学基础问题，并提出设计研究需要从"表象主义科学哲学"走向"科学实践哲学"。在"实践优位"的视野下，广义的设计活动和"广义设计"的研究活动建立起了一个自我运动、自我发展和自我完善的体系。第三部分对我国设计研究活动的背景及对策进行了分析，对研究的重要基石——"概念""理论"等问题进行了重新界定和拓展，区别了"概念"在"日常"和"严谨研究"中的不同用法、意义和局限；并以此为基础重新诠释了"设计""大设计""广义设计"之间的关系，进而提出我们需要借鉴"网络形式"理论重构"广义设计"，将对"广义设计"的探索置于复杂的社会网络中，将它视为一种网络的形成，在形成过程中，会增加新的设计知识节点，也会创造出新的设计接触点。"广义设计学"是对"广义设计"的研究，它不能被一种研究垄断，它是一个"复数"，因而其研究范式需要从"设计科学"转向"设计研究"。由于每一种研究策略中"广义设计"的研究目标、研究策略和研究基石各不相同，我们可以将其划分为"文化导向"的研究、"科学导向"的研究、"学科导向"的研究和"问题导向"的研究，以此将不同领域和不同视角的研究整合起来。第四部分在"广义设计观"的多维视角下，将各种不同的研究视为一种"广义设计"研究的"文化景观"，不同学者或实践者站在不同的位置上，都会有不同的"风景"。

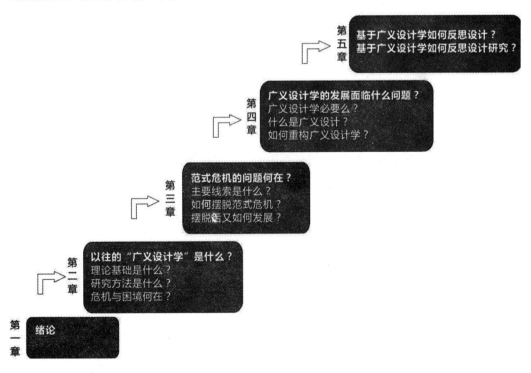

图1-9 本书的研究方法——以问题为中心的"阶梯式"思考（作者自绘）

1.4 本书创新之处和未尽事宜

1.4.1 本书的创新之处

从基本概念上，本书将设计界定为"大设计"的概念，一方面体现为"设计"作为一种知识门类，应该超越现有的知识划分模式，以往的艺术设计、建筑设计、城市规划、工业设计、工程设计都隶属于设计的范畴；另一方面，尽管每一种设计门类均有维系自己独立性的设计本体，但是这些设计门类又具有公共性的"分母"，在设计思维与设计行为上具有共同的特点。这种"广义综合"的"大设计"概念，不会导致设计概念的模糊，反而在广度和深度上同时增进了不同行业的设计者对设计的了解和沟通，甚至有益于整个社会对设计的认知。这种"广义综合"的大概念，还会使设计的内涵更加的完整。一直以来，学者们都认为设计具有艺术性与科学性，或者说具有自然属性与社会属性。但是将设计分散在不同的知识门类下，按照不同的专业门类进行设计训练，由于不同学科背景的学术群体分享不同的价值观，使得他们在实践中难以跨领域合作，极大地损害了设计的发展。

从研究模式上，本书将知识生产领域中"社会建构法"的相关理论引入设计研究与设计教育。迈克尔·吉本斯等6位学者发展了芬托维茨和拉韦茨（Funtowicz & Ravetz）关于"后常规学科"（post-normal-science）的概念，并区分了以学科为中心的、制度化的知识生产模式："模式1"和"模式2"（超越学科合作的、以现实情境中的问题解决为导向的知识生产模式）。而本书认为，要培养知识结构创新型的设计人才，必须结合两种不同的知识生产模式，并且还要注重引导学生关注社会、文化与设计之间的关系，使其具有完整的人格和判断力。

对经典文献的批判诠释方面，本书以史学视角和"谱系"的方法将以赫伯特·西蒙的《人工科学》为代表的"广义设计学"研究纳入"设计研究"的发展历史中进行分析，并从理论形成的原因、问题意识、理论的影响力和不足之处等角度对该理论及其研究谱系进行了批判性的反思，并绘制出研究的谱系图。本书进一步明确了《人工科学》中所倡导的"设计的科学"并非关于"设计艺术"的科学化研究，由于该理论是从理性的范围讨论"设计研究"问题，因而也仅仅是"广义设计学"研究的一部分而不是全部。

对设计研究哲学基础与研究范式的反思方面，本书以动态的视野将设计研究和科学哲学中动态发展的新成果对接起来，将"实践科学观"的理论引入"设计研究"领域，反思了"设计研究"的哲学基础。本书提出设计研究同样要从"表象主义科学观"转向"实践科学观"，广义设计学的研究是一个问题群，其研究范式需要从"设计科学"转向"设计研究"，需要重视"地方性"与"情境性"。

对"广义设计学"的重构与推进方面，本书分析了"设计""大设计"与"广义设计"的关系，并提出了"广义设计"的生成模型。本书将"联结主义"引入设计研究，提出了"广义设计学"的"网络生成"理论。本书提出了"广义设计学"是一个学科群，是一个复数，而不是唯一性的模式，并归纳出四种不同的"广义设计学"研究策略。本书还从文化人类学的角度将托尼·比彻的"学科部落"与"学术领地"理论引入设计研究，提出"广义设计学"的研究是一种文化景观。

受到近代"表象主义"科学世界观的影响，以往的"广义设计学"都是建立在"设计科学"的框架内的，这种研究范式至今仍然有效，但是并不能解决当今涌现的难以解决的新问题。并且近代科学世界观导致的科学危机和文化危机已经迫使西方社会反思以往的哲学观，"现代西方哲学主张理性应回归人的生活世界，将人的生活世界视为科学世界的意义源泉，以此来重建人类的意义世界和精神家园。面对中国社会人文精神的缺失或萎靡，我们就更需要实现"自然世界""社会世界""人文世界"的新统一。基于这种认知与国内设计发展的现实问题，我们可以对"广义设计学"的新发展提出一些新的观点。

第一，在思维方式上，一种新的"广义设计学"应该体现出生成性、关系性和批判性，而不是本质主义的思维或实体主义的思维。在人类文化多样性与设计多样性的视野下，它应该超越学术情境与经验领域，去主动发现文化与设计中新的联结方式或交叉领域，它还应该具有反思的能力，甚至是跳出自身来反思自身的能力。

第二，在整体观念上，一种新的"广义设计学"应该体现出整体性和开放性。它应该从人类文化的"整体"角度理解设计，以更敞开的视角审视设计。通过建立一种"广义设计"的文化平台，将更多不同的设计专业乃至社会大众联结起来，从整体上提高社会大众对"设计概念"和"设计价值"的认知。

第三，在文化观念上，一种新的"广义设计学"不能仅仅停留在对西方设计文化中"形而下"的"有形之物"的模仿上，它必须走进设计文化的深层，去关注其"精神文化"，只有这样才能从整体上了解"设计表象"的生成机制。而简单的模仿只能使设计成为"无魂之器物，无根之浮萍"。

第四，在世界观上，一种新的"广义设计学"应该从"客观的对象化世界"回归到"生活世界"。也只有在生活世界中，在不同的社会和文化场域中才能更好地实现"人的观念和思维方式的现代化""人的行为方式的现代化"和"人的生活方式的现代化"。

第五，在知行观上，一种新的"广义设计学"应该是面向生活世界并介入设计实践的探究，它应该从宏观的"合力"角度调整各种元素和关系，使其处于动态的平衡状态。

随着人们对复杂性的认知不断深入，一切人、地、事、物都被紧密地联系在一个复杂的"网络"之中，而一切设计也应该由"平面的"逻辑世界转向更加"立体的"生活世界。设计者与研究者也应该从原有的二元对立的"单向逻辑"转化为"双重逻辑"：一方面关注"外在的"、宏观视野中的设计；另一方面关注"内在的"、微观视野中的设计。"外在"的立场因为可以保持批判的距离而使设计获得一种开放性与鲜活性；"内在"的立场因为可以保持实践感而使设计获得一种具体性与现实性。只有从"大处着眼，小处着手"，才能去发现、去解决事关人类生存与发展的设计问题。而一种"双向的逻辑"应该以实践的方式和介入的姿态，在"宏观"与"微观"、"外在"与"内在"、"广义"与"狭义"之间"互动"和"游走"，在现实生活中整合。

1.4.2　研究未尽事宜与研究局限

本书探讨了"广义设计学"是怎么被国内学者认识的，有什么发展困境，又如何通过研究范式的转化使其重新发展，但是也只限于作者本人的认识和知识局限。对于设计研究的问题涉及非常广泛的领域，各种学派、知识、概念错综复杂，这种跨学科研究是需要非常多的知识积累的。尽管在研究过程中，阅读了大量书籍，请教了很多学者，但是仍然难免有误读、误解之处，望日后订正。

本书的研究仅仅是一个开始和研究的基石，它解决了一些研究方法论层面的基本问题，对设计哲学的基本问题进行了反思。但是如何将这些理论应用在设计研究、设计教育与设计实践上，尚待后续系列性的专项研究。

此外，在具体的写作上，本书还有一些具体细节的不足之处具体如下。

对经典文献的批判诠释方面：对于赫伯特·西蒙的"设计科学"这一理论的批评主要代表是唐纳德·A. 舍恩，舍恩自己提出了"反映的实践者"的理论，将情境中的反映作为设计师特有的一种技能。但是限于时间和篇幅，本书未对围绕西蒙与舍恩两位学者的各种争论进行详细表述，尤其是有些学者认为舍恩对西蒙的批评或许有"误读之处"；同样的，维克多·马格林援引法兰克福学派的马尔库塞对西蒙 "技术理性"的批判同样没有在批评之外给予"技术理性"合理性方面的分析。但是本书从伊斯曼等人的研究实践证明了"设计科学"及西蒙提出的其他理论之合理性向度。

对于"广义设计学"研究的推进方面：本书主要从研究范式的转向角度探讨了"广义设计学"的研究应该转向"设计研究"而非"设计科学"，但是主要集中在"设计"与"学科"和"科学"之间的关系，没有深入地论及"设计"作为一种特殊的职业技能。而劳森的《设计专长》、舍恩的《反映的实践者》等文献都对这一设计行为的"公共分母式"的共有问题进行了研究。

第二章　引入与探讨："设计的科学"与"广义设计科学方法学"

> 盲目追求绝对与唯一真理所形成的
> 一元论价值观长久以来主宰着西方的思
> 想体系，现代科学的发展将此一元论价
> 值观导向排除主观介入并强调完全客观
> 的理性主义。在建构客观知识的过程中，
> 现代科学试图让真实的世界臣服于简单
> 的原则与普遍性法则，因此真实世界的
> 复合性所呈现出来的混沌被视为是表象，
> 经过简单性典范的约简程序而得到的秩
> 序反倒成本质。
>
> ——Ignasi de Solà-Moraíes

在设计史论著作中，很多学者都是从"广义"和"狭义"两个角度来阐释"设计"的。然而对于"广义设计"和"广义设计学"而言，获得一个明确而统一的概念仍然是很困难的。事实上，只要回顾一下国内的设计研究历程就会发现，将"广义设计"从学理的角度进行探讨，并对国内设计学科发展起到一定影响的是美国学者赫伯特·西蒙提出的"设计的科学"和戚昌滋教授等研究的"广义设计科学方法学"（又称现代设计法或广义设计学）。[1]

然而真正的问题是，设计理论是扎根于历史与文化的环境之中的，简单的"拿来"不但使我们割裂了设计理论、文化背景、社会思想之间的关联，只剩下理论的片段和空洞的方法论，并且难以在实践中真正地实现理论的价值，正如肯尼迪·弗兰普顿所言，设计理论需要从历史的整理视角进行审视。在设计研究的历史上，西蒙提出"人工科学"的时候正面临"第一代设计研究"向"第二代设计研究"的过渡，其观点难免具有不完备性。而综合了多国设计方法的"广义设计科学方法学"也不得不面对学界对"设计方法运动"的反思。作为一种理论的建构，它们都只是阶段性成果而非"作品"，而国内以往的"设计研究"还处在对个别理论和学者的介绍阶段，并没有系统性的回溯。直到近几年，随着国内学者对英美设计研究学派的关注，我们才逐渐将以往对"设计研究"的"片段认知"放到西方设计研究的历史坐标中去理解。

1　事实上很多学者的研究也是立足"广义设计"概念的，只是具体的提法有所不同。

本章试图梳理近些年来国内学界以"广义设计"为中心而展开的讨论，并试图理清影响国内设计研究历程的隐含线索。当然，任何理论的提出都是根据提出者的学术背景、个人立场、人生经验和时代背景而作出的一种"再建构"，构成其理论基石的"基本概念"，如"理性""逻辑""科学""复杂性""简单性"等势必受到当时的"强势文化"的影响。同时，"研究是有血有肉的，是一个情感与生命的投入过程，是有灵魂的，是需要有反省力的，是一种对话的过程"[1]，我们除了关注不同时期的理论研究成果，还进一步剖析了学术背景、社会背景和研究动机对理论形成的影响以及本研究的贡献和局限性。

事实上，从任何维度对设计研究的探索都可以为设计的认知与实践提供丰富的思想资源，任何理论的贡献不应该被放大，局限也不应该被忽视。这样才能避免简单的引用，简单的肯定或否定，乃至仅仅在表面文字上纠缠。通过对文献的分析研究，我们试图从历史延续性的角度审视前人的研究历程，分析他们是如何理解、建构和修正"广义设计"的逻辑模型的，并找寻出对"广义设计"的研究有意义的新领域或新启示，以反思对于不断涌现的新问题我们该如何"接着说"。

2.1 "人工科学"视野下的广义设计学

以往的设计理论研究只是过度地关注西蒙的《人工科学》一书的片段观点，但却忽略了该书是综合了西蒙在很多领域的研究思想并整合到"设计的科学"这一理论框架内的，如果只是孤立地看待势必觉得该书"体系庞大，内容驳杂"。另一个忽略的问题是西蒙之所以提出"设计的科学"，与其个人经历、世界观、生活哲学以及当时的社会文化背景是紧密地联系在一起的。在该理论体系的建构中，有一个名叫赫伯特·亚历山大·西蒙的研究者，在"科学世界的迷宫中"热情地探索。那么，西蒙到底是一个什么样的人？又为什么会提出这一理论？这需要我们对西蒙的学术背景有一个深入的了解。

2.1.1 赫伯特·西蒙的学术背景

2.1.1.1 跨领域的整合者

赫伯特·亚历山大·西蒙（Herbert Alexander Simon, 1916—2001）[2]是一位才多艺广的美国知名学者，他的研究工作横跨经济学、政治学、管理学、社会学、心理学、运筹学、计算机科学等广大领域，并在许多领域里作出了杰出贡献。西蒙（图2-1）不但是人工智能、信息加工心理学、数学定理计算机证明的奠基人，还获得了心理学贡献奖（心理学领域最高奖，1958），图灵奖（计算机领域最高奖，1975），诺贝尔经济学奖（1978）和科学管理的特别奖（美国总理科学奖，1986）。

西蒙作为中美学术交流协会主席（1983—1987），自1972年以来先后五次来华访问，其学术成果也越来越受到我国学界和读者的重视。法国著名社会学家马克·第亚尼称"赫伯特·西蒙是一个真正意义上的

图2-1　赫伯特·亚历山大·西蒙

1 ［英］韦恩·C. 布斯，格雷戈里·G. 卡洛姆，约瑟夫·M. 威廉姆斯. 研究是一门艺术 [M]. 陈美霞，徐毕卿，许甘霖，译. 北京：新华出版社，2009.
2 在很多心理学的译著中采用"司马贺"这一译名，本书为表述统一，仍采用"赫伯特·西蒙"作为中译名。

文艺复兴式人物"，"即使用很高级的印刷品，他的著作和文章的目录也要占满 30 页，还仅仅是他在 1937—1984 年期间的作品"[1]。而 1969 年面世的《人工科学》一书，最能代表西蒙的世界观，全面地综合了西蒙的理论，其影响亦十分广泛。

亨特·克劳瑟 - 海克教授在为西蒙所写的传记（图 2-2）中认为，通过西蒙甚至可以了解到第二次世界大战后的科学尤其是行为科学发生的一系列转变："他对系统性质的关注，他关于复杂系统的层级结构的观点，他为推动选择与控制的结合所做的努力，他的行为一功能分析模式，他对跨学科研究的重视，他对计算机建模和模拟的利用以及他对战略、规划和计划的痴迷——这些突出的特征成了 20 世纪 50、60、70 年代各个研究领域的典型特征。"[2] 但是，西蒙的"跨学科"研究并非是蜻蜓点水的浅尝辄止，而是将他在其他学科的研究经验应用于跨学科的研究中，从而把自己已有的研究形成一条连续的"曲线"，他毕生都试图将"选择科学"和"控制科学"这两个相异的人类行为模型统一为一个学科。尽管西蒙的研究横跨了众多的领域，但是连接起这些领域的核心线索就是决策。西蒙甚至这样自嘲："我是沉迷于单一事物的偏执狂。我所沉迷的东西就是决策。"[3]

图 2-2 西蒙的传记：《穿越歧路花园：司马贺传》（2009）

西蒙在他 1991 年出版的自传《我生活的种种模式》(Models of My Life) 一书（图 2-3）中这样描写他自己："我诚然是一个科学家，但是，是许多学科的科学家。我曾经在许多科学迷宫中探索，这些迷宫并未连成一体。我的抱负未能扩大到如此程度，使我的一生有连贯性。我扮演了许多不同角色，角色之间有时难免互相借用。但我对我所扮演的每一种角色都是尽了力的，从而是有信誉的，这也就足够了。"[4] 从西蒙的自我评价中就可见西蒙对跨学科研究的浓厚兴趣以及他对模式的极度偏爱和他试图综合各个领域科学的愿望。

西蒙不但是科学家、教师，还积极地参与过一些设计实践。如 20 世纪 70 年代中期，西蒙和 CAD 专家查理斯·伊斯曼（Charles M. Eastman）合作，研究了住宅的自动空间设计，不仅开启了智能大厦的先河，还成为智能 CAD 即 ICAD 的研究开端。西蒙在其学术生涯的后期也曾经涉足现实政治，参与城市管理等问题，但是他的专业理性在现实利益面前并没有得到政客的认同，从而收获甚微。

图 2-3 西蒙的自传：《我生活的种种模式》（1991）

2.1.1.2 逻辑实证主义与理性主义的拥护者

西蒙的哲学老师哲学家鲁道夫·卡尔纳普（Rudolf Carnap）是位逻辑实证主义者，也是维也纳学派的核心人物，他不但为西蒙打下了一个内在一致、严密的哲学基础，还使得西蒙认识到形式逻辑及

1 西蒙的作品被国内学界译介并作为理论基础的著作有：《管理决策新科学》(1982)、《人类认知：思维的信息加工理论》(1986)、《人工科学》(1987，2004)、《现代决策理论的基石》(1989) 等。

2 ［美］亨特·克劳瑟 - 海克. 穿越歧路花园：司马贺传 [M]. 黄军英，蔡荣海，任洪波，等译. 武夷山，校. 上海：上海科技教育出版社，2009：13.

3 Edward A. Feigenbaum, Herbert A. Simon, 1916-2001[J] Science, 2001, 291 (5511): 2107.

4 吴鹤龄.ACM 图灵奖：计算机发展史的缩影 (1966—2006)[M]. 北京：高等教育出版社，2008.

数学的本质和用途框架。这一哲学观为西蒙以后的研究奠定了思想上的基础。

图 2-4 《关于人为事物的科学》
（杨砾译本，1987）

西蒙的学术生涯是以有限理性说（bounded rationality）和满意理论（satisficing）为中心的，并且在《人工科学》[1]（图 2-4）[2]一书中也引入了他创造的这两个学术术语。西蒙认为人类的理性力量总是有限的，但是这并不会使理性无效。有限理性原则还成为西蒙一切思想的基础，不论是在公共管理、经济学中，还是在人工智能的研究中，有限理性都是一个基本的构件。

在西蒙看来，经济学、管理学、心理学等研究的课题，实际上都是"人的决策过程和问题求解过程"。要想真正地解决组织内部决策问题，就必须对人及其思维过程有更深刻的了解，而西蒙的兴趣就在于发现隐藏于其后的人类决策和问题求解模式。在研究的过程中，西蒙都是从基本的"假设"开始，并将这些假设精致化、具体化和形式化。并且西蒙认为研究的过程充满了乐趣，他所作的一切综合的努力，就是想把人类复杂而又混乱的思想和行为世界纳入理性与实证科学的范畴[3]。而西蒙出于对机械尤其是最复杂、最出色的机械（人脑）的工作原理的兴趣，也使其成为一个"闭门造车的工程师"[4]，西蒙所建构的仍然是一个简化的、逻辑的、抽象的理性世界，对现实、对情感、对感性等问题是有意回避的。

出于对数学和逻辑的偏爱，西蒙认定"发现真理的关键在于要找到自然中隐藏的模式，因为模式是定律、规则、机制的产物……他总是去寻找规则、寻找实例并发现法则，在复杂和混沌中去寻找其背后必然存在的简单和秩序……"[5]他一直抱有"科学的目的就是化繁为简，把现象归因为产生它们的机理。因此，他年轻时就有一种强烈的欲望——'一种发现事物模式'的'冲动'。他把自己的这种性格称为与生俱来的'柏拉图主义'（Platonism）"[6]。

2.1.1.3　人生哲学与价值观

杨砾在《赫伯特·西蒙的学术生涯》一文中总结到，西蒙的跨学科研究体现了当今科学知识的多学科交叉趋向，所以将任何专题划分为"界线"只有相对的、模糊的意义。西蒙一生都在强调综合，并且希望找到隐藏在经验表面下的模式。杨砾认为，我们从西蒙身上除了看到学科研究趋势的转化之外，还值得注意的是西蒙严谨求实的学风："无论是对自然现象，还是对社会现象，总是抱着求实加求新的科学态度。"而西蒙在学术上取得累累硕果与其人生哲学又有着内在的关联，西蒙说："我是一个科学工作者，其次是一个社会科学家，最后才是一个经济学家——不过，在所有这些之上，我首先是一个人。"[7]而这也是很多成绩斐然的大科学家所具有的共同特质，不论研究的科目多么的精专，一个科学工作者首先应该具有"完整的人格"而不是专业知识。西蒙的这种态度深深地受到他的父亲亚瑟·西蒙的影响，作为一个德国式的家庭，西蒙的父亲在社会行为和智力行为上都恪守着德国式的

1　The Sciences of the Artificial，1969，1982，1996.
2　［美］赫伯特·A. 西蒙. 关于人为事物的科学 [M]. 杨砾，译. 北京：解放军出版社，1987.
3　［美］赫伯特·A. 西蒙. 关于人为事物的科学 [M]. 杨砾，译. 北京：解放军出版社，1987:5.
4　［美］赫伯特·A. 西蒙. 关于人为事物的科学 [M]. 杨砾，译. 北京：解放军出版社，1987:21.
5　［美］赫伯特·A. 西蒙. 关于人为事物的科学 [M]. 杨砾，译. 北京：解放军出版社，1987:35.
6　赵江洪. 设计和设计方法研究四十年 [J]. 装饰，2008（9）:44-47.
7　［美］赫伯特·A. 西蒙. 关于人为事物的科学 [M]. 杨砾，译. 北京：解放军出版社，1987.

职业原则，"他受过广博的教育，因而不单单是一个专家；积极参加社区事务，但却是位无党派人士，不追随任何意识形态；他坚持很强的世俗观点……"[1]在后来的学术生涯中，西蒙的独立精神和局外人的价值观结合在一起。西蒙总是把自己与"打破偶像者、局外人、独立思考者、先驱者"联系在一起，同时他也正是按照这种理想来塑造自己的。

同时，西蒙自身也充满了"矛盾的张力"，甚至两种对立的观点同时存在：他相信理性，也相信理性的限度；他相信选择的重要性，也相信外界力量对选择的影响；他重视思想的独立，也看重组织的成员资格和专业培训所强加给思想的结构；他是个终生不渝的民主人士，同时又提倡由专家引领社会规划。[2]作为"科学"与"理性"的布道者，西蒙认为"理性和信仰是对立的，理性比信仰更可取；信仰和意识形态都是不愿意提出疑难问题和不愿意作出艰难选择的非理性产物；个人的伦理选择是人的尊严的核心"[3]。正是在这种矛盾与张力中，西蒙对自己保持着绝对的自信，他好辩好斗，对知识充满雄心。从"知行合一"的角度来看，西蒙的确在努力将其提出的理论应用到自身及其制度环境中。并且，西蒙非常懂得"学术政治"，他总是将不利于自己的对手扳倒，以实现自己的学术理想。

2.1.2　赫伯特·西蒙的《人工科学》

2.1.2.1　《人工科学》的理论背景

西蒙的《人工科学》（*The Sciences of the Artificial*）一书（图 2-5）的理论建构是基于以往研究的成果和两次讲座文稿整理成的。1968 年受卡尔·泰勒·康普顿（Karl Taylor Compton）之邀，西蒙在麻省理工学院作了讲座，1980 年受 H. 罗恩·盖瑟（H. Rowan Gaither）之邀在加利福尼亚大学伯克利分校作了讲座。通过两次讲座，西蒙逐渐地修正和扩充了关于"人工的"[4]这一概念，并作为《人工科学》一书的理论基础。

作为人工智能和信息加工心理学的奠基者之一，对于"人工科学"这一概念的建构体现出了西蒙对于复杂性和复杂系统的自我理解，在研究策略上也体现出了西蒙对计算机这一人类理性"缺陷弥补者"的依赖。西蒙认为复杂只是事物的表面，其背后必有简单的、容易被理解的模式。

图 2-5　*The Sciences of the Artificial*（Herbert Alexander Simon，1996）

并且他还试图通过科学把复杂事物分成可理解的简单事物，并不使其丧失惊奇感。

2.1.2.2　《人工科学》的核心理论

在西蒙的职业生涯中，他一直积极地推动综合，并一直保持着对知识与行动、研究与改革之联系的一贯关注。西蒙试图使这一联系成为封闭的循环，而构建一种"设计的科学"正是可以实现其思想的循环。这种"设计的科学"能够使知识向行动的转化本身就成为一门科学。《人工科学》最大限

1　[美] 亨特·克劳瑟－海克. 穿越歧路花园：司马贺传 [M]. 黄军英，蔡荣海，任洪波，等译. 武夷山，校. 上海：上海科技教育出版社，2009:22.

2　[美] 亨特·克劳瑟－海克. 穿越歧路花园：司马贺传 [M]. 黄军英，蔡荣海，任洪波，等译. 武夷山，校. 上海：上海科技教育出版社，2009:35.

3　[美] 亨特·克劳瑟－海克. 穿越歧路花园：司马贺传 [M]. 黄军英，蔡荣海，任洪波，等译. 武夷山，校. 上海：上海科技教育出版社，2009:29.

4　在《人工科学》的注释中，西蒙强调了"人工"一词的具体选择自己并不负责，只是"人工智能"这一术语已经站稳了脚跟，他更愿意采用"复杂信息处理"和"认知过程模拟"之类的用语。

度地表达了西蒙的"综合"构想，他试图将有关人类问题解决的理论与他职业生涯中碰到的问题联系起来。问题的核心就是将知识转化为行动，从而使我们能够对自己的生活和世界作出正确的选择。[1]并且，在《人工科学》谈论的问题主题，都是西蒙的"多数工作"（无论是组织理论、管理科学，还是心理学）的"核心"。

西蒙作为"设计的科学"的首位提出者，通过构造出"人工科学"的概念，将经济学、思维心理学、设计科学、管理学、复杂性研究等领域贯穿起来。《人工科学》的理论核心是建立一种"关于人为事物的科学"。西蒙划分了"自然物"和"人为事物"（人工物），他认为自然物总具有"必然性"，而人为事物总具有"偶然性"。自然科学研究揭示、发现世界的规律"是什么"（be），关注事物究竟如何；技术手段告诉人们"可以怎样"（might be）；而设计则综合了这些知识去改造世界，关注事物"应当如何"（should be）。[2]对于具体理论的建构，西蒙一如既往的首先从奠定概念开始，西蒙将"人为事物"界定为任何人造的物品和组织，并将"设计的科学"界定为不同于"自然科学"的，研究人为事物的"新"科学。西蒙指出了"设计的科学"与"自然科学"（natural science）的区别，并试图通过"设计的科学"的提出来扩展"科学"的范围。西蒙认为"设计的科学"是独立于科学与技术以外的第三类知识体系。西蒙还鼓励工程师和设计师通过探讨对方专业领域而互有所得，通过探讨设计他们可以彼此分享在这种专业的创造性设计过程中的经验。（图 2-6、图 2-7）

图 2-6 《人工科学》（武夷山译本，1987）

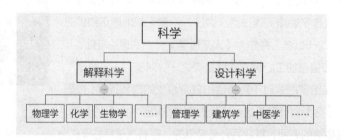

图 2-7 西蒙所谓的"设计科学"是与"解释科学"对举

（总结自《人工科学》，作者自绘）

从研究管理组织开始，西蒙就发现了"人工性问题"。他认为，"现象之所以是现在这个样子，只是因为系统在目标或目的的作用下被改变得能适应它所生存的环境"，在复杂环境中生存的复杂系统，"人工性"和"复杂性"这两个议题还会不可解脱地交织在一起。尤其在《人工科学》的第三次修订版中，西蒙新加入了"复杂性面面观"这一全新的章节，并揭示了"人工性"和层级对于复杂性的意义。[3]西蒙认为受到"复杂性思想"的影响，在科学和工程中，对系统的研究活动越来越受到欢迎，究其原因，与其说是适应了处理复杂性的知识体系与技术体系的发展需求，不如说是它适应了对复杂性进行综合

1 ［美］亨特·克劳瑟－海克.穿越歧路花园：司马贺传 [M].黄军英，蔡荣海，任洪波，等译.武夷山，校.上海：上海科技教育出版社，2009:330.

2 胡飞.中国传统设计思维方式探索 [M].北京：中国建筑工业出版社，2007.

3 ［美］司马贺.人工科学：复杂性面面观 [M].武夷山，译.上海：上海科技教育出版社，2004：第二版序，第三版序.

和分析的迫切需求。与他人不同的是，西蒙的兴趣在于"从无限复杂的外部世界向内部世界进发，探索从简单生成复杂的规则"[1]。因为西蒙坚信"表征系统的主要性质及其行为，而对外部环境和内部环境的细节都无须述说。我们可以期待一门人工科学，其抽象性与普遍性主要依赖于界面的相对简单性"[2]。（图 2-8）

西蒙作为计算机科学家，试图通过计算机"模拟"来描述人工制品与功能。关于人类问题解决的理论，西蒙与亚伦·纽厄尔（Allen Newell）从人机"类比"的角度提出了"人是一个信息处理器"的"适应人"概念。甚至他们辩称这一说法并非是一种"比喻"，而是一个精确的符号模型，基于该模型就能够计算人的问题解决行为的相关特性。当然，这一理论也是基于"还原主义"的，它预设了"假定存在着一组是思考中的人产生行为的过程或机制"，它的目标是对"行为进行解释，而不只是描述"[3]。而通过建立"适应人"的人类新模型，西蒙将有机体与环境、理论与实践、大脑与机制都联系了起来，将生物学与行为、进化与程序综合到一起，而实现了将选择科学与控制科学综合到一起的想法，并最终为将生命还原为机制提供了一个有力的案例。但是与西蒙在其他领域试图进行的综合一样，《人工科学》只是一个"稳定的子配件"，而不是最终的产品，西蒙的认知进化仍在继续[4]，他又在寻找新的解决方案和适用领域。（图 2-9）

图 2-8　《人工科学：复杂性面面观》（第三次修订版，武夷山译本，2004）

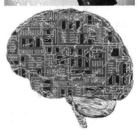

图 2-9　西蒙与纽厄尔将"人脑"与电脑类比，假设人也是"一个信息处理器"

2.1.3　《人工科学》理论建构的五个视点

实质上，除了建构"设计的科学"的核心理论之外，值得注意的是《人工科学》中一些议题的视点。例如，设计学科的定位与地位问题、设计问题的属性界定问题、设计决策与人类理性之间的关系问题、人工智能与认知科学在设计中的运用以及对于复杂性的理解等，都在后来设计研究中掀起了热烈的讨论。

2.1.3.1　视点一：关于设计科学的定位与地位

从设计研究的整个发展历史来看，西蒙提出的"设计的科学"正是反映了 20 世纪 60 年代设计研究的基本理念，通过系统的设计知识体系来证明设计具有其"领域独立性"，是一门专门的知识，并且向"科学"的研究范式靠拢，以此提高设计的"科学性"和学术地位。面对自然科学的"绝对统

1　[美]亨特·克劳瑟-海克.穿越歧路花园：司马贺传 [M].黄军英，蔡荣海，任洪波，等译.武夷山，校.上海：上海科技教育出版社，2009:16.

2　[美]亨特·克劳瑟-海克.穿越歧路花园：司马贺传 [M].黄军英，蔡荣海，任洪波，等译.武夷山，校.上海：上海科技教育出版社，2009:331.

3　[美]亨特·克劳瑟-海克.穿越歧路花园：司马贺传 [M].黄军英，蔡荣海，任洪波，等译.武夷山，校.上海：上海科技教育出版社，2009:313.

4　[美]亨特·克劳瑟-海克.穿越歧路花园：司马贺传 [M].黄军英，蔡荣海，任洪波，等译.武夷山，校.上海：上海科技教育出版社，2009:346.

治"，西蒙非常不满"人技科学"在专科学院的中"衰落"：

> 本世纪，专科学院课程中的自然科学内容，差不多把技艺方面的学科排挤掉了；鉴于设计
> 在专业活动中的关键角色，这一局面真是令人啼笑皆非。工学院成了讲物理和数学的理学院；
> 医学院变成了生物科学学院；工商学院则变成了有限数学学院……[1]

西蒙对"人技科学"衰落的叹惋，事实上是源于 20 世纪专职的出现和变化使得整个社会文化转向。从 19 世纪末到 20 世纪，很多传统的职业都经历了类似从"作坊"到"学校"的职业文化转变。随着"职业人"的出现，不论是会计师、律师还是工程师、策划师等都在追求理性、效率和客观性，到处都在努力建设"最优系统"。相对于传统从业人员，他们认为"最好"的知识是有关自然科学的抽象知识，从业人员通常附属于大学的专业院校中接受培训，而不是通过师徒传承的方式学习。[2]还有更为重要的是新型的世俗化专业人员与以前的不同是"他们改造人类和社会的动力是基于对科学（而非经文）的信仰，是基于理性，而不是神启"（斯坦利·霍尔）。而西蒙和他的父亲恰恰是这样的"非宗教者"。西蒙一生都在作一个"科学"和"理性"的世俗化信仰的布道者，尽管这一行为本身可能是矫枉过正的，并在后来遭到学者们的批评。

西蒙剖析了传统设计之所以不能成为独立的学科是因为"设计的知识和人技科学知识，有许多……都是软的、直观的、不正规的和烹调全书式的"。而他要建立的"设计科学"是"一套从学术上比较过硬的、分析性的、部分形式化的和部分经验化的、可教可学的设计学教程"。[3]他认为设计科学不仅是可能的，而且实际上正在出现，他甚至非常乐观地认为"设计乃是一切专业教育的核心"。而他所建立的"设计的科学"正是可以达成他理想中的专科学院：实现"人技科学和自然科学两方面的教育"。值得注意的是他在此处的注释强调了他的另一个"整合广泛基础"的动机："我在文中所极力主张的，并不是脱离基础，而是要把工程基础课程与自然科学基础融为一体。"[4]他认为，人为事物的特征就是其内在的自然法则与之外在的自然法则相适应，人为世界被人关注是通过内在环境对外在环境的适应而达到目的。而设计过程的中心就是研究对环境适应的方法和途径。[5]但是西蒙的"设计的科学"是建立在"人为事物"（人工物）这一理论的基础上的，其理论预设了"自然界"与"人为事物"的对立，预设了"内在环境"与"外在环境"的对立。因而在哲学基础上，它仍然是建立在"二元对立"的基础之上的，后来的研究者指出了这一理论的不严密之处。

2.1.3.2　视点二：设计问题的属性界定

在《人工科学》中，西蒙将设计问题 (design problem) 界定为一种"险恶问题"（wicked problems）。因为寻找一种适当的解决方法非常的困难，往往创造一种解决方案的同时意味着出现了一种新的有待解决的问题。[6]这种观点实质上是对于"设计本体"的一种质疑，也就是设计问题并非是一个"明确性的问题群"（well-defined problems），即设计问题的目标和属性都并不十分明确。这类"明确性的问题群"在实际设计中即使存在，也是经过近似和简化的，在设计过程的某个阶段出现过。[7]

1　[美] 赫伯特·A.西蒙.人工科学 [M].武夷山，译.北京：商务印书馆，1987:128.
2　[美] 亨特·克劳瑟－海克.穿越歧路花园：司马贺传 [M].黄军英，蔡荣海，任洪波，等译.武夷山，校.上海：上海科技教育出版社，2009:26.
3　[法] 马克·第亚尼.非物质社会：后工业世界的设计、文化与技术 [C].滕守尧，译.成都：四川人民出版社，1998:109.
4　[美] 赫伯特·A.西蒙.人工科学 [M].武夷山，译.北京：商务印书馆，1987:129.
5　[美] 赫伯特·A.西蒙.人工科学 [M].武夷山，译.北京：商务印书馆，1987:129.
6　Nigan Bayazit. Investigating Design: A Review of Forty Years of Design Research[J]. Design Issues,2004,20(1):16-29.
7　杨砾，徐立.人类理性与设计科学：人类设计技能探索 [M].沈阳：辽宁人民出版社，1988:227.

西蒙对于"设计问题"的本质的理解与克里斯托弗·亚历山大（Christopher Alexander）、巴里·波伊纳（Barry Poyner）、霍斯特·里特尔（Horst Rittel）和梅尔文·韦伯（Melvin M. Webber）有不同之处。亚历山大和波伊纳认为设计问题就是"倾向的冲突"（the conflict of tendency），他们否认直觉、价值观等主观内容，而是试图从"客观事实"的角度去发现在面对问题时"人们想要做什么"的各种"倾向"（tendency）。"设计师的任务就是定义各种'倾向'以及它们之间的冲突，然后创造一种新的相互关系（tendency relationship），解决冲突。"按照这种程序性的方法，他们试图建立一种外部化的、客观的类似于科学知识的设计知识体系。[1]里特尔和韦伯反对忽略设计中的价值冲突，根据问题的结构特征将其划分为"明确性的问题群"与"非明确性的问题群"（ill-structured problems）两种类型，自然科学领域的问题大都属于前者，这类问题只要找对方程式，按照程序就能迎刃而解；人文社会科学领域的问题大都属于后者，这类问题具有极广的问题空间，没有特定程序也没有唯一目标，任何程序都能获得解答，因此也具有更多的创造力。里特尔认为科学与工程处理的是"明确性的问题群"，而设计要解决的是"非明确性的问题群"。但是他们反对亚历山大和波伊纳机械的系统设计方法论，他们认为设计不是一个"先理解再解决"的过程，而是一个"在参与者之间反复争论中"解决问题的过程。西蒙不赞同"结构清晰"（well-structure）与"结构不明"(ill-structure)具有清晰的界限，即使面对"非明确性的问题群"也可以将其转化为"明确性的问题群"。基于对还原论的支持，西蒙坚信通过层级分解的方式可以把棘手的设计问题分解为若干"结构清晰"的"明确性的问题群"，当每一个子问题被解决之后再将各个解综合、调整。[2]在这一过程中，"失败与成功的关键就在整个过程的组织架构，可行方法之一是预先特定目标框架（goal frame）来导演过程，以明确目标进行过程之主轴"[3]。这也构成了西蒙处理各种问题时一以贯之的办法和信条。（图 2-10、图 2-11 和图 2-12）

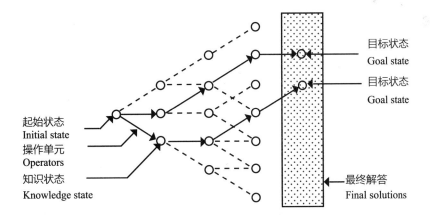

图 2-10 "明确性的问题群"的问题空间（A problem space of a well-defined problem）
（图片来源：《CAAD TALKS 2：设计运算向度》，陈超萃，2003）

---

1 唐林涛 . 设计事理学理论、方法与实践 [D]. 北京：清华大学，2004:36.
2 唐林涛 . 设计事理学理论、方法与实践 [D]. 北京：清华大学，2004:38.
3 陈超萃 . 人工智慧与建筑设计：解析司马贺的思想片段之一 [A]// 邱茂林 .CAAD TALKS 2: 设计运算向度 . 台北：田园城市文化事业有限公司，2003:32.

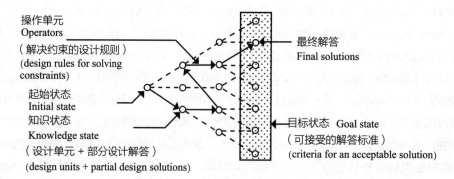

图 2-11 "非明确性的问题群"的问题空间（A problem space of an ill-structured problem）

（图片来源：《CAAD TALKS 2：设计运算向度》，陈超萃，2003）

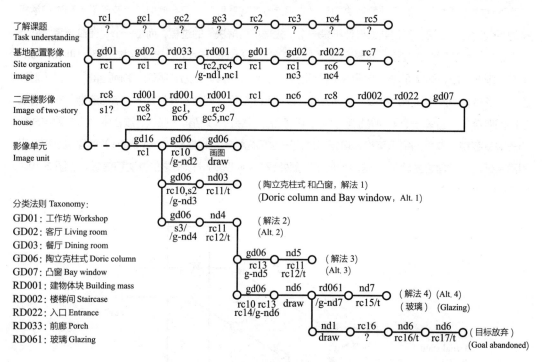

图 2-12 问题行为图解举例

（图片来源：《设计认知：设计中的认知科学》，陈超萃，2008：113）

当然，这是西蒙在逻辑理性的框架内作出的思考，并不被很多设计师采用。而这一反思的意义验证了，如果将设计看作"问题的解决"，那么自然科学面对的问题与设计问题是有区别的，设计应该有适合自己的独特的研究方法。这一观点体现在设计问题的求解上，西蒙认为设计问题求得的是一个"满意解"，而不是"最优解"。而在人文社会科学领域中的问题领域中（或者说在设计与人文社会科学交叉的领域中）解决问题的方法有无限多个，找到一个理想的解决方法（optimal solution）要比获得一个"满意解"更为困难。[1]

1　陈超萃. 人工智慧与建筑设计：解析司马贺的思想片段之一 [A]// 邱茂林.CAAD TALKS 2：设计运算向度. 台北：田园城市文化事业有限公司，2003:31.

2.1.3.3　视点三：设计决策和理性之间的关系

所谓决策，就是在不同的备选方案中作选择。而设计决策也就是选择不同的设计备选方案。经典决策理论赋予理性"完美的"假定，而西蒙认为，建立在绝对"客观理性"基础上的决策本质是值得质疑的：以 SUE 理论为例，尽管该理论使决策问题完全的数学化、公式化和严格化，但是也只能面对简单的情境，一旦介入复杂问题，SUE 理论不但不能预测人类的真实行为，就连近似的和接近的都没有达到。所以，西蒙主张将人类的决策行为放到复杂环境之下进行讨论，并且进一步发展了阿罗关于"有限理性"（bounded rationality）的讨论。西蒙认为新古典经济学理论和管理学理论的基础存在着致命的弱点：首先，它预设了目前状况与未来变化具有必然的一致性；其次，它预设了全部可供选择的"备选方案"和"策略"的可能结果都是已知的。而事实上以上假设都是不可能的。[1]西蒙仍然延续了他对"内部环境"对"外部环境"的适应的假设，面对复杂的外部环境的制约，理性活动者自身的思考、推理、计算和认知能力是具有局限性的，他将"考虑到活动者信息处理能力限度的理论，称作有限理性论"。[2]杨砾和徐立还运用这一理论来解释设计研究，"设计科学是研究人类设计技能的发挥与延展的学问，它深切关心人、组织和社会的理性行为，并且认为设计技能本身是有局限性的"[3]。

"有限理性"是西蒙在公共管理、经济学、人工智能等领域研究的思想基础，也是其层级世界观的有力基石。在西蒙看来，人类的理性是有限的，这是由人类作为信息处理者本身固有的局限性所决定的，由于人脑对复杂问题的形成和解决都很有限，因此人类行为者必须"建构出现实情形的简化模型才能解决问题。人类根据这些简化模型作出理性的行为，但是这些行为离客观的理性相距甚远。理性的选择是存在的，而且是有意义的，但却是严重受限的"。因为有限理性意味着，"这类简化模型的建构和测试是所有思想的精髓，科学思想也不例外"[4]。有限理性使西蒙倡导跨学科的研究方式，他认为学科的划分以有害的方式限制了理性，所以必须加以协调和整合，否则就会丧失生命力。尤其对于设计科学而言，理性具有"自然选择"在生物进化中同等重要的地位，因为是理性选择了那些更适应于环境的设计。

2.1.3.4　视点四：人工智能与认知科学在设计中的运用

西蒙认为："设计科学是一门知识性、分析性、半可形式化、也半可实验化，并可传授的关于设计过程的学问。"而"如果要知道设计是如何产生的，就得了解设计过程，因为设计过程主宰了设计科学的领域"[5]。西蒙认为人类解决问题的方式和方法是人工智能的起源，而设计也要解决问题，基于此他将"设计"与"人工智能"联系起来。（图 2-13）

人工智能（Artificial Intelligence, AI）是指由人工制造出来的系统所表现出来的智能[6]，它通过电子计算机的电脑程序（program）模拟人类大脑，使得机器可以像人一样有智慧。根据西蒙的研究，他对人工智能提出了两个假设：第一，电脑可以被有效的程式化而产生有智慧的运作；第二，人脑结构是一种象征符号系统（physical symbol systems）。于是产生了一门认知心理学与计算机科学结合的新

1　邓汉慧，张子刚.西蒙的有限理性研究综述 [J].中国地质大学学报（社会科学版），2004，4（6）：37-41.
2　杨砾，徐立.人类理性与设计科学：人类设计技能探索 [M].沈阳：辽宁人民出版社，1988:105.
3　杨砾，徐立.人类理性与设计科学：人类设计技能探索 [M].沈阳：辽宁人民出版社，1988:106.
4　[美] 亨特·克劳瑟－海克.穿越歧路花园：司马贺传 [M].黄军英，蔡荣海，任洪波，等译.武夷山，校.上海：上海科技教育出版社，2009:10-11.
5　陈超萃.人工智慧与建筑设计：解析司马贺的思想片段之一 [A]// 邱茂林.CAAD TALKS 2：设计运算向度.台北：田园城市文化事业有限公司，2003:26.
6　人工智能，http://zh.wikipedia.org/wiki/%E4%BA%BA%E5%B7%A5%E6%99%BA%E8%83%BD.

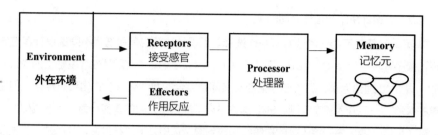

图2-13 资讯处理系统（Newell and Simon, 1972[1]）

学科"认知科学"（cognitive science），其目的就是要研究人类是如何思考的，如何将思考过程转化为电脑程序去实际的运作智慧。[2]西蒙认为计算机是经验物、是符号系统，他还通过假设人脑也是符号系统，因而将"计算机"与"人脑"又建立起关系，故此可以通过"计算机"这种人工物来模拟人脑，进而实现他对全部智力系统的研究和应用。也正是通过这种途径，西蒙将"设计科学"中人类解决问题的智能变成形式化的知识与电脑程序。（图2-14）

西蒙的学生美国学者陈超萃认为，人工智能对设计的影响是"自动设计"（design automation）的产生。其方法就是按照西蒙对"层级系统"的理解，将设计课题分解为若干的子课题，然后分析这些子课题中可能包含的设计束缚（design constraints），然后针对限制条件在记忆中搜索已存在的、与设计问题相关的设计知识。接下来就是通过找到的设计知识去满足设计限制，于是子课题就获得设计解。如果子课题的解法与现实发生冲突，就要放弃设计解，重归原点搜索寻找设计解。这一方法被查克·伊斯曼（Chuck Eastman, 1973）、麦德莫特(Mc Dermolt,1980, 1982)、克罗斯（Mark Gross, 1988）等设计师应用过 [3]，但并非是普适性的法则。在最近的研究中，奈杰尔·克罗斯(Nigel Cross)和凯斯·多斯特(Kees

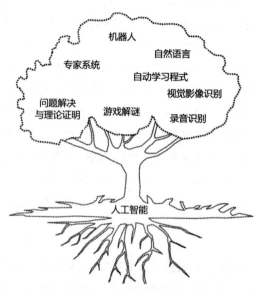

图 2-14 人工智能的概念图
（图片来源：《CAAD TALKS 2：设计运算向度》，陈超萃，2003）

Dorst）在"创造性设计中问题和解空间的共同演化"的观点可视为对这一观点的反驳，他们认为："创新性设计并不是先把问题定死，再去寻找一个令人满意的概念解决方案这么回事；它似乎更像是对于问题的构造本身以及解决方案的思路这两者同时进行研发和完善的工作，这里包括不断地在两个'空间'（问题以及解）之间进行循环往复的分析、综合以及评估过程的迭代。"[4]

西蒙认为设计理论就是搜索的一般理论，通过认知心理学的研究途径，还可以继续深入发掘信息

1　陈超萃.人工智慧与建筑设计：解析司马贺的思想片段之一 [A]// 邱茂林.CAAD TALKS 2：设计运算向度.台北：田园城市文化事业有限公司，2003:32.

2　陈超萃.人工智慧与建筑设计：解析司马贺的思想片段之一 [A]// 邱茂林.CAAD TALKS 2：设计运算向度.台北：田园城市文化事业有限公司，2003:32.

3　陈超萃.人工智慧与建筑设计：解析司马贺的思想片段之一 [A]// 邱茂林.CAAD TALKS 2：设计运算向度.台北：田园城市文化事业有限公司，2003:32.

4　[美] 布鲁克斯.设计原本：计算机科学巨匠 Frederick P.Brooks 的思考 [M].王海鹏，高博，译.北京：机械工业出版社，2011:37.

是如何储存在人的大脑中，设计师又是如何提取的进行讨论。此外，西蒙以为"人类智力作为物质符号系统的产物"这一假设与他一直关心的"人类如何决策"还能联系起来，他认为在外部环境被规定的情境中，人类理性是受到"内部环境"限制的，受到物质符号系统的特征的限制，因而所谓合理的决定仅仅是"有限理性"下的"满意解"。[1] 因为西蒙坚信，信息本身以及人类处理信息的能力是十分有限的。

通过深入研究认知在思考过程及大脑活动中扮演的角色和程序，西蒙与亚伦·纽厄尔 (Allen Newell) 研发了"原案口语分析"（protocol analysis）的方法。"原案口语分析"是将设计创作的整个过程一五一十地用口语记录下来再进行分析。这种分析方法不但可以避免设计完成后设计者对创造过程的理性美化，更主要的是可以将设计者的隐性知识外显化、形式化，通过分析设计者如何发现问题、定义问题、解决问题，可以将他的设计智慧转变为电脑程序。[2] 这一方法尽管没有被心理学接受，但是在设计研究领域却是一个很好的收集资料的工具，唐纳德·A.舍恩、奈杰尔·克罗斯等设计研究学者都接受并使用了这一方法。

2.1.3.5　视点五：对于复杂性的理解

在 1996 年版的《人工科学》中，由于人们对复杂性（complexity）和复杂系统（complex systems）的兴趣猛增，西蒙在新增加的一章"复杂性面面观"中，从科学技术发展的角度对近年来与复杂性密切相关的内容作了扼要的概括。由于复杂性科学仍然在摸索中，故不同的思想都是从某一个侧面来理解和解释复杂性的，如第一次世界大战后兴起的"整体论"，第二次世界大战后兴起的"信息""反馈""控制论"和"一般系统论"，还有当前最热门的"混沌""自适应系统""遗传算法"和"元胞自动机"。[3] 当然每一种理论对"整体论与还原论"的认识各不相同，但是西蒙所采纳的是"层级系统"和"还原论"。西蒙认为，"我将原则上坚持还原论，尽管根据部分的性质之知识严格推论出总体的性质是不容易的（从计算的角度说，往往是不可行的）。采用这一实用的方式，我们就可以在复杂性的每一较高层次用第一层次上的组元及其关系来解释"[4]。西蒙还认为这一从牛顿开始的经典物理学的思维方式是通用的概念方式，从下向上建构，从基本粒子开始，而"有限理性""选择""决策"等正是西蒙理论的"基本粒子"。

按照西蒙对"复杂性"的理解，其理论的建构是由几个基本假设开始的。"第一，他坚信自然界是有秩序的，人性（人类之天性）也是如此。第二，他认为这种秩序是普适的，也就是说，复杂性和地域性总是简单性和全球普适性的表现。第三，他认为这种秩序是人类通过观察和推理能够了解的，而不会主动显示给人类看。第四，他从未怀疑过人类诉诸理性的能力既有限但又意义重大。"[5] 在这些假设的前提下，西蒙构造出了自己的"层级世界观"（bureaucratic worldview）。西蒙认为世界是一个层级系统，人脑和计算机也是典型的层级系统，每个系统各自能力有限，但是可以尽可能地去适应周围的环境。科学需要提出问题并回答问题，而西蒙的"层级世界观"对西蒙如何提出问题和解答问题具有重要的意义。

1　[美] 司马贺. 人工科学：复杂性面面观 [M]. 武夷山，译. 上海：上海科技教育出版社，2004:23.
2　陈超萃. 人工智慧与建筑设计：解析司马贺的思想片段之二 [A]// 邱茂林 .CAAD TALKS 2：设计运算向度. 台北：田园城市文化事业有限公司，2003:36.
3　[美] 司马贺. 人工科学：复杂性面面观 [M]. 武夷山，译. 上海：上海科技教育出版社，2004:157.
4　[美] 司马贺. 人工科学：复杂性面面观 [M]. 武夷山，译. 上海：上海科技教育出版社，2004:160.
5　[美] 亨特·克劳瑟－海克. 穿越歧路花园：司马贺传 [M]. 黄军英，蔡荣海，任洪波，等译. 武夷山，校. 上海：上海科技教育出版社，2009:7-8.

第一，系统和有限理性构成了"层级世界观"这一理论的支撑点。基于西蒙对"还原论"的拥护和对世界具有"可拆解性"的信仰：将世界理解为系统，意味着它们的组成要素存在着相互依存的关联性；将系统理解为层级式的，意味着它们之间的关系是一种"树状结构"；将系统理解为复杂系统，意味着层级结构中的某一层次上的系统行为很难根据对于更低层次上的元素的性质之认知来推测。[1]

第二，把世界看作一个系统，有助于建立"行为—功能"分析模式。行为主义和功能主义都十分重视系统要素的关联性，而不是个体的特征，而西蒙认为"只有通过个体行为才能了解个体，而只有通过个体行为对个体所属系统的其他要素所产生的影响，才可能识别个体的行为"[2]。

第三，把世界看作一个系统，有助于数学上的形式化。西蒙出于对当时社会科学缺乏"科学性"的不满和对数学的偏爱，认为一门数学性的社会科学是非常必要的。[3]

西蒙之所以提出"设计科学"，提出"广义设计"的概念，是基于他对自身的科学研究的综合。西蒙作为"层级世界观"的拥护者，他是按照"树状结构"理解问题和分析问题的，但是今天"网络"似乎是一个更适合替代"树状结构"的符号而被众人接受；西蒙所推崇的形式化的工具知识尽管试图使设计成为一门独立的科学，然而却同样受到舍恩等学者提出的背景化、情境化知识的挑战……当然西蒙本人后来意识到了这种转变的必然性，他在"复杂性面面观"一章中，也提出了要向"网络化世界观"转变。尽管如此，西蒙所留下的思想遗产仍然是非常丰富的。

2.1.4　《人工科学》、"广义设计学"与设计研究

20 世纪 60 年代的"设计方法运动"的目标就是试图"借鉴计算机技术和管理理论，发展出系统化的设计问题求解方法，以评估设计问题和设计解，以便建立独立于其他学科的设计领域的科学体系和方法"。正如布鲁斯·阿彻（Bruce Archer）倡导将设计作为人文学科中的独立学科分支一样，这一时期的研究者为 20 世纪 80 年代设计博士学位教育奠定了理论和实践基础。

20 世纪 60 年代的"设计方法运动"对设计的本体论假设是基于"设计的自然科学属性"，也就是采用自然科学范式来研究设计，并且创立了所谓的"设计的科学"，即"一门关于设计过程和设计思维的知识性、分析性、经验性、形式化、学术性的理论体系"。但是，第一代设计方法运动太过于简单化，还不成熟，思考还不够谨慎，并且没有能力去面对和调节复合的真实世界（尼根·巴亚兹）。而赫伯特·西蒙的理论又正是处于第一代设计研究的反思与质疑的阶段，尽管西蒙仍然将设计作为一门科学来研究尚且值得商榷，但是他也对第一代设计研究的不足做了很多补充。

2.1.4.1　《人工科学》中的"广义设计"

对于"广义设计"，西蒙曾经在《人工科学》中为其下了一个极为宽泛的定义："每个人，只要他设想行动方案，想以此把现状改变为自己称心如意的状况，他就是在进行设计……这种创造有形的人造物的智力行为与为病人开药方，为公司制订新的销售计划或者为国家制定社会福利政策的行为并

1　［美］亨特·克劳瑟－海克.穿越歧路花园：司马贺传 [M].黄军英，蔡荣海，任洪波，等译.武夷山，校.上海：上海科技教育出版社，2009：9.

2　［美］亨特·克劳瑟－海克.穿越歧路花园：司马贺传 [M].黄军英，蔡荣海，任洪波，等译.武夷山，校.上海：上海科技教育出版社，2009：9.

3　［美］亨特·克劳瑟－海克.穿越歧路花园：司马贺传 [M].黄军英，蔡荣海，任洪波，等译.武夷山，校.上海：上海科技教育出版社，2009：10.

无本质差别。"（1969）而这与同时期的设计理论家维克多·帕帕奈克(Victor Papanek)在《为真实的世界设计》中给"设计"下的定义有些相似："设计是为了达成有意义的秩序而进行的有意识的努力。"[1]但是西蒙作为科学家，他所关心的与职业设计师是有区别的，他没有像维克多·帕帕奈克那样去追问设计与现实世界的关系，而是延续"科学研究的思维"研究人造世界背后的模式，并精心建构"设计科学"这一理论，以实现将知识转化行动的本身也成为一门学问。但是西蒙本人并未将自己的理论定义为"广义设计学"，将"设计科学"作为"广义设计学"引入国内是杨砾和徐立的著作《人类理性与设计科学：人类设计技能探索》。

2.1.4.2　《人类理性与设计科学》中的"广义设计学"

杨砾和徐立的著作《人类理性与设计科学：人类设计技能探索》，作为专门介绍西蒙的"设计科学"的学术专著，是基于控制论、运筹学、系统工程、科学学、科学哲学、创造性活动理论和现代决策理论的发展，设计研究是在从单一设计研究向广义设计研究转变的背景下产生的。但是，该书中他们并没有将"广义设计学"与"设计艺术学"相对接，而主要是从"广义的设计研究"的角度，把"设计科学"界定为"新兴交叉科学"来阐述的。他们认为设计具有广大的活动领域：

> 从广度上说，设计领域几乎涉及人类一切有目的的活动。从深度上看，设计领域里的任何活动，都离不开人的判断、直觉、思考、决策和创造性技能。[2]（图2-15）

图 2-15　《人类理性与设计科学》（杨砾和徐立著，1988）

但是如何给"广义设计"下一个定义成为一个难题，通过分析众多学者的表面不同但是具有互补性质的观点之后，作者总结出一个共同点："设计是人们为满足一定需要，精心寻找和选择满意的备选方案的活动；这种活动在很大程度上是一种心智活动、问题求解活动、创新和发明活动。"并且找出西蒙在1972年发表的《有限理性论》一文中的观点作为理论上的支撑："……设计所关心的，是发现和构造备选方案。"但是这只是一个宽泛地对设计的描述，算不上一个严密的定义，最终他们将视野聚焦在设计与学科、专业的关系上，来强调"广义设计的重要性在于'设计'的含义并不受到学科或专业的限制，'广义设计'的'广义'用来将'设计'广延化"。[3]但问题是在两位作者心中的"广延化"是否有其"边界"呢？除了解释"广义"之外，是否能对"广义设计学"予以澄清呢？

两位作者认为对于"广义设计"的定义，不同学者从不同角度出发，有不同侧重点，自然会有不同的定义。对于定义的意义，他们认为要看其是否恰当明确地指出了研究对象的某些本质属性以及它是否便于进行有成果的探讨和研究。如果不实际地苛求"全面"，只好从中庸的角度说"设计 = 一切专业领域里的一切设计活动要素所有细节的总和"。从"设计主体"的角度看，这却跟上面提到的他们的结论"设计并不受到学科或专业的限制"形成了矛盾，他们还是预设了设计作为一个专业、一种职业而存在，而这是否又与西蒙所说的"每个人，只要他设想行动方案，想以此把现状改变为自己称心如意的状况，他就是在进行设计"相矛盾呢？

1　1971修订版修改为"设计是为了达成有意义的秩序而进行的有意识而又富于直觉的努力"，1984。

2　杨砾，徐立.人类理性与设计科学：人类设计技能探索 [M]. 沈阳：辽宁人民出版社，1988:11.

3　杨砾，徐立.人类理性与设计科学：人类设计技能探索 [M]. 沈阳：辽宁人民出版社，1988:14.

所以说，尽管这一著作是将"人工科学"作为一个"广义设计"的概念引进国内的，但是却可以看出在几个主要概念转换之中语义已经发生了变化。西蒙开始提出的"任何为改进现有境况的活动进行规划的人都是在作设计"只是一个"广义设计观"[1]，但是从具体研究的操作层面上，西蒙对"设计学"的"广延化"体现在他没有按照设计实践中工程设计、平面设计、环境设计来分类，而是综合了自己在其他领域的研究核心形成一个封闭的理论循环。西蒙将一切人为的物体和组织都包罗进来，统称为对"研究人工物的设计科学"。但是西蒙关注的是"设计的科学"，他本人也没有非常明确地提出"广义设计学"是什么，其与以往的设计学的区别又是什么。而杨砾和徐立也只是采用归纳法，从设计研究学者的研究论文中，推论出广义设计的一些本质特征，如设计与规划、设计与决策、设计与问题求解、设计与创造性思维、设计与科学等研究焦点，至于更具体的关于广义设计的概念还有待随着设计研究的发展而形成相对统一的概念。但是时至今日，尽管随着设计研究学派的发展，"设计研究"的概念变得相对明确，但是广义设计的概念仍然是模糊的和充满争论的。而可以确定的是，"广义设计"仅仅是一个相对的概念，只有与"狭义"的设计相比较才会存在，并不存在一个绝对意义上的、无所不包的"广义设计"。而设计作为人类的文化景观、文化活动势必随着人类活动的不断发展、不断进步而不断地被"广延化"，"广延化"的意义应该不在于追问设计最大范围的"终极逻辑"，而在于对现有的一些设计活动的"创造力障碍"或者"边界界定障碍"提供一种反省和修正。机械时代思想的奠基人笛卡儿曾经认为，一个概念的清晰性与其他概念的区别是其真理性的内在特点，但是埃德加·莫兰在《复杂性思想导论》中却提出反对的观点，"最重要的事物的概念永远不是从它们的边界而是从它们的核心出发来确定的"[2]。并且西蒙的学术生涯也正是对这一理念的最好诠释。

2.1.4.3 《人类理性与设计科学》中的"设计科学"与"设计研究"

对于"设计研究"与"广义设计"的关系，杨砾和徐立认为：设计研究是对广义设计的任务、结构、过程、行为、历史等方面所进行的研究。通过粗线条的总结西方近代设计研究的发展和引介布鲁斯·阿彻体系[3]，他们进一步对作为"广义设计研究"的"设计科学"进行了限定："设计科学并不包含设计研究的全部，但是，它几乎涉及了设计研究的一切实质性的课题，包括设计哲理、设计技能、设计任务、设计方法和实际设计领域中某些问题的研究"，并将"设计研究"与"设计科学"进行了比较，建立起设计研究和设计科学的基本框架。[4]

通过这个框架的建立，杨砾和徐立认为，可以为广义的设计实践提供设计知识和参考依据。而这一理念无论是从设计实践还是设计研究发展历程的角度看，他们所建立的"科学模型"的作用都被高估了。因为任何一个"科学模型"都是对事物的"合理简化"，也都是认知世界的角度之一。他们的"设计研究与设计科学"的模型是建立在西蒙的"设计的科学"和阿彻的理论上的，其架构仍然是一个理性主义的产物，并没有把感性、艺术等因素包括在内。虽然我们不可否认"设计的科学"几乎涉及了设计研究的一些实质性的课题，但不能将其他研究途径和研究方式全部排除在外。正如尼根·巴亚兹教授所言：纵观整个设计研究的历史，设计方法学和设计科学是一个广泛而综合的问题，这需要额外的更加广阔的研究视角。（图2-16）

1 ［美］维克多·马格林.设计问题：历史·理论·批评 [M].柳沙，张朵朵，等译.北京：中国建筑工业出版社，2010:1.
2 ［法］埃德加·莫兰.复杂性思想导论 [M].陈一壮，译.上海：华东师范大学出版社，2008:74.
3 Bruce Archer.A View of Nature of Design Research/ Jacques R，Powell J. Design: Science: Method，Westbury House，Guildford，1981.
4 杨砾，徐立.人类理性与设计科学：人类设计技能探索 [M].沈阳：辽宁人民出版社，1988:30.

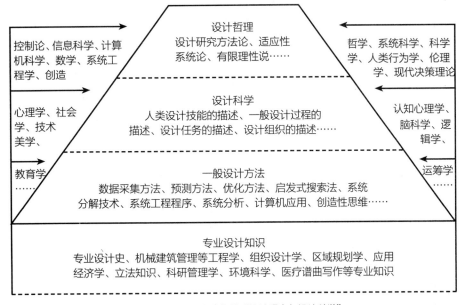

图 2-16 杨砾和徐立建构的"设计研究与设计科学"
（图片来源：杨砾，徐立，《人类理性与设计科学：人类设计技能探索》，1988）

2.1.5 小结

科学往往建立在共识与争论的基础上，在设计研究的历史上，很少像西蒙提出的"设计的科学"这样被广泛讨论、转引和质疑。但是西蒙对整合的热情，对探求真理的态度往往被研究者所忽略。西蒙作为科学家，他的思维方式更多的是"理性的"而不是"经验性的"，是逻辑严密的"科学思维"而非直觉的"艺术思维"。在"科学一体化"的背景下，西蒙不但试图将社会科学变得更加"科学"，更是企图将"设计"上升为独立的一门学问，并且从自然科学的研究成果中提取"抽象成分"供设计人员小心地使用（奈杰尔·克罗斯，2001）。尽管西蒙将设计提升为一门科学具有很大的进步意义，但是它并没有成为唯一的垄断性的范式。

西蒙作为跨领域的研究者，其研究都是从奠定概念开始的，首先完成一些概念的假设，然后逐渐地修正和完善。故此值得注意的是，"设计的科学"作为一个抽象理论并不是来自现实的"设计实践"和生活世界，而是来自西蒙头脑中逻辑模型的推衍。西蒙在《人工科学》中综合了自己在多个领域研究的"交集"。作为"层级世界观"的拥护者，西蒙试图通过建构"设计的科学"将知识转化为行动，这本身也成为一门学问。于是"设计的科学"与具体的设计活动，或者具体的设计学科，仍存在着一定的"隔阂"。这一理论在使用中必须经过具体诠释才能发挥作用，并且更重要的是基于这一理论的设计实践案例是非常匮乏的。

尽管如此，西蒙所提出的"广义设计"等核心思想还是具有建设性的。虽然西蒙的理论基础是"还原论"而不是"整体论"，是"树状结构"而不是"网络结构"，是寻找隐藏在人为事物背后的"确定性""秩序性"和"简单性"，而不是拥抱"不确定性""无序性"和"复杂性"。但是，随着人们对"复杂性"认知的深入，西蒙自身也意识到向"网络世界"转变是未来的发展趋势。因而无论设计理论如何继续发展，我们始终不得不承认"简单性"的神话对科学认识仍是异常有效的，而西蒙以往的研究也仍然是有效的，关键在于鉴别适用的对象、阶段、范围等的"边界条件"。正如埃德加·莫兰所说："简单化是必要的，但是它应该被相对化。这就是说我接受意识到它本身是还原的还原，而不是自认为拥有隐藏在事物的表面的多样性和复杂性后面的、简单的、真理的、自大的还原。"[1]

2.2 "广义设计科学方法学"视野下的广义设计学

随着设计问题的日益复杂化和科学方法论的变革，传统的设计方法在很多复杂问题上很难解决设计难题，一种新的设计方法的研究也呼之欲出。"广义设计科学方法学"不但回应了西蒙所提出的"广义设计"，并且是国内学者原创性的、自发性地对设计研究的一种探索。在 20 世纪 60 年代到 70 年代，西方的设计研究发展也经历了"设计方法运动"，那么"广义设计科学方法学"与"设计方法"又有什么不同？与西蒙提出的"设计的科学"又是何种关系？它又是否能够回应西方学者对"设计方法"的反思？这需要从历史的角度对其有一个整体的认识。

2.2.1 "广义设计科学方法学"的理论背景

2.2.1.1 设计研究的发展

尽管我国的设计研究起步较晚，设计研究作为一个独立的学科（学科群）是在 1984 年才正式提出的[2]，但是对广义设计的研究，事实上在 1981 年《人工科学》译介到中国之前，很多学者就已经开始注意对"广义设计方法"的研究。1987 年，由戚昌滋主编[3]的《现代广义设计科学方法学》中还将西蒙对广义设计的定义在"广义设计的本质与模式"一节作为重要文献引证，此外还参考了《人工科学》一书中关于"记忆""无终极目标的设计"等观点。"广义设计科学方法学"正是我国学者在概括与抽象了其他学科普遍适用于广义设计领域的精髓，立足于"广义方法学"的视角，加以完善和发展的设计研究体系。

同西蒙的"设计科学"一样，戚昌滋提出的"广义设计法"同样是在交叉学科的视野下提出的，后者更强调了其"硬学科与软学科的交叉"，并认为这种研究方式是十分必要的。戚昌滋将设计方法的历史划分为四个阶段：直觉设计阶段、经验设计阶段、中间实验辅助设计阶段、广义设计科学方法学阶段。[4]戚昌滋认为，随着计算机技术、数学方法和一系列复杂性理论（系统论、信息论、突变论、智能论、模糊论）向各个方向的渗透，设计工程吸取了当代科学的成果，并且逐渐形成了研究"广义设计科学方法学"的"现代设计学"。尽管这一研究始于机械设计领域，但是 1983 年初随着"机械"这一定语的去除，意味着现代科学方法学应用于广泛设计领域和广义设计科学方法学的开始。戚昌滋认为这是现代设计发展的必然产物，现代科学的发展也为其奠定了研究的基础，并且他对设计科学的数学化和计算机化势在必行。他以牛顿将数学和力学结合奠定了工程学的基础为例，推论"以数学方式表达研究结果是知识最完善、最有用的形式，也是设计的最好的方法"[5]。但是，该书中并未证明一群机械设计领域的学者从工程设计的角度出发，通过借用自然科学方法学的方法论所总结归纳出的

1 [法] 埃德加·莫兰. 复杂性思想导论 [M]. 陈一壮, 译. 上海: 华东师范大学出版社, 2008:111.
2 杨砾, 徐立. 人类理性与设计科学: 人类设计技能探索 [M]. 沈阳: 辽宁人民出版社, 1988:27.
3 后文为了便于讨论, 用编者"戚昌滋"指代该书所有参与编写的作者。
4 戚昌滋. 现代广义设计科学方法学 [M]. 北京: 中国建筑工业出版社, 1987:71.
5 戚昌滋. 现代广义设计科学方法学 [M]. 北京: 中国建筑工业出版社, 1987:70.

设计方法学是如何能够适用于所有设计领域的。尽管从概念上我们可以将"设计"从不同角度进行不同的诠释，但是忽略设计本身兼备"理性""规范性"与"创造性""情境性"的双重特质，仅仅从使用了科学方法学就判定自己是"科学的"，将知识绝对抽象化就判定自己是"普适的"，且不论是否与设计实践和现实分离，但其理论建构的角度也是十分不严密的。并且，无论工业设计、机械设计还是广义上的设计，仍然应该是"设计"主导的，假如一定要用其他学术门类的学术共同体承认的研究方法作为"设计研究"的方法论才能证明研究的合理性与合法性，却忽视"设计"本身，那无疑有些削足适履。

与西蒙的"设计的科学"不同的是，"广义设计科学方法学"的提出是一个群策群力的成果，西蒙在《人工科学》中将经济学、思维心理学、设计科学、管理学、复杂性研究等领域贯穿起来，而在《现代广义设计科学方法学》中，戚昌滋等编者将几个国家的设计方法学派和当时盛行的一些"复杂性思想"组织在一个逻辑的框架内。基于西蒙对"广义设计"的定义，戚昌滋把设计理解为平衡人类对物质文明和精神需求的"杠杆"和人类满足自身需求的方式。戚昌滋认为，应该利用当代的设计科学方法论，研究广义设计科学方法学，他认为具体有以下几个方面：

（1）现代科学的整体化与交叉性；

（2）现代科学的数学化与知识的抽象化；

（3）科学方法论的变革；

（4）人们的物质与精神需求日益增长。[1]

可见与《人工科学》相似的是，"广义设计科学方法学"作为国内学者的设计研究成果同样是对传统设计方法难以应对新的、复杂的设计问题所作出的努力以及从自身的角度对转变中的社会思想的一种回应。

2.2.1.2　戚昌滋的学术背景

戚昌滋（1933.12—），1954 年毕业于山东工学院机床专业，曾经是报纸记者、航空工业专科学校教师和第二汽车制造厂技术人员；1978 年后在北京建工学院从事教学工作，并致力于研究现代设计科学；1983 年筹备组建中国广义设计科学方法学研究会。[2]

由于"广义设计科学方法学"涉及多学科交叉和多个领域，戚昌滋发表了多篇论文作为对"现代设计法"研究的阶段性成果：《广义设计科学方法学及其产生的渊源》（中国机械工程，1984.6），《创造性是现代设计的基石》（机械设计，1985.3），《创造性能力与科学方法论》（中国机械工程，1985.3），《智能论方法是现代设计的核心》（机械设计，1985.2），《机械工程现代设计法》（中国机械工程，1986.4），《从联邦德国设计方法学到中国现代设计法》（中国机械工程，1987.1），并且于 1985 年在中国建筑工业出版社出版了《实用创造学与方法论》和《现代设计法》作为研究的初期成果。（图 2-17）

图 2-17　《现代广义设计科学方法学》（戚昌滋主编，1987）

1　戚昌滋 . 现代广义设计科学方法学 [M]. 北京：中国建筑工业出版社，1987:78-83.
2　中国社会团体大全：会长秘书长传略卷 1[Z]. 北京：中国国际广播出版社，1995.

2.2.1.3　研究平台：中国建设机械现代设计法研究协会

为了加速建设机械的开发工作，普及现代设计方法，1984 年在四川省成都市成立了"中国建设机械现代设计法研究协会"。该协会重点开展建设机械机构、结构、传动与液压系统方面现代设计方法的理论与实践研究工作，诸如设计学、相似理论设计法、逻辑设计法、动态分析技术、可靠性设计、有限元设计、优化设计与计算机辅助设计等。[1]该协会在第一届年会上，便提出了要出版《现代设计法》并不定期出版"现代设计法丛刊"，并任命戚昌滋为协会的秘书长，随后陆续出版了《工程设计智能论方法学》（戚昌滋、张钦楠，1987）、《机械现代设计方法学》（戚昌滋，1987）、《对应论方法学》（戚昌滋、徐挺，1988）、《创造性方法学》（戚昌滋、侯传绪，1987）等深化研究的相关著作。

2.2.2　"广义设计科学方法学"的主要概念

2.2.2.1　"广义设计科学方法学"的概念

"广义设计科学方法学"发源于机械设计科学，戚昌滋认为：

> 通过传统经验的吸取、现代科学的运用、方法学的指导与方法学的实现，解决各种疑难问题，设计真善美的系统或事物，这门学问就称作"现代广义设计科学方法学"，简称"现代设计法"或广义设计学，她，是跨学科、跨专业纵横渗透移植的综合性、定量性、多元性交叉学科。她揭示了现代设计科学的特征、属性、理论、规律、程序、途径、方法与法规，集中外古代、近代与现代科学方法论、方法学之精髓于己身，使人类最重要的设计活动——广义设计，产生了质的飞跃，从偶然的、经验的、感性的、静态的与手工式的传统设计，上升为必然的、优化的、理性的、动态的与计算机化的现代广义设计。[2]

为了进一步澄清"广义设计科学方法学"的性质，戚昌滋进一步作了补充解释：

> 现代设计法是广义设计与分析科学方法论的总称。
>
> 现代设计法是现代科学方法论在广义设计领域的运用。
>
> 现代设计法是设想与实现之间的科学纽带与桥梁。
>
> 现代设计法是广义设计的概念、法则、规律、途径、方法、程式与法规。
>
> 现代设计法是多元、广角、横向的交叉学科，是各类现代科学方法精华在广义设计领域的远缘繁殖与优生结晶。[3]

从戚昌滋的理论表述上，可以看到所谓"现代"是与"古代""近代"对举，试图强调该方法继承了传统设计方法，古代、近代科学方法论、方法学又实现了新的超越；所谓"广义设计学"，等同于"现代设计法"，是"广义设计科学方法学"的简称，那么研究的对象是"广义设计科学"的方法学而不是"广义设计科学"的整体架构，故此文中所指的"广义设计学"与"广义设计科学方法学"并不在一个逻辑层级上，如果不在具体语境中甄别，非常容易导致概念的混乱。另外值得注意的是，戚昌滋的"广义设计科学"是将其对"机械设计"领域的设计方法的研究进一步地概括、抽象化，而试图使其普遍适用于"广义的设计科学"[4]领域，从理论建构的路径上，其既受到西蒙"设计科学"

1　戚昌滋. 现代广义设计科学方法学 [M]. 北京：中国建筑工业出版社，1987:6.

2　戚昌滋. 现代广义设计科学方法学 [M]. 北京：中国建筑工业出版社，1987:3.

3　戚昌滋. 现代广义设计科学方法学 [M]. 北京：中国建筑工业出版社，1987:69.

4　戚昌滋. 现代广义设计科学方法学 [M]. 北京：中国建筑工业出版社，1987:69.

理论的影响，又与西蒙不同。戚昌滋认为《现代设计法》中的十一论对六种专业类型（专业产品类、建设工程类、自然科学类、社会管理类、科学理论类、文史哲学类）的普遍有效性与特殊性以及理论应用的约束条件有待研究。[1]

2.2.2.2　"广义设计科学方法学"与一般"设计方法论"的区别

尽管广义设计科学方法学借鉴、吸取了其他设计法的精华，但是又和一般设计方法研究只针对设计过程的方法研究有着根本的不同。戚昌滋认为，广义设计科学方法学的基本特征具有辩证性（哲学特征）、规律性（客观性与普遍性）、可接受性（非神秘化）和内在联系性。[2]与西蒙所拥护的"层级系统"相同的是，广义设计科学方法首先将设计按照功能拆分为各个元素，通过建立元素之间的关联和优化达到整体的优化。但是从"内在联系性"的角度而言，难免同样有些机械性的套用之嫌。正如祝帅在《中国大陆艺术设计理论 20 年反思》一文中，严肃批评了《艺术设计方法学》一书"将当代西方科学哲学、理论物理学及自然科学中 20 世纪 80 年代一度颇为流行的信息论、系统论、控制论、优化论、对引论、智能论、寿命论、离散论、模糊论、突变论总结归纳为艺术设计领域十大科学方法论"，并试图通过概念解释与案例印证来证明这些方法论能够在艺术设计领域运用。祝帅认为这种低级的套用与设计的意义并不直接对应，不但会产生恶性的循环论证，更会增大读者的误解。[3]（表 2-1）

表 2-1　广义设计科学方法学的内在联系性 [4]

信号处理是现代设计的依据	信息论方法学
功能实现是现代设计的宗旨	功能论方法学
系统分析是现代设计的前提	系统论方法学
突破创造是现代设计的基石	突变论方法学
智能运用是现代设计的核心	智能论方法学
广义优化是现代设计的目标	优化论方法学
相似模拟是现代设计的捷径	对应论方法学
动态分析是现代设计的深化	控制论方法学

戚昌滋提出，与当时设计科学研究的三个设计方法学派相比，中国"广义设计科学方法学"综合了"联邦德国设计方法学"的规范性、"英美设计方法学"的创造性、"苏联设计方法学"的稳健变革性和中国哲理的系统性，但是却没有深入研究与借鉴其他学派的理论与观点，尤其是一些设计方法论研究中重要的文献，如出版于 1984 年的英国学者奈杰尔·克罗斯编著的论文集《设计方法论的发展》（*Development in Design Methodology*），难免有些遗憾。

戚昌滋还表示，传统的狭义设计是偶然的、经验的、感性的、静态的、手工式的，而现代的广义设计是必然的、优化的、理性的、动态的、计算机化的，通过这些区别可以看到戚昌滋将自然科学研究的评价标准直接平移到设计领域中。他对于理性、客观性、逻辑性的追求，对于数学、定量化、计算机化、理论建模的偏爱与西蒙具有共同特征，而最终目的就是通过将科学方法论应用于广义设计的研究领域，使设计变得更加的"科学化"。但是作者忽视了设计作为一个"人为"而非"自然"的

1　戚昌滋 . 现代广义设计科学方法学 [M]. 北京：中国建筑工业出版社，1987:75.
2　戚昌滋 . 现代广义设计科学方法学 [M]. 北京：中国建筑工业出版社，1987:88-92.
3　祝帅 . 中国大陆艺术设计理论 20 年反思 [J]. 美术观察，2002（9）：48-51.
4　戚昌滋 . 现代广义设计科学方法学 [M]. 北京：中国建筑工业出版社，1987:92.

事物，是否同自然科学一样存在一种设计恒定的、唯一的、普适性的自然模式和自然规律？并且，作为所谓的综合科学（自然科学、社会科学、技术科学）的科学方法论自身是否是"无争议"的，在应用中是否要考虑其理论模型的局限性和研究对象的限制性？

2.2.2.3 "广义设计科学方法学"与其他学科的关系

设计作为交叉学科，总是从其他学科吸收养分，而戚昌滋认为"广义设计科学方法学"同样概括与抽象了其他学科普遍适用于广义设计领域的精髓，并加以完善、补充与发展，可见它是具有动态性和开放性的。从学科交叉性的角度看，"广义设计科学方法学"一直保持了"兼容性"与"开放性"的态度，作为一个开放系统，它反对"一论"或"三论"，而是欢迎一切有助于"现代广义设计"的任何"论"。总体而言，戚昌滋认为"广义设计科学方法学"体现了潜科学与显科学的结合，硬学科和软学科的结合。[1]而从学科汇聚的角度而言，"广义设计科学方法学"只是从概念建构的方式上，先建立起十一论的分析框架，再将不同的科学方法论塞进去，通过数学公式建模描述并解决设计问题。而这一将不同学科和方法论汇聚在一起的核心途径就是计算机化，这一点也与西蒙的路径相似。西蒙之所以提出"有限理性"也是因为人自身的计算能力有限，而计算机却可以弥补人类计算能力的缺陷。通过数学建模，设计可以分解为决策树[2]，然后再以计算机作为辅助工具，搜索计算适合的解法。而数学化更是被戚昌滋作为科学方法学的基石来理解，因为他认为数学蕴含普遍适用的思维方法，可以广泛地适应各门学科的实践需要和潜在需求。[3]尽管戚昌滋将数学作为广义设计科学方法学的"公共分母"，但他发现这一理论是否被接受的困境也在于"广义设计"领域是否接受数学化和定量化的研究范式。但作者没意识到的另一个问题是，尽管数学可以经过层层的推论而仍不失真，但设计要面对的世界不是简化过的、规则的、明晰的世界，也不是逻辑的、数学的世界。自这种启蒙运动以来，培根和笛卡儿式的对数学和方法论的崇拜，并不完全适合所有"广义设计"领域，更不能说方法论的正确必然产生正确的设计。设计应该内嵌于具体的情境，而不是将时间、空间、使用者都抽空的逻辑推理。

2.2.3 "科学方法学"视野中的"广义设计学"

2.2.3.1 何为"广义设计"

1. "广义设计"的定义

对于"广义设计"的定义，在《现代广义设计科学方法学》中曾经多次提及，作为"现代设计法"的理论基础，"广义设计科学方法学"并非建立在具体门类的设计基础之上。戚昌滋认为："我们所指的不仅仅是一般工程技术与产品开发的设计，而且包括社会硬件与软件的设计……广义的设计概念，应该是指创制任何事物的一种活动过程，也包括思维过程。"[4]

对于广义设计的定义，戚昌滋认为："这种有目的的意识活动就是广义的设计。"[5]当然，这也是很多学者对广义设计的理解，例如学者荆雷所言，从名词角度理解，"设计最广泛最基本的意义是

1　戚昌滋 . 现代广义设计科学方法学 [M]. 北京: 中国建筑工业出版社, 1987:77.
2　决策树一般都是自上而下的来生成的。每个决策或事件（即自然状态）都可能引出两个或多个事件，导致不同的结果，把这种决策分支画成图形很像一棵树的枝干，故称决策树。
3　戚昌滋 . 现代广义设计科学方法学 [M]. 北京: 中国建筑工业出版社, 1987:113.
4　戚昌滋 . 现代广义设计科学方法学 [M]. 北京: 中国建筑工业出版社, 1987:69.
5　戚昌滋 . 现代广义设计科学方法学 [M]. 北京: 中国建筑工业出版社, 1987:41.

计划乃至设计"，"所谓广义设计，即心怀一定的目的，并以其实现为目标而建立的方案……它几乎涵盖了人类有史以来一切文明创造活动，其中所蕴含着的构思和创造性行为过程，也成为现代设计概念的灵魂"。[1]（表 2-2）

表 2-2　戚昌滋对"设计"与"广义设计"概念上的比较 [2]

设计	通过分析、创造与综合达到满足某种特定功能系统的一种活动。
广义设计	广义设计是一种有目的的意识活动。[3] 广义设计是人类解决问题的主要活动方式之一。[4] 广义设计不仅仅是一般工程技术与产品开发的设计，而且包括任何社会硬件与软件的设计。[5]
广义与狭义的区别	"狭义的设计"只将设计理解为"出图纸"，"广义的设计"指创制任何事物的一种活动过程，也包括思维过程。
广义设计科学	广义设计科学是方法科学、精神科学、思维科学和行为科学的综合核心与基点[6]
广义设计现代科学方法学	广义设计现代科学方法学就是人类广义设计领域理论与方法的总结。[7]

2."广义设计"的本质

对于广义设计的本质，"广义设计科学方法学"吸纳了西蒙关于"人为事物"的观点。"设计是通过主观对客观的适应而创造人为事物的科学……设计是一种有目的的意识活动，其目的是创造人为事物，其活动必须适之于环境，这就是设计的本质。"[8]其另一本质特征是"实践性"的观点，他认为"人类的设计意识活动遵循着从实践中来，到实践中去的认识论规律，这也是设计最基本的特征"。[9]（表 2-3）

表 2-3　戚昌滋定义的"广义设计"举例 [10]

广义设计的类型	广义设计不同类型的具体内容			
原始设计	以兽皮为衣	筑木为巢	结绳记事	
制造工具	石器	铜器	铁器	
使用动力	蒸汽	电磁	太阳能	核能
改造人类社会	创语言，造文字	兴宗教，建国家	诸子百家，讴歌讽咏	文学、艺术、体育、政治、外交、法律
	政治制度设计			

3."广义设计"的模式

自 19 世纪以来，很多学者基于"线性思维"提出了基于问题解决的"设计流程模式"，在"广义设计科学方法学"的框架下，戚昌滋提出了"广义设计"的模式应该是周期性的。鉴于"广义设计"

1　荆雷. 设计概论 [M]. 石家庄：河北美术出版社，1997:1.
2　戚昌滋. 现代广义设计科学方法学 [M]. 北京：中国建筑工业出版社，1987:68.
3　戚昌滋. 现代广义设计科学方法学 [M]. 北京：中国建筑工业出版社，1987:41.
4　戚昌滋. 现代广义设计科学方法学 [M]. 北京：中国建筑工业出版社，1987:52.
5　戚昌滋. 现代广义设计科学方法学 [M]. 北京：中国建筑工业出版社，1987:68.
6　戚昌滋. 现代广义设计科学方法学 [M]. 北京：中国建筑工业出版社，1987:56.
7　戚昌滋. 现代广义设计科学方法学 [M]. 北京：中国建筑工业出版社，1987:5.
8　戚昌滋. 现代广义设计科学方法学 [M]. 北京：中国建筑工业出版社，1987:51.
9　戚昌滋. 现代广义设计科学方法学 [M]. 北京：中国建筑工业出版社，1987:41.
10　戚昌滋. 现代广义设计科学方法学 [M]. 北京：中国建筑工业出版社，1987:42.

是人类解决问题的主要活动之一，所以它也符合波普尔解决问题的模式：

$$P_1 \rightarrow TS \rightarrow EE \rightarrow P_2$$

戚昌滋认为："波普尔的这种解决问题的模式已经应用于许多领域，其中最重要的贡献是圆满地解释了'科学知识发展学说'和'人类进化论'。用这种模式也成功地解释了'宏观艺术成就'。当然，广义设计是人类解决问题的主要活动方式之一，所以它也符合波普尔解决问题的模式。"[1]"广义设计科学方法学"是被戚昌滋作为设计科学的一个分支来理解的。[2]当然，尽管这一模式直接借用了科学哲学，但是应用在设计中，却体现出了设计的"阶段性""周期性"和"试错性"。并且，从广大背景中看待设计的"试错性"和"周期性"至今已是一个公认的事实，设计需要被放置到具体的地域环境和社会生活运作中"试错"并"纠错"。这就需要把设计的成果作为复杂系统的一个环节来理解，更需要从"环形思维"的角度对"网状结构"中的关系性进行思考，而并非仅仅关注于实体和局部。

从解决问题的视野来看待"广义设计"，还可以说明其目标。戚昌滋认为："设计在目前可看作一种技术活动（狭义），或实践活动（广义），设计方法的目标不是探究、理解，而是解决面临的问题。"[3]那么围绕问题的提出和解决就可以将"广义设计科学方法学"对于设计的定义和设计方法的目标连成一体。但进一步的问题是"问题解决"仍然是一个"宏大概念"，"工具理性"和"计算理性"也只是其中的一个阐释角度而已：西蒙是通过简化问题、建模分析来获得"满意解"，而"广义设计科学方法学"同样是通过建立模型获得"整体优化"。

2.2.3.2　对"广义设计学"的定义与理解

正如西蒙的"设计的科学"是对"广义设计学"的具体诠释，戚昌滋的"广义设计科学方法学"同样是对"广义设计学"的具体诠释而不是全部。戚昌滋也称"广义设计科学方法学"是设计科学的一个分支，具体而言，"广义设计科学方法学是广义设计与分析的科学方法论的总称，是现代科学与方法论在广义设计领域的运用，是设想与实现之间的科学纽带与桥梁，是广义设计的概念、法则、规律、途径、方法、程式与法规，是多元、广角、横向的交叉学科，是各类现代科学方法精华在广义设计领域的远缘繁殖与优生结晶"[4]。并且，从研究的对象上看，它们都是对"广义设计"的研究，都可以列入"设计研究"的范畴。

2.2.3.3　"广义化"的原因与意义

"广义设计科学方法学"对"广义设计"的理解，与杨砾和徐立对"广义设计"的理解的相同之处是，将"广义"理解为对设计的"广延化"。但是，对于为何"广延化"，在《现代广义设计科学方法学》一书中，戚昌滋做了更深入的解释。[5]

1.基于对"复杂性"的认知

"广义化是科学综合性、交叉性的必然结果。"随着对"复杂性"这一概念的认识，"社会科学和自然科学的复杂性，引起了综合解题和交叉解题的必然性。这种综合与交叉又导致了科学、技术、

1　戚昌滋 . 现代广义设计科学方法学 [M]. 北京：中国建筑工业出版社，1987:52-53.
2　戚昌滋 . 现代广义设计科学方法学 [M]. 北京：中国建筑工业出版社，1987:15.
3　戚昌滋 . 现代广义设计科学方法学 [M]. 北京：中国建筑工业出版社，1987:64.
4　戚昌滋 . 现代广义设计科学方法学 [M]. 北京：中国建筑工业出版社，1987:69.
5　戚昌滋 . 现代广义设计科学方法学 [M]. 北京：中国建筑工业出版社，1987:21-30.

概念、方法、名词的广义化。"名词的广义化，说明了只有跨行业、跨学科才能解决一项工程问题的必然趋势。而事实上，正如伯恩哈德·E.布尔德克所言，自20世纪80年代以来对设计所采用的开放性描述非常必要，因为由统一的（因而在意识形态上是僵硬的）设计概念统掌一切的时代可能已经过去了。在后现代的语境下，概念和描述的多样性并不代表后现代的随便，而是代表一种必要的、可建立的多元理论。[1]

2. 基于客观世界是永远变化、动态发展的

戚昌滋认为，由于缺乏设计，造成了人、地、生不协调，这些不协调的根本原因是缺乏对复杂的因果关系的成因的认识。但事实上，"天、地、生这三门大科学的一个共同特点是，可以把自然界当作一个时、空、能、质的统一体来研究"。这样通过整合多学科的综合研究与设计，这些问题就可以迎刃而解。[2] 并且这种拒绝简单的因果联系的思维在很多领域得到应用，设计思考所要面对的将是"不确定性"，将是"应需而变"。

3. 基于"大科学观"

基于"大科学观"这一概念，可以把科学技术视为一个整体，视为一种不可忽视的社会现象，并着眼于科学的社会功能。而这种科学的一体化发展趋势，正是建立在"广义化"的基础之上的，只有"广义化"才会导致"大科学"。[3] 这一理念似乎与后来提出的"大经济""大工程""大美术""大建筑""大工业设计"等同出一辙，更为极端的是在1968年时任奥地利《BAU》杂志主编的前卫建筑师汉斯·霍莱因（Hans Hollein）曾经以一篇名为《一切皆为建筑》的论文震惊了国际建筑界。[4] 但值得注意地是，"广义化"所突出的应该是整体性和整合性，它的前提是应该清晰地看到不能在"广义"和"大"的名义下将自己列为万物的中心，它应该尊重其他领域的多样性和丰富性，应该意识到单一学科的局限性，并且从不同角度来综合解决问题。

4. 基于"人类的广义化记忆机制"

基于"人类的广义化记忆机制"，可以将记忆的广义化定义为"信息量的储存"。受到西蒙的"解决问题的信息处理理论"（the information processing theory of problem solving）的影响，戚昌滋认为，通过研究广义化的记忆机制的符号化，这种记忆才能更好地传递、转换，并促进社会的有序化过程。[5] 他甚至认为，要研究事物的本质与共性，"只有把那些不以人的意志、情绪为转移的原理概念提炼出来，才能更广泛地、更深入地发展它、移植它……"但是这种建立在"客观主义科学观"上的概念将"知识"也打上"客观主义"的烙印。尽管采用这一方式可以提炼出逻辑上条理清晰的、客观的"知识系统"，但是在实际的设计实践中，尤其是面对难以明确的问题时，设计行为并不是直接而简单的"传递知识"，信息与记忆也不能成为设计技术的"工具箱"，更不是简单的信息"输入"与"输出"。在复杂的设计问题面前，很少有现成的、完全契合的"知识"与"难题"。

5. 基于交叉学科式教育

戚昌滋认为高等院校应该开设综合性课程和广义化课程。当下这种师资结构单一性、微观性，使得教师对交叉学科认识的不足，难以多渠道地、灵活自如地解决实际工程问题，对认知世界的复杂

1 伯恩哈德·E.布尔德克.产品设计：历史、理论与实务[M].胡飞，译.北京：中国建筑工业出版社，2007:15.
2 戚昌滋.现代广义设计科学方法学[M].北京：中国建筑工业出版社，1987:22-25.
3 戚昌滋.现代广义设计科学方法学[M].北京：中国建筑工业出版社，1987:25.
4 隈研吾.新建筑入门[M].范一琦，译.北京：中信出版社，2011:2.
5 戚昌滋.现代广义设计科学方法学[M].北京：中国建筑工业出版社，1987:29.

性都是不利的。这对于培养具有发散性思维的创造性人才和视野广阔、具有全局意识的综合性人才都具有重要意义。[1] 但是令人沮丧的是正如滕守尧在《非物质社会》一书的序言中所讲，交叉学科的研究正处在一种"雷声大，雨点小"的状态，因为"要人们抛弃现成的和方便的思考环境，打破学科之间的边界，去面对实践和理论中提出的大量来自不同的时间、空间和文化中的问题，是极其不容易的"。[2] 但是在现实中，设计行业需要的是除了具备自身专业之外，还要跨领域沟通能力和广博知识的"综合型人才"，并且这一需求在"创意时代"已经成为重要的核心竞争力。但是，在现实的教育中仍然缺少回应。

2.2.4 小结

"广义设计科学方法学"是从科学方法学的角度对"广义设计学"的一种理论建构。这一思想除了借鉴了国际上的设计方法论的研究成果，还吸收了复杂性思想（如老三论（系统论、信息论、控制论）和新三论（突变论、智能论、模糊论）等），通过对这些思想和方法论的再建构，使其呈现出系统性和整体性的特征，以达到系统设计的最优化的目标。

这一以机械设计为发端，并试图扩展到各个"广义设计"领域的理论在国内的设计学界，尤其是工程机械设计领域引起了较大的反响。尽管学界对"设计方法论"的有效性本身还存有很多的质疑，尤其是经历了 19 世纪 60 年代的设计方法论运动之后，人们对设计方法论本身的认知仍在不断地变化着，但是"广义设计科学方法学"仍然具有一定的理论意义和现实意义。但如果将"广义设计科学方法学"放到"设计方法论"研究的历史脉络上，就不能忽视其历史的局限性。设计方法论的发展大体上经历了两个时期：20 世纪 50 年代到 80 年代末期的设计方法更多受到"自然科学"的影响，此阶段的设计追求"科学的、理性的、客观的、实证的"知识，此阶段的研究追求"科学理性"，追求快速的、准确的、普适的方法；20 世纪 80 年代之后，机械化的、系统化的、僵化的、菜谱式的方法论研究受到各种反对，并且鲜有该理论指导的作品产生，这个时期的方法论研究认为"设计方法不应是遵循自然科学的因果逻辑、理性分析下的'解释'原则，而应是去'理解'人类个体心理与群体的变化"。理性的、规范性的设计程序和设计方法并不比"直觉""经验"更为高级，也不能代替设计师的感觉、认知和直觉判断，而社会科学中的心理学、人类学、社会学、语言学等的研究方法，更适宜辅助设计师发现用户的需求、期望、目的、情感与体验，[3] 因而设计方法研究也从"自然科学"范式转向"社会科学"范式。

以相关的研究论文和著作来看，论文作者的学术背景是以工程师和理工科学者为主，"广义设计科学方法学"对设计"广义化"的实践也缺少相应的实例，但是设计方法论仍然是设计实践和设计教育不可回避的问题。通过方法论才可能使设计成为 "可传授的、可学习的、因而是可沟通的。直至今天这项方法学对教学上一成不变的重要性在于，通过它培养了学生逻辑化和系统化的思考能力"。[4] 并且方法论研究的水平直接代表了一个学科的成熟和先进程度，设计学作为一个学科存在，就要有基本的假设、概念、理论、方法和工具。而且孤立的、零散的求知行为并不能构成设计研究，只有遵循特定的认识论与方法论的体系化过程才能被认可为学术化的设计研究行为。所以，真正的问题是我们

1　戚昌滋 . 现代广义设计科学方法学 [M]. 北京：中国建筑工业出版社，1987:29.
2　[法] 马克 · 第亚尼 . 非物质社会：后工业世界的设计、文化与技术 [C]. 滕守尧，译 . 成都：四川人民出版社，2004:2.
3　唐林涛 . 从设计方法论的流变看设计与自然科学、社会科学的关系 [J]. 装饰，2005（7）：54-55.
4　[德] 伯恩哈德 · E. 布尔德克 . 产品设计：历史、理论与实务 [M]. 胡飞，译 . 北京：中国建筑工业出版社，2007:190.

应该如何学会批判地继承和发展，而不是从字面上片面否定或简单批评，只有通过质疑与探讨才能获得更立体的认识。

2.3　质疑与探讨：广义设计学的再认识

正如戚昌滋所言，"新理论和新方法的涌现只是限制旧理论、旧方法的应用范围，促进了旧方法的改革"。[1] "广义设计学"作为一种对"广义设计"的研究，势必面对"边界限制"与"适用范围"的问题。当然，世界上并不存在一种可以解决一切问题的理论，也不存在可以"包罗万象"的理论，我们不能以一种单一的模式去定义每一个设计过程，但是这并不妨碍从最基本的层面对"广义设计"进行研究。维克多·马格林认为设计作为一个跨学科、跨方法论的学科，设计讨论范畴的扩大化并不会削弱设计的专业性，也不会使原本就复杂的问题更加模糊不清，这种研究不但会使设计的本质变得更加清晰，并且能够提高大众对设计的理解。[2] 对于"广义设计学"，不论是赞同与发展，还是质疑与批评，都使得我们从多样的角度更深刻地去认知、反思、修正与实践。

2.3.1　以西蒙的《人工科学》为基础的研究

随着中国的现代化进程，中国社会由传统农业社会和手工业社会向现代工业社会转变，而这种文化与社会的变革势必引发中国设计由"图案学""工艺美术""艺术设计学"到"设计学"的正名与建设转变。20 世纪 90 年代，随着"设计艺术学"的正名与学科建设，西蒙的《人工科学》再次成为学者们探讨的热点。在"设计的科学"这一研究范式下涌现了一批学术专著和论文，从"广义的、综合的"角度来探讨设计。尽管"人工科学"这一概念是西蒙综合了他在管理学、认知心理学、人工智能的核心问题逐渐建构起来的，思考问题的方式也比较强调逻辑的严密性，但是从该研究的后续影响来看[3]，西蒙的"人工科学"不仅在"理工类"领域得到回应和重视，在其他"非理工类"领域同样也产生了一定的影响。而对于国内的设计学的理论建设，西蒙的《人工科学》更是在技术美学、设计科学、设计方法论、设计语义学、机械工程等领域均产生了较大的影响。

2.3.1.1　在技术美学方面的影响

天津社科院的徐恒醇研究员在《理性与情感世界的对话：科技美学》[4] 中引用了西蒙的"有限理性说""人工物"的概念和一些结论。文中引述了设计技能研究中一种对偶处理模型理论：在求解设计问题时，设计者所运用的思维模式是分析串行思维和整体式综合思维的组合。但是鉴于设计推理的局限性，引入了西蒙的有限理性说，表明设计解只能是满意解。对于设计与科学的关系，文中认为设计与科学发明不同，发明是发现科学原理，而设计是应用科学原理，设计活动并非与未知的科学技术打交道。并且文中反复强调了综合的重要性，即"设计是不同技术和文化的综合……谁的综合能力强，

1　戚昌滋 . 现代广义设计科学方法学 [M]. 北京：中国建筑工业出版社，1987:13.
2　[美] 理查德·布坎南，维克多·马格林 . 发现设计：设计研究探讨 [M]. 周丹丹，刘存，译 . 南京：江苏美术出版社，2010:2.
3　从中国知网 CNKI 中录入的论文统计，从 1979 年到 2011 年以《人工科学》为参考的研究论文共 497 篇，其中理工类共发表论文 141 篇，其他非理工类共发表论文 356 篇。理工类包括数学、物理、力学、天文学、地理学、生物学、化学、化工、冶金、环境、矿业、机电、航空、交通、水利、建筑、电子技术及信息科学、能源；其他的类别包括农业、医药卫生、文史哲、政治、军事、法律、教育与社会科学综合、经济与管理。
4　徐恒醇 . 理性与情感世界的对话：科技美学 [M]. 西安：陕西人民教育出版社，1997:244-248.

谁就能在产品设计上出奇制胜"。（图 2-18）

在《理性与情感世界的对话：科技美学》中，徐恒醇引入了一种广义的文化概念：

> 文化是在物质和精神生产领域进行创造性活动方式的总和。整个社会文化的发展就是一种自然的人化的过程，它表现为外在自然的人化和内在自然的人化，即人的教化。设计作为推动物质文化发展的手段，正处在这种外化过程和内化过程的不断反馈的交叉点上。

图 2-18 《理性与情感世界的对话：科技美学》（徐恒醇，1997）

通过建立"设计文化"的概念，徐恒醇认为"设计活动是通过文化对自然物的人工组合。它总是以一定的文化形态为中介"。作为对克莱夫·迪尔诺特提出的"设计是一种社会－文化活动"[1]这一理论的回应，徐恒醇将设计放置到文化的背景中考察，设计理论就不仅仅局限于专业科学知识，还与政治的、经济的、社会的、历史的、文化的、教育的、生态的、心理的学科内容相关。[2]而意大利学者马瑞佐·维塔（Maurizio Vitta）也认为"我们不能脱离社会理论去建构任何设计理论"。

此外，徐恒醇还区分了"工程设计"与"工业设计"："工程设计"处理的是"物与物"之间的关系，而"工业设计"处理的是"人与物"之间的关系。通过引用西蒙关于"人工物可以看成是'内部'环境（人工物自身的物质和组织）和'外部'环境（人工物的工作环境）的接合点"，从而推导出产品设计的内涵应该从自然科学技术扩大到人文社会科学和审美文化的领域。并且提出了随着工程设计与工业设计的发展，两者的整合可以为产品一体化打下基础，也只有这样才能把产品的结构、造型、生产工艺和市场开拓作为一个整体来思考。作为国内学者对"广义设计"和"整合设计"的探索，这些理论至今仍然是具有理论价值和现实意义的。如卡耐基梅隆大学一直在致力于整合新产品开发设计，从而让工程师与设计师在团队合作中更加尊重对方的能力，更加有效地沟通，在更加平衡的团队整体关系下，使不同专业背景的团队人员更加有效地合作。他们还提出了以用户为中心的一体化新产品开发（iNPD），将设计、工程和市场调研等不同领域的力量综合为一体化的手段。[3]

2.3.1.2　在设计基础理论方面的影响

清华大学的李砚祖教授将《人工科学》作为艺术设计学的重要理论来引用，并在此基础上建构出自己的设计艺术学框架。在《设计艺术学研究的对象及范围》[4]一文中，他接受了西蒙关于"人工物"和"设计科学"的定义、由杨砾和徐立转引的关于"广义设计学"的定义以及"阿克体系"，同时还参考了杨砾和徐立建立的"设计研究与设计科学"的研究框架，并积极地探索"大设计理论"。青年学者祝帅在《艺术设计视野中的"人工科学"：以赫伯特·西蒙在中国设计学界的主要反响为中心》[5]一文中认为李砚祖并不注意区分"工程设计"与"工业设计"的区别，而将以《人工科学》为理论源头的"感性工学"推介给中国艺术设计界。在《设计新理念：感性工学》[6]一文中，李砚祖将西蒙的《人

1　迪尔诺特．超越"科学"和"反科学"的设计哲理 [M]．北京：中国国际广播出版社，1981．
2　略巴赫．有利于市民取向的设计理论 [M]．德国：德国设计丛书出版社，1976．
3　[美] Jonathan Cagan，Craig M.Vogel．创造突破性产品：从产品策略到项目定案的创新 [M]．辛向阳，潘龙，译．北京：机械工业出版社，2004:129-131．
4　李砚祖．设计艺术学研究的对象及范围 [J]．清华大学学报（哲学社会科学版），2003,18（5）：69-80．
5　祝帅．艺术设计视野中的"人工科学"：以赫伯特·西蒙在中国设计学界的主要反响为中心 [J]．设计艺术，2008（1）：15-17．
6　李砚祖．设计新理念：感性工学 [J]．新美术，2003,24（4）：20-25．

工科学》视为"现代设计学学科成熟的标志，并为工程学的发展提供了新的路径和新的思考方向。这也成为'感性工学'的理论基础和出发点"。而在祝帅看来，"感性工学"这一理论源自工程学自身发展的需求，并且只是在工程设计内部展开，尚且处于理论阶段，并未对艺术设计实践和设计研究方法造成实质性的冲击。（图2-19）

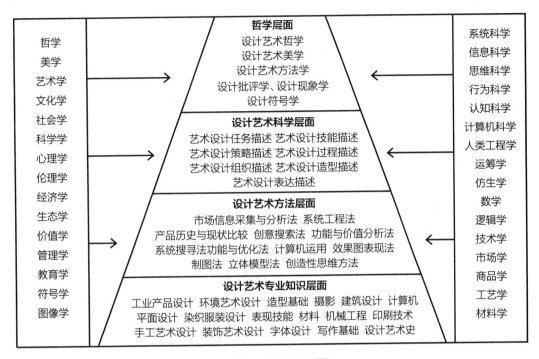

图 2-19 设计艺术学系统关系图

（图片来源：李砚祖，《设计艺术学研究的对象及范围》，2003）

在滕守尧主编的《美学、设计、艺术教育丛书》中收录了法国学者马克·第亚尼编著的关于"广义设计"的设计研究论文集《非物质社会：后工业世界的设计、文化与技术》。书中的第八章"设计科学：创造人造物的科学"集中论述了"设计的科学"的概念。在译者前言中，滕守尧在介绍"设计的科学"的基本理论之后，着重介绍了西蒙在"设计在精神生活中的作用"的有关论述，并从艺术设计和"艺术化生活"的角度加以深入阐释。滕守尧认为"艺术与设计是息息相通的"，"唯一的办法是加强双方的沟通"，因为"双方卷入人的活动，其实都是性质相同的创造活动"。而祝帅认为，一方面西蒙新加入的"设计在精神活动中的作用"这一小节由于超出了作者的学术范围，面对非理性、情感等因素，在西蒙的"广义设计"理论中很难得到很好的诠释而成为其理论上的缺憾；另一方面滕守尧对西蒙新加入的一节似乎有些"过度诠释"，而事实上在西蒙的原著中，对于精神世界的论述和设计科学的论述并非处于平等的地位，并且"艺术"与"设计科学"的"沟通"也并不成功。[1] 尽管设计作为一门学科仍然缺乏必要的理论基础，并且还不能与一些成熟的学科进行平等的对话。而西蒙的"设计的科学"这一理论由于只是从逻辑上证明了"广义设计"可以作为一个独立的学科，但是对具体的设计实践、设计教育至今仍然缺乏可操作性的对接。（图2-20）

---

1 祝帅. 艺术设计视野中的"人工科学"：以赫伯特·西蒙在中国设计学界的主要反响为中心 [J]. 设计艺术, 2008（1）：15-17.

2.3.1.3 在设计方法论方面的影响

在设计方法论方面，《人工科学》（又译为《关于人为事物的科学》）曾经提出了"设计模型""设计问题""设计逻辑""资源分配"和"层级结构"等观点。清华大学的柳冠中教授对《人工科学》提出的设计方法作出了理论上的新发展。在《事理学论纲》中，柳冠中接受了西蒙关于"广义设计"的定义，并推导出"元设计"的概念，把设计归结为"人类有目的的创造性活动"。[1] 他将"元设计"理解为设计的最本质意义和设计活动的本源。在《事理学论纲》中，柳冠中借鉴了西蒙关于"人为事物"和"人工科学"的理论，并借鉴了姜云的《事物论》，通过辨析"事"与"物"的辩证关系，建构出了事理学的理论基础，将设计定义为"创造人为事物的学问"。[2]（图 2-21）

图 2-20 《非物质社会：后工业世界的设计、文化与技术》（马克·第亚尼著，滕守尧译，2004）

对于设计的本体与科学和艺术的关系问题，柳冠中转引了西蒙的观点，认为"设计是独立于科学与技术的第三类知识体系"。同时，《事理学论纲》还引述了杨砾和徐立关于"设计科学"的定义：设计科学"是从人类设计技能这一根源出发，研究和描述真实设计过程的性质和特点，从而建立一套普遍适用的设计理论"。并且柳冠中还进一步对其进行了完善和发展，他认为：

> 自然科学融入技术，研究"物"与"物"之间的关系；人文社会科学研究人、人与自身、人与群体的关系；设计研究的是人与物的关系。在这种意义上，设计横跨了科学技术与人文社会两大领域。无论历史上还是未来，设计都是，也应该是综合的学科……设计"研究与实践"就应该进入"体系化"阶段。设计研究是设计的科学，设计实践是科学的设计，两者相互促进，同步发展。[3]（图 2-22）

图 2-21 《事理学论纲》（柳冠中编著，2006）

柳冠中认为"人为事物"的科学在工业时代向知识时代转变的背景下，具有"资源重组的经济持续发展的设计革命"的意义和高度。他认为将工业设计提升到"人为事物设计"的高度，有利于重组知识结构、重组资源、实现创新，并且能够从根本上调整人与自然的关系，以求生存。[4]

此外，在《事理学论纲》中，柳冠中还接受了西蒙的"有限理性说"和"满意解"等概念。通过"事理学"研究，柳冠中试图使西蒙"人工科学"这一理论更加的严密和完善，也使其与设计实践和艺术设计学建立起一种实质性的关系。他将设计定义为一门科学的、系统的、完整的知识体系，将设计学定义为"人为事物科学的方法论"。在 2007 年，柳冠中作为主编，将弟子的博士论文集结出版了《中国古代设计：事理学系列研究》，以此作为对"事理学"研究的进一步探索。该书从"金、木、水、火、土"五行入手，从古代造物设计文化和思维方式的角度对事理学的理论进行了验证和发展。柳冠中认为，通过研究"金、木、水、火、土"五材，可以清晰地理解"事理"的"目标系统"的主脉。"事理学"对这些"土生土长"的中国传统智慧的传承与超越也是未来的设计研究的重要议题。（图 2-23）

1 柳冠中. 事理学论纲 [M]. 长沙：中南大学出版社，2006:3.
2 柳冠中. 事理学论纲 [M]. 长沙：中南大学出版社，2006:6-8.
3 柳冠中. 事理学论纲 [M]. 长沙：中南大学出版社，2006:13.
4 柳冠中. 设计"设计学"："人为事物"的科学 [J]. 南京艺术学院学报，2000（1）：52-57.

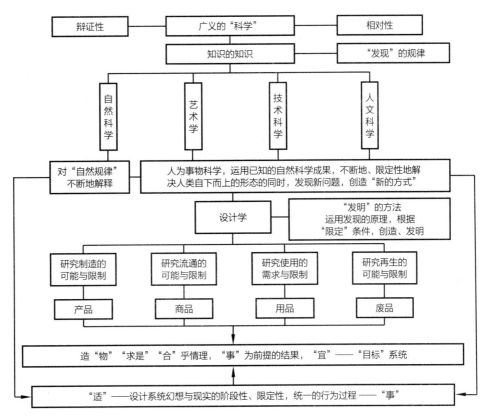

图 2-22 "广义的设计科学——人为事物科学"

（图片来源：柳冠中，《事理学论纲》，2006）

2.3.1.4 在设计语义学方面的影响

设计语义学作为设计学与语义学的交叉研究，在国内尚处在起步阶段，相关研究的论文也比较少，2006 年湖北美术出版社出版的学者舒湘鄂的著作《设计语义学》是这方面首部较为系统的研究著作。舒湘鄂认为，设计语义学是"用一种新的观点关注设计的意义，解释设计语言的内涵与外延，解释设计语汇的含义以及设计形态符号化的准确意义"。为了强调设计学科是建立在"自然科学和人文科学的联络网上"和设计学科的界限正在互渗这一概念，舒湘鄂在"设计学科的共生观"一节中引述了西蒙的"设计的科学"来作为论据。进而在此基础上，舒湘鄂将设计语义学作为"从设计形态入手，把语义学引入设计学科中，揭示设计形态的意义，是设计科学的基础理论之一"。[1] 但是从今天的角度而言，这里将"设计语义学"作为"设计科学"的基础理论之一，其中的"设计科学"已经超出了西蒙的"设计科学"，而是一种通过多学科交叉的"设计研究"。（图 2-24）

图 2-23 《中国古代设计：事理学系列研究》（柳冠中主编）

1 舒湘鄂.设计语义学 [M].武汉：湖北美术出版社，2006:27.

在"设计学"一节中，舒湘鄂同样引述了西蒙的《人工科学》中关于"广义设计"和"设计科学"的概念，还有杨砾和徐立关于"广义设计"的定义。而最终，他认为"我们不能把设计学科纳入一种线性的专业学科的范畴之内……"[1]因为设计学科是多维的，设计与其他学科是交叉的，它们彼此之间并不存在生硬的界线。

图 2-24 《设计语义学》（舒湘鄂著，2006）

对设计的本质问题，从"设计的表达和理解"的角度而言，舒湘鄂认为：

> 把设计作为问题的求解活动更为科学，它揭示设计的本质，并把设计活动的意义更深刻化。至于设计作为现代美学范畴或次艺术领域以及设计不属于艺术范畴之争，是现象问题之争，并不是本质问题。设计本质就是直接的合目的性，是揭示事物本质的方法论，是通过外观和表现形式，表达事物运动意义的活动。[2]

但值得注意的是，这一推论是基于认知心理学和人工智能对于"语义丰富域"（或"信息丰富域"）问题的研究，那么"设计作为问题求解活动"只是设计的本质特征之一，并不具有唯一性和排他性，设计具备的科学属性与设计的艺术属性也并非是二元对立的关系。在现实的设计实践中，并非一定要将"设计问题简化为简单问题，将复杂问题定义为清晰问题"才能进一步展开设计。随着系统思想的发展，如"软系统方法""干预性系统思维"等都为设计方法提供了更多的方法论选择。

2.3.1.5　在机械工程方面的影响

在机械工程方面，西蒙的"设计的科学"同样得到了研究者的回应，很多研究都接受了西蒙关于"适应性""层级系统""设计问题模型""对偶处理模型""信息模型"等。中南大学制冷与空调研究所的丁力行、叶金元的论文《暖通空调计算机辅助广义设计模式探讨》（2003）在研究人类设计技能模型的基础上，建立了暖通空调广义设计过程模式，并提出了暖通空调广义设计过程及其 CAD 系统的信息模型，并以此为基础建立了暖通空调广义 CAD 系统的框架。中南大学交通运输工程学院的郭卉、彭梦珑、丁力行的论文《广义设计与工程创新及其在高等工程教育中的应用》（2006）将广义设计与工程创新相结合，并讨论和分析工程创新教育的改革。由于在《人工科学》中，西蒙的视角是以工程师的设计问题为出发点的，因而在机械工程领域中，西蒙的很多理论体现出了更好的"契合"性。

2.3.2　对西蒙的"设计的科学"的质疑与探索

对于西蒙在《人工科学》中提出的"设计"本体论和认识论的假设，很多学者提出了不同的观点。比较典型的讨论，如唐纳德·A.舍恩在《反映的实践者：专业工作者如何在行动中思考》[3]中对"人工科学"的"技术合理性"提出了质疑；马克·第亚尼在《非物质社会：后工业世界的设计、文化与

1　舒湘鄂.设计语义学 [M].武汉：湖北美术出版社，2006:40.
2　舒湘鄂.设计语义学 [M].武汉：湖北美术出版社，2006:184.
3　[美]唐纳德·A.舍恩.反映的实践者：专业工作者如何在行动中思考 [M].夏林清，译.北京：教育科学出版社，2007.

技术》[1]中对"设计是否是一门科学"提出了质疑；维克多·马格林在《两个赫伯特》[2]中用赫伯特·马尔库塞（Herbert Marcuse）"单向度的思维和行为模式"来质疑西蒙对设计实践和设计理论的理解是具有矛盾性的。经历了工业时代"工具理性"和"技术理性"的阴影，在这些反思声中，设计研究者们正在将设计研究不断地推向更新一代的研究范式。

2.3.2.1 唐纳德·A. 舍恩眼中的《人工科学》

曾经任教于哈佛大学教育学院和麻省理工学院都市研究与规划学系的唐纳德·A. 舍恩教授在《反映的实践者：专业工作者如何在行动中思考》（*The Reflective Practitioner: how professionals think in action*，1983）一书中对《人工科学》的技术合理性提出了挑战。舍恩回到了西蒙对"广义设计"界定的逻辑起点："设计是改善现存状态到较好的状态"的过程，而这在西蒙眼里是所有专业实践的核心，但是偏偏是旧式学校所不教授的。所有的"旧式学校的失职"是因为这些技能是"软性的、直觉的、非正式的及按谱操作的"，究其原因是没有找到这样一门"设计的科学"。而西蒙想做的是将那些已经在统计决策理论及管理科学中得到发展的最佳方法应用在"设计的科学"中，并超越这些方法乃至进一步扩展它们。并且，这样可以将设计问题转换为"明确界定的问题群"。舍恩尖锐地指出，"明确界定的问题群"不是既定的，而是从乱七八糟的问题情境中建构出来的。尽管西蒙的动机是通过建立一门"设计的科学"将有关人类问题解决的理论与其他职业生涯中碰到的问题联系起来，也将设计界定为"非明确界定的问题群"，但是西蒙的"设计的科学"仍然要依赖"明确界定的工具性问题"作为起点来展开工作，仍然只能应用于那些已从实践情境中建构好的问题。[3]（图 2-25、图 2-26）

图 2-25 唐纳德·A. 舍恩

作为杜威"实践哲学"的研究者，舍恩还反思了"设计的科学"背后的专业知识模式。他认为西蒙同沙因、格莱泽一样，都不能解决如何在设计中面对"科技理性"的局限性和面对"严谨与适切"的两难困境。[4]但这是自文艺复兴以来，西方文化一直被困扰于一个概念上的冲突。冲突的一方是追求统一及标准的理念，另一方则是设计训练本身的多样性。[5]而舍恩认为，他们的专业知识模式仍属于"实证主义认识论"范畴，正如理查德·伯恩斯坦（Richard Bernstein）所说："分析综合的二分法这一原始公式以及意义的检验标准，已经被抛弃了。实证主义者对自然科学及正式学科的理解，已被有效证明是过于粗略化的……这里已经有了理性的共识，即初始实证主义者对科学、知识与意义的理解是不充分的。"[6]

图 2-26 《反映的实践者：专业工作者如何在行动中思考》（唐纳德·A. 舍恩著，夏林清译，2007）

1 [法]马克·第亚尼.非物质社会：后工业世界的设计、文化与技术[C].滕守尧，译.成都：四川人民出版社，2004.
2 [美]维克多·马格林.人造世界的策略：设计与设计研究论文集[C].金晓雯，熊嬿，译.南京：江苏美术出版社，2009:279-287.
3 [美]唐纳德·A. 舍恩.反映的实践者：专业工作者如何在行动中思考[M].夏林清，译.北京：教育科学出版社，2007:38.
4 [美]唐纳德·A. 舍恩.反映的实践者：专业工作者如何在行动中思考[M].夏林清，译.北京：教育科学出版社，2007:39.
5 [荷兰]伯纳德·卢本.设计与分析[M].林尹星，薛皓东，译.天津：天津大学出版社，2003.
6 [美]唐纳德·A. 舍恩.反映的实践者：专业工作者如何在行动中思考[M].夏林清，译.北京：教育科学出版社，2007:39.

舍恩自己提出了"实践认识论"和"反映实践"的方法。舍恩还引用了"人文主义科学家"迈克尔·波兰尼关于"隐性知识"的观点，他认为："我们的认识存在于行动之中。同样，专业的日常工作则依赖于内隐的行动中认识（knowing-in-action），行动中反映的整个过程可称为一项'艺术'，借此实践者有时能处理好不确定性、不稳定性、独特性与价值冲突的情境。" 而舍恩所做的正是将设计从西蒙建构的"逻辑空间"拉回到"真实的实践"。

2.3.2.2 马克·第亚尼眼中的《人工科学》

"非物质设计"的倡导者法国学者马克·第亚尼在其编著的《非物质社会：后工业世界的设计、文化与技术》（*The Immaterial Society: Design, Culture, and Technology in the Postmodern World*, 1992）一书中，对西蒙所谓的"设计的科学"提出了质疑："设计是科学吗？是否应该有一种可以称为设计的科学？"他强调："西蒙教授以一种自相矛盾的方式对设计的解释：'如果自然科学关心的是事物本然的样子'，'设计关心的就是事物应该是什么样子'。看起来科学和设计之间的确是有区别的。事实上，从西蒙列举的一系列特征中都能直接看出，他指的就是一种'有关人造物的设计科学'，即'一系列经得住思想上的推敲的、分析性的、部分是形式性的、部分是经验性的有关设计过程的可教的教条'。"[1]（图2-27、图2-28）

图2-27 马克·第亚尼

对于西蒙提出的"人为事物"的观点，马克·第亚尼引用汤因比的观点对设计领域中的"功能性"和"物质性"作出了重新评估。"人类将无生命的和未知的物质转化成工具，并给予它们以未加工的物质从未有的功能和样式。功能和样式是非物质性的：正是通过物质，它们才被创造成非物质的。"[2] 很明显，西蒙的理论是通过严密的逻辑完成了"人造物"的"物质性"的一方面，而忽视了"非物质性"的维度，因而这一框架是具有缺陷的。而在后工业设计中，设计领域越来越追求"一种无目的性的、不可预料的和无法确定的抒情价值"和为"种种能引起诗意反应的物品"（亚历山德罗·门迪尼，Alessandro Mendini）而设计。

图2-28 《非物质社会：后工业世界的设计、文化与技术》（马克·第亚尼，1992）

西蒙毕生都在推动"综合"，他试图通过"设计的科学"来整合"选择科学"和"控制科学"。马克·第亚尼则立足于文化发展的角度指出，在后工业时代整个社会的文化将从一个"讲究良好的形式和功能的文化"走向一个"非物质的和多元再现的文化"，"这种文化被恰当地说成是严密的逻辑原则的衰败，其特征是相反的和矛盾的现象总是同时呈现"。[3] 设计也将从"工业时代"走向"后工业时代"，即使是缔造了工业文明的科学和技术的合法性也遭到科学家的诘问，面对"两种文化"（科学文化和文学文化）需要新的思考。而"设计……似乎可以变成

1 ［法］马克·第亚尼.非物质社会：后工业世界的设计、文化与技术 [C].滕守尧，译.成都：四川人民出版社，2004:6.
2 ［法］马克·第亚尼.非物质社会：后工业世界的设计、文化与技术 [C].滕守尧，译.成都：四川人民出版社，2004:9.
3 ［法］马克·第亚尼.非物质社会：后工业世界的设计、文化与技术 [C].滕守尧，译.成都：四川人民出版社，2004:13.

过去各自单方面发展的科学技术和人文文化之间一个基本的和必要的链条或第三要素"。[1]而说到底，设计应该是一门技艺而并非是一门科学。

2.3.2.3 维克多·马格林眼中的《人工科学》

美国设计理论家维克多·马格林从西蒙《人工科学》一书成书的背景入手，敏锐地发现了西蒙并不系统的理论体系的基础与其个人兴趣的关系。在《两个赫伯特》一文中维克多·马格林发现，尽管《人工科学》中的理论被很多人转述，但是却忽视了该书是西蒙在美国最优秀的理工科院校之一的麻省理工学院的讲座的基础上完成的。"他从工程师群体的社会认可度层面，定义设计科学这一新兴的标准体系。"在思考方式上，西蒙偏爱"逻辑缜密"，试图通过逻辑引导出解决问题的有效方法，甚至认为这一原则是"设计科学"的基石。并且，西蒙反对将经验或判断作为设计的依据，因为经验或判断无法用工程师能够理解的语言表达。[2]在具体操作上，西蒙的兴趣在于用数字驱动程序作为决策、策略的基础，他重方法而不重结果。（图 2-29、图 2-30）

图 2-29　维克多·马格林

西蒙对"广义设计"的定义（"每个人都是设计师，只要他们所作各种努力的意图是改变生活状况，使之变得更加完美"）同样遭到了维克多·马格林的质疑。他认为："这一定义促使研究活动形成某种导向，即更加关注设计过程中目标模型的创造，而不是发展一种批评性的实践理论。"[3]并且"设计科学"一词，还将很多今天的设计研究和设计活动排斥在外。"试图依据科学措辞来进行设计实践的做法，只会形成一个严谨的逻辑概念的行为体系，这反而会成为设计作为一门学科的合理性探讨的最大障碍。"[4]

面对设计知识与实践的关系，维克多·马格林更倾向于一个开放的设计行为概念，这样才能不去过分关注于论证设计专业的领域内知识的独立性，而是一种多样性的阐释，它将使设计这一学科无论在实践层面还是理论层面都会得到更好的理解。[5]

图 2-30　《人造世界的策略：设计与设计研究论文集》（维克多·马格林，2009）

尽管《人工科学》中将"设计的科学"和"自然科学"划分开来，但是"西蒙还是将设计的方法自然化了，并将它们植入一套设计工作的技术框架之中。维克多·马格林认为西蒙的这种实践

1　[法]马克·第亚尼.非物质社会：后工业世界的设计、文化与技术[C].滕守尧，译.成都：四川人民出版社，2004:8.
2　[美]维克多·马格林.人造世界的策略：设计与设计研究论文集[C].金晓雯，熊嫒，译.南京：江苏美术出版社，2009:280.
3　[美]维克多·马格林.人造世界的策略：设计与设计研究论文集[C].金晓雯，熊嫒，译.南京：江苏美术出版社，2009:280.
4　[美]维克多·马格林.人造世界的策略：设计与设计研究论文集[C].金晓雯，熊嫒，译.南京：江苏美术出版社，2009:281.
5　[美]维克多·马格林.人造世界的策略：设计与设计研究论文集[C].金晓雯，熊嫒，译.南京：江苏美术出版社，2009:282.

理念正是赫伯特·马尔库塞所批判的"技术理性"，这是一种"单一维度的思维和行为模式"。作为"社会设计"的倡导者，维克多·马格林认为设计原理的最基本的原则就是，"使设计如何在社会中运转及如何发挥作用的理论，而不仅仅是一套技术理论"。[1]（图 2-31）

图 2-31 赫伯特·马尔库塞

正如马尔库塞所说："一项具体的历史实践是以本身的历史选择为背景进行评价的。"所以，设计作为一项社会实践活动，应该放到社会环境中考量，而不是单独地将设计开发的过程理论化。基于马尔库塞的理论，维克多·马格林倡导"批判性理解"和"设计反思"对设计实践者的重要意义，并且应该将历史、理论、批评作为所有设计教育课程的核心，"这一观念对自我意识的发展和那些有社会意识的设计师及学者的成长"具有重要作用。[2] 此外，在《人造世界的策略：设计与设计研究论文集》（*The Politics of the Artificial： Essays on Design and Design Studies*，2002）一文中维克多·马格林对《人工科学》中的"人造物"这一概念的逻辑起点表达了自己不同的理解，他认为"人造物质世界"和"人造世界"还是有区别的。

> 西蒙将自然科学定义为描述性的科学，关心的是事物本来的状态；而将人造物科学定义为规定性科学，关心的是事物应该以何种状态、如何实现人类目标。这两种科学的区别就在于"应该"，这表明了人类发明人造世界的目的是为了实现自己的目标，同时向自然表达相应的敬意。[3]

但问题是西蒙首先预设了"人造物品"与"自然"的二元对立，并将它们划分开来。西蒙将"人造物"定义为一种"合成"，而将观察定义为一种"分析"，并预设了"分析"才是连接人与自然的方式的"合理性"。但是西蒙并没有怀疑"自然"的真实性，而维克多·马格林认为他不能接受西蒙所谓"自然"与"科学"追求真理时同样毫无争议的主张。他更提倡"精神"的重要性，通过"精神"可以避免"意义"与"现实"的缺陷，并将设计与它们连接起来。对于"物质""精神"与"设计"的关系，维克多·马格林认为：

> 强调精神，使得设计师与技术人员能够清楚地理解，设计是一种旨在造福社会的行为方式。设计应该与社会进步的过程联系起来，社会进步是精神进步的物质表现……最重要的是，对精神的强调，能使得人们面对广泛流传的文化虚无论时，行动更加自信、更加有力。[4]

今日更加复杂的"人为的、人造的"世界，要比西蒙所描述的更加复杂，而面对不断增加的人造物所导致的"人性的丧失"，维克多·马格林认为只能予以回击。

2.3.3　以"广义设计科学方法学"为基础的研究

从整体而言，"广义设计科学方法学"并未达到与西蒙的《人工科学》同样的影响力[5]，不论是

1　[美] 维克多·马格林. 人造世界的策略：设计与设计研究论文集 [C]. 金晓雯，熊嬛，译. 南京：江苏美术出版社，2009:283.
2　[美] 维克多·马格林. 人造世界的策略：设计与设计研究论文集 [C]. 金晓雯，熊嬛，译. 南京：江苏美术出版社，2009:286.
3　[美] 维克多·马格林. 人造世界的策略：设计与设计研究论文集 [C]. 金晓雯，熊嬛，译. 南京：江苏美术出版社，2009:129.
4　[美] 维克多·马格林. 人造世界的策略：设计与设计研究论文集 [C]. 金晓雯，熊嬛，译. 南京：江苏美术出版社，2009:142.
5　根据 CNKI 中国知网录用的文献统计，理工类共 281 篇，其他非理工类 110 篇，并且在这 110 篇文章中，48 篇是来自电子技术与信息科学领域。尽管《现代设计法》在当时引起了媒体的关注，销量也达到了 6 万册，但是在后续的研究中其影响力逐渐衰退了。

引用数量还是引文范围都集中于机械工程领域，如吴志新在《浅论广义设计学对设计工作的指导意义》一文（1991）中介绍了广义设计学的基本特征和与传统设计的关系，并提出了广义设计工作中应遵循的思维方式。尽管该理论认为其兼备"硬科学"与"软科学"的双重"关照"，也提出了设计不仅仅是设计"硬件"，还包括"软件"的观点，与当下的设计思潮非常一致，但是却并未得到跨领域学者的回应。然而就艺术设计学科而言，在设计方法学领域对其还是有所关注的。

　　在"广义设计科学方法学"提出之后，很多设计专业的学者在其著述的设计方法学的著作中都介绍了广义设计科学方法学，如简召全、冯明、朱崇贤编的《工业设计方法学》（北京理工大学出版社，1993），郑建启、李翔编著的《设计方法学》（清华大学出版社，2006）、郑建启、胡飞编著的《艺术设计方法学》（清华大学出版社，2009）。这些转述并没有作进一步的阐释，主要停留在概念的介绍和观点的引进上，尤其是对其"广义设计科学方法学"中的"十一论"是作为一种方法论来介绍的。

2.3.4　对"广义设计科学方法学"的反思与质疑

　　"广义设计科学方法学"将设计科学和科学方法论结合起来，尽管与传统设计方法相比具有辩证性、规律性、定量性、可接受性和内在联系性，但它仍然是建立在设计科学基础之上的设计科学方法论。在设计研究的历史上，可以划分为两个阶段：第一个阶段是 20 世纪 60 年代到 70 年代的"设计方法运动"（design methods movement），始于巴克敏斯特·富勒（Buckminster Fuller）的《设计科学时代》，终于赫伯特·西蒙的《人工科学》[1]；第二个阶段是 20 世纪 80 年代至今的现代"设计研究"。在设计方法论运动中更加强化了设计过程的"客观性"和"合理性"，但是进入到 20 世纪 70 年代，设计方法和设计的科学体系受到了来自各个方面的质疑。

　　作为设计方法运动的先驱者，克里斯托弗·亚历山大和约翰·克里斯托弗·琼斯 (John Christopher Jones) 就在反思自身的基础上提出了新的观点。亚历山大认为，"科学逻辑框架与设计过程的差异是根本性的和不可逾越的"。[2] 假如按照西蒙的层级系统，或者按照"广义设计科学方法学"中的"树状系统"思维，很多问题是不能很好地解决的。亚历山大在名为"城市不是一棵树"的演讲中反思到："城市不能，也不应当成为一个树形系统。城市是包容生活的容器，它能为其内在的复合交错的生活服务；但如果它是个树形系统，它就像一只边缘堆满了刀片的碗，会把任何进入其内部的事物割得粉碎——在这样的容器中生活就会被割成碎片。"[3] 所以，亚历山大首先提出了设计方法的无效性，他甚至感叹"我把自己从研究的领域中分离出来，也许并不存在什么设计方法，请忘记它吧"。[4]（图 2-32、图 2-33）

图 2-32　克里斯托弗·亚历山大

　　琼斯甚至拒绝了担任英国公开大学设计科学的首位教授，他在 1977 年的《设计方法与理论杂志》发文反对设计方法："20 世

1　Nigel Cross.Design Research:past,present and future[J].Design Research Quarterly,2006,5（2）:19.

2　刘存 . 英美设计研究学派的兴起与发展 [D]. 南京：南京艺术学院，2009:17.

3　[英] 克里斯托弗·亚历山大 . 城市不是一棵树 [A]// 约翰·沙克拉 . 设计：现代主义之后 [C]. 卢杰，朱国勤，译 . 上海：上海人民美术出版社，1995:66-92.

4　Negil Cross. Designerly Ways of Knowing:Design Discipline versus Design Science[J]. Design Issues,2001,17(3):49-55.

纪 70 年代反对设计方法，讨厌机器语言、行为主义和把整个生活放入逻辑框架的持续尝试。"[1]

这些质疑的根源来自设计本体与自然科学本体之间是否存在差异，而很多学者认为设计问题其实是一些"不良结构问题"，而科学只能处理"良好形成的问题"，即设计问题的求解不但不能直接用"公式"计算，甚至连设计问题自身都是难以明确的。设计应该是一个"情境驱动"的过程，而不是知识提取和应用的过程，因此根本就不可能将设计纳入某种单一的知识逻辑框架。设计研究由此陷于空前的被动。

图2-33　约翰·克里斯托弗·琼斯

2.3.5　小结

随着设计研究的深入发展，设计的科学体系和设计方法在质疑声中继续发展着，尽管遭受到质疑，这并不意味着其理论的无效性。复杂性研究思潮的开拓者埃德加·莫兰 (Edgar Morin) 认为："科学的历史是由概念的迁移构成的。"在《复杂性思想导论》中他转述了数学家曼德勃罗（Mendelbrot）的观点："伟大的发现都是概念从一个领域转移到另一个领域引起的差错结出的成果。"由此可见，在设计从传统设计走向现代设计的路途中，在很多研究者试图将科学中的概念、认识论、方法论迁移到设计之中的时候，同样会面对这样的"差错"与"成果"。

不论是"设计的科学"还是"广义设计科学方法学"，都是立足于广义设计的基础之上，在这个框架下进行理论建构，进行"概念"迁移。尽管作为阶段性的研究成果，每个理论都有不严密之处，但是至少在"概念"迁移的尝试中，在对广义设计的研究中，避免了设计学科的自我封闭和自我窒息。并且在这种多元化的讨论中，对于"广义设计"这一概念本身也得到了更多维度的认知，对于设计的属性问题也有了进一步的认知。

2.4　"广义设计学"的研究困境与"乌托邦"理想

2.4.1　"广义设计学"的研究谱系：以《人工科学》为线索

尽管目前对"广义设计学"的研究存在多种理解，其研究对象、研究目标、研究方法等也仍然存在很多争论，但是在我国设计理论的建设中，西蒙提出的"设计科学"在设计研究学者中起到了极大的影响。以《人工科学》一书为理论基础，西蒙提出的关于"广义设计"的界定以及试图将设计行为进行科学化研究的努力得到了很多学者的支持，一些国内学者还基于西蒙的理论发展了自己的设计理论框架。当然，西蒙对"设计科学"的探索并非是发展出"设计学"唯一正确的科学研究路径。设计作为一个知识体系，必须要放在整个人类知识的整体谱系中来理解；设计作为一种人类行为，必须与它同期的科学活动、艺术活动等其他人类行为协同发展；设计作为研究的对象，必须与当时的研究文化、科学哲学、研究方法相适应。作为一个逻辑实证主义者和理性主义的科学家，西蒙从他的科学研究中发现了"事物应该怎样"的这种设计问题是"管理学""经济学""工程学"等都普遍存在的

1　J.C.Johes.How My Thoughts about Design Methods have Changed During the Years.Design Methods and Theories[J].Journal of DMG and DRS,1977,11.

问题交集，他认为这都是"广义的设计问题"。

而戚昌滋在《现代广义设计科学方法学》中，引用了西蒙关于"设计科学"的定义，并结合自己的工程学背景以及对科学方法论的兴趣，试图通过数学、科学哲学、行为科学、计算机科学等方法，把"广义设计"中的问题高度抽象归纳为"十一论"的规则化框架，并试图通过具体的实例解释自然科学的方法论同样适用于人类社会问题乃至"广义设计"问题。由于学科背景的差异，抱有不同分析框架的学者各自有其研究进路的差异。于是设计研究在原点上出现了研究阵营的分裂，"科学主义"与"人本主义"，"理性主义"与"经验主义"，"实证主义"与"建构主义"相互争论、相互竞争。因而，一方面，西蒙将设计作为一种交叉学科的"大设计"来设想得到了学界的广泛认同；另一方面，西蒙从技术理性的角度进行设计研究强调了"科学性"而忽略了"艺术性"，而被哲学、社会学、艺术史学等人文学科背景的研究者如唐纳德·A.舍恩、马克·第亚尼、维克多·马格林批评和质疑。但是，西蒙将人工智能、认知科学等研究方法引入设计研究的做法被后来的研究者继续发展着并取得了很多成果。可见，这些关于设计的探索不是"新的理论"取代"旧的理论"的简单更迭，而是极具针对性的、情境性的和具体的。近些年来，通过不同领域设计研究者的努力，使得我们可以从更加整体的"历史视角"来看待"广义设计学"研究历史与未来。但是设计学科建设起步较晚，还有待于从最基本的问题扎实研究，才能实现在一个知识共享的平台下交流、探究"广义设计"的理想。（图2-34）

2.4.2 "广义设计学"：人文主义"乌托邦"还是"科学主义"范式危机

青年学者祝帅在《艺术设计视野中的"人工科学"：以赫伯特·西蒙在中国设计学界的主要反响为中心》[1]一文对20世纪80年代到90年代我国设计艺术研究界在"设计科学"的研究范式下对"广义设计学"和"设计艺术学"理论的研究提出了质疑。除了关注"设计科学"理论自身的严密性问题之外，他还关注这种所谓的"设计科学"是否适合作为"设计艺术学"的理论基础。

他认为尽管西蒙在《人工科学》中提出了一些"设计行为"的共性问题，如设计模型、设计逻辑、资源配置、层级结构等论述，但是这些问题更适合于"工程设计"领域，如果在"艺术设计"领域中运用就必须经过具体的批判性诠释，因而对艺术设计的影响是间接的，需要"转译"。并且西蒙在理性范围内建构的"设计科学"对设计中的"非理性""情感"等问题考虑不足，由于"艺术设计"具有其独特理论旨趣，在"设计科学"的框架内不能得到完整的、更具包容性的诠释与发展。对于西蒙"设计科学"理论上的不足，祝帅的观点与国外的学者并无二致。而对于《人工科学》中的理论是否适合作为"科学结论"在论文中引证[2]一说却值得商榷。

从理论生成的角度而言，西蒙提出《人工科学》的初衷并非是从"设计实践"开始的，而是从自己的科学研究开始，他所谓的设计是"事物应该怎样"，他所谓的"设计科学"是与自然科学这种"解释科学"相类比的，而不是"设计学"要研究的关于"设计"（如产品设计、环境设计等）的科学。而国内学者引用西蒙"设计科学"这一理论也无非是在"设计艺术学"（设计学）的学科正名与建设中，为"设计学科"获取一种"科学"的姿态和应有的学术地位。但是这一时期的学者忽视了设计作为一种应用性的实践与自然科学是具有差异的，设计作为一个大的门类，工程设计与工业设计就

1 祝帅.艺术设计视野中的"人工科学"：以赫伯特·西蒙在中国设计学界的主要反响为中心 [J].设计艺术，2008（1）：15-17.
2 祝帅.艺术设计视野中的"人工科学"：以赫伯特·西蒙在中国设计学界的主要反响为中心 [J].设计艺术，2008（1）：16.

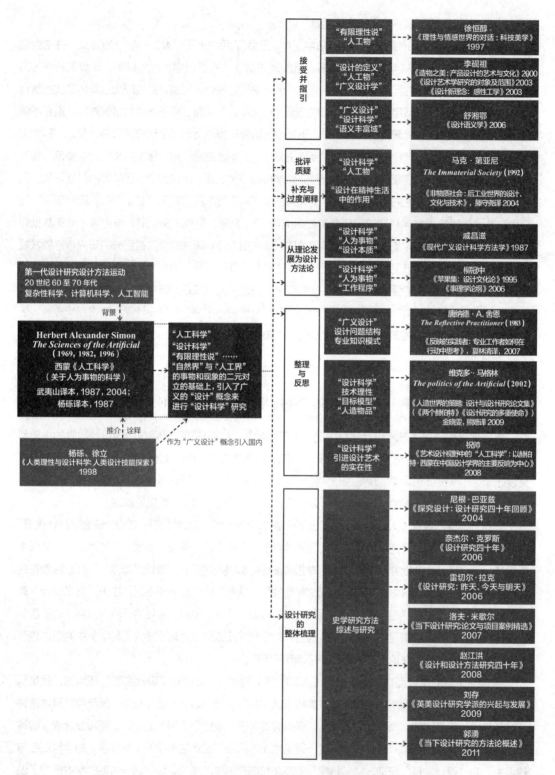

图 2-34　"广义设计学"的研究谱系：以《人工科学》为线索（作者自绘）

又有其特殊性和差异性。设计理论与自然科学理论形成的原则也是具有差异的，设计理论不能先设定公理然后经过层层推论得出"空中楼阁"的理论体系；设计创作行为的偶然性也不具备自然科学那种通过"科学结论"去预测和控制的能力。而祝帅忽略的是在 20 世纪 80 年代兴起的"方法论热"中，戚昌滋编著的《现代广义设计科学方法学》比西蒙更热衷于"三论"[1] 在设计领域中的应用，该书按照工程学理论框架针对设计问题提出了"十一论方法学"[2]，而不管是"三论"还是"十一论"事实上反映的都是从系统科学到复杂性科学理论对设计研究的影响。（表 2-4、表 2-5）

表 2-4　从系统科学到复杂性科学理论对设计方法的影响 [3]

理论框架	系统科学理论	主要影响时期	方法重点
老三论 （SCI）	系统论	20 世纪 50—60 年代	结构研究 （静态分析）
	控制论		
	信息论		
新三论 (DSSC)	突变论	20 世纪 70—80 年代	过程研究 （演化分析）
	智能论		
	模糊论		
复杂性科学	混沌学	20 世纪 80 年代至今	动力学分析 （动态分析）
	分形论		
	自组织临界性		
	CA 和多重智能体		

表 2-5　从系统科学到复杂性科学理论对设计方法的影响 [4]

状态	静态	动态
理论基础	一般系统论	复杂性理论
研究重点	结构	动力学
研究方法	数学描述	计算机模拟
理论关键	整体性原理	突现机制
整体与部分的关系	整体大于部分之和	整体在数量上大于部分之和，在质量上不同于部分之和
系统状态	平衡态	非平衡状态
研究现象	平稳序列、趋势变动……	周期倍增、混沌、灾变

伴随着"确定性的终结"，科学方法论也发生了巨大的变化，美国学者 M. 克莱因（Morris Kline）在《数学：确定性的丧失》（*Mathematics: the Loss of Certainty*，1982）中驳斥了人们将数学看作"关于物质世界的不可动摇的知识体系，数学推理是准确无误的"这一固执的信念 [5]。他认为数学的基础是

1　三论：信息论、系统论、控制论。
2　"十一论方法学"包括：古五论为功能论、优化论、离散论、对应论、艺术论；老三论为系统论、信息论、控制论；新三论为突变论、智能论、模糊论。
3　蔡运龙，叶超，陈彦光，等 . 地理学方法论 [M]. 北京：科学出版社，2011:193.
4　蔡运龙，叶超，陈彦光，等 . 地理学方法论 [M]. 北京：科学出版社，2011:192.
5　[美] M. 克莱因 . 数学：确定性的丧失 [M]. 李宏魁，译 . 长沙：湖南科学技术出版社，1997:1.

并不牢固的，它仅仅是帮助人类"建立起与瞬变的感存环境奥秘的解释模型"。[1] 伊利亚·普里高津（Ilya Prigogine）在《确定性的终结：时间、混沌与新的自然法则》（*End of Certainty: Time, Chaos, and the New Laws of Nature*，1997）中的观点与自然之经典描述彻底决裂。普里高津指出，以牛顿力学为代表的近代科学，描述的是一个钟表式的自然界，一个轨道的、永无发展的静态世界，一个相对静止和存在绝对化的世界。而近代的热力学成果正如热力学第二定律指出的，一个封闭系统只会自发地熵增、走向无规无序。于是普里高津提出，世界是一个动态演化、时间不可逆的世界，开放性与非平衡性才是系统发展的必要前提。在新的理性中，"科学不再等同于确定性，概率不在等同于无知"。[2] 确定性的终结，意味着我们将生活在一个概率性的世界中。根据量子力学中的"不确定性原理"（uncertainty principle）[3]，所谓科学中的"真实"只是一个相对的概念，"偶然性"不再是一种逻辑上的瑕疵，而是设计实践的真实条件与设计创造性的动力源。随着自组织理论、混沌理论和复杂性理论的发展，"人们不再像以前那样倚重确定性模式，动力学分析开始占据主导地位"。系统中结构与功能的关系不再是一种静态的函数关系，而是一种动态的过程。[4] 因此，设计与科学是同步发展的，随着新的科学理论和科学方法论的提出，势必影响到设计研究的理论基础。而目前设计研究中的问题正如同 C.L.R. 詹姆斯在《关于辩证法的笔记》中所言："当对象、内容已经发生了变化，并为思维的扩展创造

图 2-35　M. 克莱因

图 2-36　伊利亚·普里高津

了或确定了前提的情况下，仍旧以不变的形式、范畴、概念来思考问题。"（图 2-35、图 2-36）

戚昌滋编著的《现代广义设计科学方法学》只是将系统科学的早期理论应用于"广义设计"领域，随着复杂性科学的发展，该书采用静态的分析方法进行设计研究的理论基础势必面临挑战，但是该书在 20 世纪 80 年代之后没有对新的科学发展予以回应。西蒙意识到人们对复杂性和复杂系统的兴趣猛增，于是在 1996 年《人工科学》的修订版中特意增加了"复杂性面面观"一章，而他梳理这些主题是为了揭示"人工性"和层级对于复杂性的意义。[5] 总体而言，西蒙的"设计科学"和"广义设计科学方法学"都是"科学主义"研究范式主导下的研究成果，势必不能形成垄断性的设计研究范式，更不可能像戚昌滋空想的"十一论"运用得越多、越全面、设计结果就越好。正如德国教授 J. 约狄克所言："系统方法并不是进行设计的唯一合理的途径，不如说，如果应用得法的话，它是对建筑师进行设计有所帮助的一种方式。" J. 约狄克认为，设计方法论仅仅是一种手段，至于是否起到作用，起到什么作用，取决于建筑师提出的或理应提出的目标。[6] 所以，数学的、理性模型的世界仅仅是解释世界

1　[美] M. 克莱因. 数学：确定性的丧失 [M]. 李宏魁，译. 长沙：湖南科学技术出版社，1997:366.

2　[以] 伊利亚·普利高津. 确定性的终结：时间、混沌与新的自然法则 [M]. 湛敏，译. 上海：上海科技教育出版社，1998:8.

3　"不确定性原理"又称"测不准原理"，由德国物理学家海森堡于 1927 年提出，该原理表明：一个微观粒子的某些物理量（如位置和动量，或方位角与动量矩，还有时间和能量等），不可能同时具有确定的数值，其中一个量越确定，另一个量的不确定程度就越大。参阅维基百科。

4　蔡运龙，叶超，陈彦光，等. 地理学方法论 [M]. 北京：科学出版社，2011:191.

5　[美] 司马贺. 人工科学：复杂性面面观 [M]. 武夷山，译. 上海：上海科技教育出版社，2004: 第二版序，第三版序.

6　[德] J. 约狄克. 建筑设计方法论 [M]. 冯纪忠，杨公侠，译. 武汉：华中工学院出版社,1983: 1.

的一种手段，并非真实的世界，而设计要面对的恰恰是真实的世界，是科学与人文同在的世界。

尽管"广义设计学"对于社会教育中人格塑造的必要性既无法证实也无法证伪，但这并不意味着"设计科学"的研究范式就是毫无意义的。西蒙只是提出了"广义设计"的概念和"设计科学"的概念，并没有提出"广义设计学"一说。至于将西蒙的理论演绎成"广义设计学"是国内学者的"误读"与"过度诠释"而已。而从研究动机上看，西蒙提出"设计科学"应该被"每个知书识字的人"学习并不是为了搭建一个广义的设计教育的人文主义平台，而是试图扭转专业学院"靠拢自然科学、逃避人工物科学的趋势"[1]，因而也应该与"人格塑造"无关。而西蒙将"人工科学"称为"设计科学"的歧义性在于，我们如何定义设计科学，它是唯一的还是复数的？如果我们假定"设计科学"是复数的，那么"人工科学"应该处于"设计科学"这一大的研究门类下的一个分支而不是位于首层。或许这也是"人工科学"具有排他性的一面和备受争议的原因所在，因为西蒙可以提出对"人工物"的假设而建构"人工科学"，但是不能否定其他人提出另外的假设并创建其他的研究路径。当西蒙试图在理性范围内，以工程学为参照，并将自己在人工智能、管理学、认知心理学等领域的研究经验推广到具有类似问题的"广义设计"——"人工科学"的时候，其理论的普遍适用性与研究对象的特殊性的矛盾势必导致争议性。这也导致了一个"广义设计"研究的致命困境：当一个学者试图将自己研究领域的研究成果推广到更加"广泛"的、具有普适性的领域时，就不得不反思这一成果在什么样的限制条件下是有效的。杨砾、徐立将西蒙的"设计"概念扩展到更大的"大设计"范畴："从广度上说，设计领域几乎涉及人类一切有目的的活动。从深度上看，设计领域的任何活动，都离不开人的判断、直觉、思考、策略和创造性技能。"[2] 这种抽象的共性的确可以作为设计研究的对象来讨论，但是否可以作为"设计学"的公分母却有待进一步的研究与讨论。假如我们只关注什么都能被描述为"设计"，那么我们就很难找出什么不是"设计"。（图2-37）

图 2-37 赫伯特·亚历山大·西蒙

西蒙的学生陈超萃认为人工智能没有在设计界被快速普遍认可和接受有三个困境：第一，设计过程存在无穷尽的变数，如果想要找到一个固定的模式（model）去再现(represent)和涵盖所有的设计过程，就目前而言是极为复杂的且不可能的；第二，如何把真切的设计知识转换成电脑程序而保留影像的特质；第三，设计过程中的变数，因人不同，也因时间而异。面对这些现实的困难，陈超萃认为，确定一套公分母来涵盖大众也不是不可能的。西蒙曾提出："任何的人生过程都是解决问题的过程，创造力并不只是如何独创地解决问题，也是如何独创地发掘问题。"[3] 而这种"问题解决"对于西蒙而言是一种实证科学理性的建模过程，也就是说"问题解决模型"是所有设计活动都需要的，从

1 ［美］司马贺 . 人工科学：复杂性面面观 [M]. 武夷山，译 . 上海：上海科技教育出版社，2004:104.

2 杨砾，徐立 . 人类理性与设计科学：人类设计技能探索 [M]. 沈阳：辽宁人民出版社，1988:11.

3 陈超萃 . 人工智慧与建筑设计：解析司马贺的思想片段之一 [A]// 邱茂林 .CAAD TALKS 2：设计运算向度 . 台北：田园城市文化事业有限公司，2003:33.

这个视点去剖析"广义设计"领域具有相似性的截面。而这一回答似乎又绕回到西蒙写作《人工科学》的原点，在西蒙看来，经济学、管理学、心理学等学科所研究的课题，实际上都是"人的决策过程和问题求解过程"。要想真正理解组织内的决策过程，就必须对人及其思维过程有更深刻的了解。因此，借助于计算机技术的发展，西蒙与同事纽厄尔等人一起开始尝试用计算机来模拟人的行为，从而创建了认知心理学和人工智能研究的新领域。但是，这些假设是脱离设计的实践条件的，对于不同思维类型的设计师而言，将创造性置于问题解决的某个阶段似乎也存在争议。其实这种"广义设计"领域中的"公分母"问题与其说是强调"涵盖"不如说是强调"共享"，这样就突出了"可共享""可讨论""可交互"的特征，而不是封闭的理论模型。

2.4.3　不同范式的不同使命：《人工科学》对设计研究发展的积极意义

　　以西蒙为代表的"科学主义"研究范式尽管带来了"广义设计学"研究的困境和范式危机，但是这并不意味着"实证科学"对设计发展只起到了阻碍作用，其积极意义对于我国设计研究界而言其实尚待开发。

　　为了摆脱"艺术设计"学界理论研究与设计实践脱离的状况，祝帅在《实证主义对设计研究的挑战》[1]、《设计学的社会科学化倾向与实证研究的兴起》[2] 等文中极力推动在设计研究领域中引入"实证方法"，并认为这将是一场拉动学术转型的范式革命。而事实上，西蒙正是早期引导设计领域进行实证研究的学者，尽管《人工科学》在"广义设计"领域的应用存在争议，但是对于设计研究的发展而言却有着不可忽视的作用。西蒙所在的卡内基梅隆大学工程学院就是率先研究设计过程的工程学院之一。西蒙作为人工智能之父和认知科学的先驱，影响了该学院将人工智能与认知科学应用在计算机辅助建筑设计（CAAD）上的进程。西蒙的《人工科学》一书奠定了以计算机为基础的设计，并深刻地影响了卡内基梅隆大学和美国其他地方加强设计学教育和科研教育的改革。[3] 此外，西蒙在人工智能、认知科学领域的研究还影响了计算机辅助设计的先驱查理斯·伊斯曼。由于伊斯曼在原案分析研究（protocol studies in design）方面的独特见解，1967 年他加入了卡内基梅隆大学的研究行列，并在建筑系和计算机系发展出丰硕璀璨的研究成果。[4] 查理斯·伊斯曼在卡内基梅隆大学的执教中促成了多元的"研究－科学家－建筑师"模式，这种模式要求计算机辅助设计（CAD）的研究者同时被训练成为建筑师（或艺术家）与科学家（或工程师）。由于学术研究族群的努力，卡内基梅隆大学发展出了很多的研究案例，例如设计自动化（design automation）、几何模型（geometric modeling）、资料模型（data model）、设计认知 (design cognition)、设计界面（design interface）、设计文法（design grammars）等仍然在 CAD 领域成就显著，并影响了计算机辅助设计的建筑教育。[5]（图 2-38、图 2-39）

　　查理斯·伊斯曼的研究领域可以分为三个阶段：第一个阶段是早年在卡内基梅隆大学曾经与西

1　祝帅 . 实证主义对设计研究的挑战：对当下设计研究范式转型问题的若干思考 [J]. 美术观察，2009（11）：104-107，103.

2　祝帅 . 设计学的社会科学化倾向与实证研究的兴起：兼论当代艺术设计研究的理论前沿与发展趋势 [J]. 艺术设计研究，2009（4）：85-88.

3　[美] 司马贺 . 人工科学：复杂性面面观 [M]. 武夷山，译 . 上海：上海科技教育出版社，2004:106.

4　郑太昇 . 电脑辅助设计的开路先锋：伊斯曼 [A]// 邱茂林 . CAAD TALKS 2：设计运算向度 . 台北：田园城市文化事业有限公司，2003:58.

5　奥玛·艾肯 . 卡耐基美仑大学的电脑辅助建筑设计历程 [A]// 邱茂林 . CAAD TALKS 2：设计运算向度 . 台北：田园城市文化事业有限公司，2003:44-55.

蒙合作研究计算机辅助设计，主要以研究设计认知过程及人工智能为主；第二个阶段致力于几何模型的开发与应用，开发以 3D 空间实体模型为主的计算机辅助设计系统；第三个阶段是整合所有计算机辅助设计系统的建筑产物模型。查理斯·伊斯曼从卡内基梅隆大学转回乔治亚理工学院任教后，实践经验使他的研究方向发生了 180° 的转变。他不但间接地否认了自己过去对"电脑可以自动做设计"的假设，更彻底地质疑了人工智能运用于创造性设计 (creative design) 的可能。伊斯曼认为，人工智能以及所谓的知识库，充其量只能应用在惯例性的设计上，或是应用在建筑局部的细部大样上。"人工智能根本不可能取代建筑师做自主性强、多样化、富有创造力的建筑设计。"[1]

图 2-38 查理斯·伊斯曼

伊斯曼的研究跨越了建筑、土木工程与计算机等专业，他认为建筑业一直以来都是故步自封、视野狭隘的，只有利用由外而内的产业升级压力才能彻底改变建筑产业的窘境。出于理论研究与设计实践的双重经验，伊斯曼认为"开发单一的建筑模型（building model）涵盖建筑所有门类的资料是不可能的，即使你尝试去做，别人也不要这样的结果"。为了推动建筑产业由外而内的革命，伊斯曼最近正在研究数位工程资料标准化格式，从而建立一个智慧型平台，以利于将来合作式设计的资料交换（data exchange）与建筑生命周期的知识整合（knowledge integration）。[2]伊斯曼在业界

图 2-39 BIM Handbook（查理斯·伊斯曼，2008）

的实践经历使得他更关注到底什么样的研究是建筑及工程界所需要的，而不是研究者感兴趣的。假如设计作为一种"智能"是"广义设计"的公分母，伊斯曼的经历说明了从人工智能的角度去发明涵盖所有设计资料的计算机程序是不可行的，也没有实际意义。而放弃了人工智能的研究方向之后，伊斯曼转向了"建筑知识管理"平台的研究，将自己的研究服务于现实的设计实践。这也为"广义设计学"的范式转向提供了启示，设计作为人类创造性的行为，其本质就是复杂性的、偶然性的，也很难存在与自然科学一样同类元素具有相同属性特征的"公分母"。对"广义设计"的研究，不能用自然科学的思维预先设定某种唯一的静态模式，然后按部就班的执行。如果要研究"广义设计"就应该从实践出发，从具体的现实研究需求出发。通过搭建研究平台，实现知识共享，根据现实问题需求，实现多学科团队汇聚。

1 郑太昇.电脑辅助设计的开路先锋：伊斯曼 [A]// 邱茂林.CAAD TALKS 2：设计运算向度.台北：田园城市文化事业有限公司，2003:56-67.
2 郑太昇.电脑辅助设计的开路先锋：伊斯曼 [A]// 邱茂林.CAAD TALKS 2：设计运算向度.台北：田园城市文化事业有限公司，2003:56-67.

2.4.4 小结

赫伯特·西蒙的《人工科学》被国内学者作为"广义设计学"引入国内的设计研究领域，这或许仅仅是一种"误读"。我们不可否认西蒙在计算机辅助设计、问题解决理论等方面对设计研究的影响，但是西蒙的"设计科学"并不是一门研究设计、艺术的学问。西蒙划分了"自然物"与"人工物"，这是为了给后续的研究奠定概念基础的一种假设，将设计定位为研究"人为事物"的科学似乎也过于宽泛，而失去了设计自身的自主性。但是，这些批评和困境并不能遮蔽"人工科学"和"广义设计科学方法学"的学术价值。如将"设计"理解为"大设计"，打破学科界限，从多学科的角度进行研究，仍然是十分必要的。而"广义设计学"研究范式的危机也为我们后续的研究提出了一些启发性的思考。

第一，从研究对象方面，对于"广义设计"的界定应该回归设计实践领域，过于宽泛的界定只能导致概念的含糊或笼统，而使研究工作无处下手。具体而言，在大的设计门类中，如建筑学、工程学、工业设计，设计学在国内的设计实践、设计研究与教育中一直缺少互动。即使在设计学内部，平面设计与环境设计等专业也非常缺少沟通。所以，"广义设计学"首先应该从具体的设计领域展开，将各个设计门类实现学科交叉，从自我专业的"小设计"向学科交叉的"大设计"转变。

第二，从研究方法方面，随着设计研究的新发展，设计研究需要从模仿自然科学和工程学的研究方法中独立出来。因此，我们需要重新定义"设计"学科的属性，重新定义"研究"的属性，从而寻找适合设计属性的研究范式与研究文化。

第三，从具体实现方面，以"人工科学"为代表的"广义设计学"是"自上而下"的知识生产模式，即研究者研究出一些具有"广义设计"共性的知识，供设计师在实践中选用。而当今的知识生产模式已经转变，随着研究从高校向社会的弥散，高校已经不是知识生产的唯一场所。在这些背景下，如何实现"大设计"观念下学科交叉研究，如何培养跨学科人才，如何实现设计知识整合是更加现实的问题。

2.5　本章结语

在设计无所不在的今天，设计作为各门知识的交叉地带，其边界愈发模糊并被不断拓展，对于设计的研究也随之愈发丰富和完善。不论是从知识的角度，还是从实践的角度，设计的定义正在走向"开放性"和"广延化"，设计研究也愈发趋于"综合化"和"广义化"。

尽管西蒙与戚昌滋对"广义设计学"有不同的界定，研究的切入点也各不相同，但相似的是两位学者都具有工程学院背景，都主要借用自然科学研究方法对"广义设计"进行研究。戚昌滋还引用了西蒙关于设计的定义和设计科学的定义作为其理论的基础。但值得注意的是，"设计的科学"和"广义设计科学方法学"提出之时正面临着社会文化的转向——"复杂性思想"[1]的兴起和学界对交叉学科的研究兴趣日益增强。尽管在"科学主义"[2]的话语下，"设计的科学"和"广义设计科学方法学"都是引用自然科学的研究范式研究设计，但是随着"设计研究"的深入发展，"设

1　复杂性和复杂性科学都没有统一的界定，有学者认为它的研究方式是非还原论的；它不是一门具体的学科，而是分散在许多学科中；它提倡学科相互联系和相互合作；它力图打破主宰世界的线性理论，抛弃还原论适用于所有学科的梦想；它要创立新的理论框架体系或范式，用新思维理解问题。（黄欣荣，《复杂性科学与哲学》，中央编译出版社，2007，第4页）但是西蒙对于复杂性有自己的理解。

2　科学主义是一种主张以自然科学技术为整个哲学的基础，并确信它能解决一切问题的哲学观点，盛行于现代西方，它把自然科学奉为哲学的标准，自觉或不自觉地把自然科学的方法论和研究成果简单地推论到社会生活中来。

计本体"与"自然科学本体"并不相同逐渐成为人们的共识。而科学哲学[1]自身都未能回答科学自身发展的很多问题，因而科学哲学和科学方法对于设计理论而言并不具有"优先性"和"完备性"。而作为"科学的设计"也仅仅是设计的一个维度而已，设计的多面性在这一框架下并不能得到全面阐释。可见，设计的特性不但没有被遮盖，反而加快了认知设计的步伐。

设计研究在西方学术界仍然没有好的模式，但是正如维克多·马格林所说，分散于多学科和多领域中的研究论文必定要整合于一个设计研究的框架中。而广义设计学作为设计研究的一部分，尽管没有一个统一的范式，但是对于从"广义的"角度理解设计，这样一种"设计观"是很多学者普遍认同的一种价值取向。通过来自不同领域的学者的探讨，目前取得了以下的认同："广义"作为一个相对概念，是将"设计"的定义"广延化"，它试图超越具体的、分科的设计实践，以更广泛的视野寻找设计问题的解决方法，以多学科的视野来探讨系统化的设计，以便将物质与非物质、理论知识与设计实践等被分割的因素予以整合。很多研究者的研究正是建立在这样一种观念之上的。"广义设计观"作为世界观的一部分，已经成为设计实践者和设计研究者的价值取向和创作活动中的行为准则。

尽管很多学者对西蒙的《人工科学》有很多质疑，但是他们所赞同的是，就大学教学与科研而论，设计应该被"概念化"，并且应该包容多样化的研究视角、多元化的价值取向和多元化的探索体系。

与设计的"概念化"对应的还有"综合化"。当然，西蒙的"设计的科学"和戚昌滋的"广义设计科学方法学"都在致力于"综合化"，然而人们对"综合"的思想基础的认知又有了新的变化，正如亨特·克劳瑟-海克在《穿越歧路花园：司马贺传》中总结的："最近几年对综合的新希望是网络概念而不是系统概念，是复杂性概念而不是科层概念，是灵活性而不是稳定性，是背景性知识而不是形式化知识。"所以，随着对"复杂性"思想的研究进展，我们需要对影响设计研究发展的科学认识论有一个新的思考，甚至要"回到原点再出发"。

1　尤其是逻辑实证主义。

第三章　问题与线索：设计研究与科学发展的互动

> 我们对我们时代的主要问题研究的愈
> 多，就愈加认识到这些问题不可以分立地
> 去理解。它们是系统的问题，就是说它们
> 相互联系，并且相互依存。
>
> ——卡普特（Capra，1996）

　　不论是西蒙的"人工科学"还是戚昌滋的"广义设计科学方法学"都涉及了"设计"与"科学"的关系问题。为了实现跨越学科门类进行广义综合的设计研究，深入理清和调整"设计"与"科学"的关系是十分核心的议题。早在 20 世纪 20 年代，荷兰风格派就试图将设计"科学化"[1]，但是到了 20 世纪 70 年代，设计的科学性质却开始遭到质疑。很多研究者质疑设计本体与自然科学本体是存在差异的，有些学者认为"设计不完全等同于科学，也不完全等同于艺术"。然而这样的回答似乎还是略显笼统的，事实上，我们可以从"作为名词的设计"和"作为动词的设计"这两个角度进行深入的分析。[2] 我们还可以透过历史的视角回顾以"设计"与"科学"的不同关系为导向的不同探索体系。正如尼根·巴亚兹教授所讲："设计研究历史中的设计方法学和设计科学是一个广泛而综合的问题，这需要另外的、更加广阔的研究。"[3] 而设计研究的复杂性正是在于它与设计一道，是随着社会文化不断动态发展的，在不同阶段，整个社会对科学的认知如何势必会形成一种新的"设计"与"科学"的关系。

　　假如我们借用肯尼斯·弗兰姆普敦（Kenneth Frampton）在《现代建筑：一部批判的历史》[4] 中的观点，是否可以这样理解：围绕"设计科学"与"设计方法学"所展开的讨论仅仅是探索设计的一种"声音"。同现代建筑的思想发展一样，这些"声音"同样可以说明现代设计作为一种文化探索

1　Nigel Cross. Designerly Ways of Knowing: Design Discipline versus Design Science.Selected by Silvia Picazzaro,Amilton Arruda, and Dijon De Morales eds. London: The Design Council,2000:43-48.

2　当然，需要指出的是设计本身并不存在所谓的"名词性"和"动词性"，在这里将它们区分开来只是为了方便讨论罢了。

3　Nigan Bayazit.Investigating Design:A Review of Forty Years of Design Research[J]. Design Issues,2004，20(1):16-29.

4　[美]肯尼斯·弗兰姆普敦. 现代建筑：一部批判的历史 [M]. 张钦楠，译. 北京：生活·读书·新知三联书店，2004.

的发展方式，某些历史观点在某一历史时刻可能失去其相关性，而后来在另一时刻又以更重要的价值意义重现。假如我们不是以单线进化论的角度来审视以往的设计思想，那么以往的研究历史就应该重新纳入我们的理论视野，如果想对"广义设计学"作出新的发展，我们必须对"设计"与"科学"的关系做一个全新的评估。

3.1 "名词性"问题：设计科学还是设计学科

西蒙提出的"设计的科学"与"设计科学"（design science）这一概念在国内的很多研究中是不加区分的，但实质上这两者所指的"设计"与"科学"的关系并不相同，简化的翻译势必会引起意义上的偏差和误读。那么，我们就非常有必要将这些不同的"设计"与"科学"的关系体系并置在一起，以区别它们背后的思想导向。

3.1.1 科学化设计、设计科学、设计的科学还是设计学科

自西蒙提出"设计的科学"[1]以来，《人工科学》一书曾经引起了国内外学界的广泛关注。但是在讨论过程中，由于语言的局限性和"设计语义的模糊性"，很多语义并未很好地传达出"广义设计"的不同内涵，并导致了讨论过程中概念的混淆。英国公开大学奈杰尔·克罗斯教授在《设计师式的认知方式：设计学科 VS 设计科学》[2]中通过史学方法回顾了"设计"与"科学"以及"设计"与"学科"的关系问题。以下我们借助于这个研究框架，来进一步探讨"设计"与"科学"是如何在社会中随着"科学观"和"科学认识论"的演变而不断转化的。（图3-1）

图3-1 奈杰尔·克罗斯

维克多·马格林认为："尽管克罗斯的文章借鉴了西蒙的观点，但是他并不赞同西蒙的'设计的科学'这一概念。克罗斯认为，西蒙对'设计的科学'的定义与自己对'设计科学'的定义是有区别的。西蒙的定义是从自然科学提取知识以供设计师使用的谨慎尝试；而克罗斯的定义为通过'科学'的调查方法（例如系统的、可靠的方法）来增加我们对设计的理解。克罗斯明确地指出他反对将'设计的科学'和'设计科学'混为一谈。"[3]

奈杰尔·克罗斯教授认为，"设计"与"科学"的关系像是一种循环的轮回，在不同阶段有不同的关注点：20世纪20年代关心的是"设计产品"的科学性，20世纪60年代关心的是"设计过程"的科学性。而这两个阶段的共同点是，当时的社会文化对科学的认知是相同的，即科学的价值主要体现在"客观性"与"合理性"，而这也构成了该阶段设计研究的逻辑起点和基本预设。

早在20世纪20年代，西方设计就意识到设计应该是具有"知识性的"和"科学化的"。试图将设计"客观化"与"科学化"的理念可以追溯到荷兰风格派（De Stijl-Gruppe），风格派主张艺术和设计都需要客观化、系统化。现代主义的旗手勒·柯布西耶延续了笛卡儿的思想，将建筑称为"居

1　science of design，或称人工科学 the sciences of the artificial.
2　Nigel Cross.Designerly Ways of Knowing:Design Discipline versus Design Science[J].Design Issues，2001，17(3):49-55.
3　[美]维克多·马格林.人造世界的策略：设计与设计研究论文集[C].金晓雯，熊嫕，译.南京：江苏美术出版社，2009:286.

住的机器"。而将设计"知识化""科学化"是始于 1962 年的伦敦设计方法论大会，在会议中更加强化了设计过程的"客观性"与"合理性"。

为了进一步说明"设计"与"科学"的关系，我们将延续克罗斯的研究框架，并予以进一步的讨论，即"科学化设计"（scientific design）、"设计科学"、"设计的科学"和设计学科（design discipline）的关系究竟为何？

3.1.2 "科学化设计"：现代设计的转折点

"科学化设计"是目前较无争议的一种说法。奈杰尔·克罗斯认为"科学化的方法"（scientific methods）是设计方法的起点，它是一种类似于"决策理论和可操作性的研究"。"科学化设计"使得科学转化成有形之物（design makes science visible），这种方法是建立在科学知识的应用之上并混合了直觉的、非理性的设计方法，它将"前工业、手工艺设计"与"现代设计"区分开来。[1] 美国大卫·瑞兹曼教授认为，从历史的角度而言，"现代设计"是 19 世纪劳动力分工和机械化大生产不断加速发展的结果。[2] 19 世纪中叶以来，随着资本主义的生产方式不断成熟，科学技术迅猛发展，彻底改变了人类的生活方式和思维模式，设计与科学的结合也更加的紧密。随着"科学化设计"的发展，到了 20 世纪，设计已经逐渐成为一门独立的应用学科。

"科学化设计"的思想渐进式地推动了现代设计教育的发展，从包豪斯到乌尔姆的发展，体现了现代设计教育向科学化、理性化、综合化的逐步转向。从多科学的角度进行设计研究最早可以追溯到 19 世纪 20 年代成立的包豪斯，它已经建立了具有方法学基础的设计教育。[3] 在包豪斯成立的前一年，荷兰风格派的艺术家们就用他们的作品表达了"世界生活、艺术与文化统一教育"的思想。[4] 1923 年瓦尔特·格罗皮乌斯（Walter Gropius）在"包豪斯魏玛 1919—1923 年展览"开幕式上，提出了"艺术与技术的新统一"的核心口号。[5] 这一时期主要强调的是艺术与技术的结合，艺术家与工艺技师之间没有任何区别，强调建筑师、雕刻家和画家们都应该转向应用艺术。[6] 1937 年莫霍里·纳吉（Moholy Nagy）组建了"芝加哥设计艺术学院"。莫霍里·纳吉发展了包豪斯"艺术与技术的新统一"的核心教学理念，又将艺术、科学与技术因素全部纳入设计教育的内容中。莫霍里·纳吉参照了格罗皮乌斯关于"包豪斯的理论与组织"的内容，提出了综合不同学科的教学计划。[7] 莫霍里·纳吉更加强调设计的社会性，他认为："设计应当是一种社会活动，一种劳动过程，否定过分的个人表现，强调解决问题、创造能为社会所接受的设计……他的努力方向是要学生从个人艺术表现的立场上转变到比较理性的、科学的对于新技术和新媒介的了解和掌握上去。"[8] 在积极引入"科学"的时候，纳吉没有忽略掉从人性需求出发的"设计原点"，纳吉曾强调"设计的目的是人，而不是产品"。[9]（图 3-2、图 3-3）

1955 年正式招生的乌尔姆设计学院（Hochschule für Gestaltung，Ulm）批判性地继承了包豪斯

1 Nigel Cross. Designerly Ways of Knowing: Design Discipline versus Design Science[J]. Design Issues: 2001，17（3）：49-55.
2 [美] 大卫·瑞兹曼. 现代设计史 [M]. 王栩宇，译. 北京：中国人民大学出版社，2007:8.
3 Nigan Bayazit. Investigating Design: A Review of Forty Years of Design Research [J]. Design Issues,2004，20（1）：16-29.
4 桂宇晖. 包豪斯与中国设计艺术的关系研究 [M]. 武汉：华中师范大学出版社，2009:31.
5 桂宇晖. 包豪斯与中国设计艺术的关系研究 [M]. 武汉：华中师范大学出版社，2009:32.
6 庄葳. 从包豪斯到乌尔姆的理性设计教育历程 [D]. 汕头：长江艺术与设计学院,2010:3.
7 桂宇晖. 包豪斯与中国设计艺术的关系研究 [M]. 武汉：华中师范大学出版社，2009:76.
8 庄葳. 从包豪斯到乌尔姆的理性设计教育历程 [D]. 汕头：长江艺术与设计学院,2010:49.
9 庄葳. 从包豪斯到乌尔姆的理性设计教育历程 [D]. 汕头：长江艺术与设计学院,2010:71.

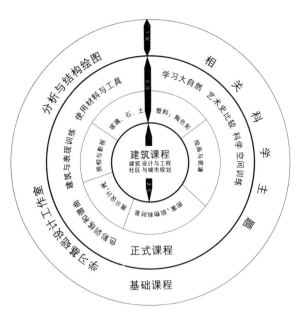

图 3-2 "芝加哥设计艺术学院"的教学计划（1937—1938）
（资料来源：桂宇晖，《包豪斯与中国设计艺术的关系研究》，
2009：76）

的传统，并发展出"乌尔姆教育模式"。与包豪斯相比，乌尔姆更倾向于科学和理论的教育模式，在艾舍、马尔多纳多、古格洛特等人的影响下，乌尔姆尝试在造型、科学与技术之间，建立起一种新的根本的紧密关系。乌尔姆对设计师的定位也有新的看法，它认为设计师不能再自认为是高人一等的艺术家，设计师"必须尝试与学者、研究人员、商人和技师通力合作，以便能将他对环境的社会造型的想象予以实现"[1]。在乌尔姆新的教学体系下，引入了社会学、社会心理学、经济学、政治学、数学运筹分析、结构理论、科学理论和文化史等"通识讲座"。这种学科交叉综合的教学模式充实了设计基础教学，对现代设计基础教学也具有典范作用。而随着设计方法论成为一种"宗教"以及里特尔、弗洛斯豪等人将设计视为一门"科学"，也使得乌尔姆陷入了"科学凌驾于设计"的认识危机。"唯方法论者"只关注方法论本身是严谨的、科学的过程，甚至忽略产品设计的结果和使用者本身，使得方法论的研究脱离了设计实践而成为抽象的理论研究。这种危机还具体表现在：首先，"科学技术与逻辑推理成为乌尔姆解决设计问题的主要（甚至是唯一）手段，而忽视了设计师在产品设计中的能动地位"；其次，混淆了设计师与工程师之间的任务和职责，从而使"产品设计师"的定位非常模糊，[2] 学院也变得更像是一个工程技术学院。随着这种危机的蔓延，"教学"与"研究"严重脱节，学生对此显得十分失望甚至尖锐地进行批评：

图 3-3 莫霍里·纳吉

　　我们也不再想要让书本知识填充我们，不再像愚笨的中学生那样在讲座堆里小跑，把材料嵌在我们头脑中，以便让它按公立学校的习惯在笔试中走笔如飞。我们不想成为社会学家、生理学家、心理学家，也不是结构理论家、统计学家、分析师或数学家，而是设计师！[3]

　　对于"设计"与"科学"的认知危机，在奥托·艾舍（Otl Aicher）当选新一任校长之后才有所扭转。他认为："设计学院既不是一所把设计当作科学来推动的科学高校，也不是一所把设计看起来是无足轻重的工艺美术学校。"[4] 设计学院必须再次成为设计的学校。[5] 尽管乌尔姆最终以解散告终，但是其在设计教育的基础研究、理论研究和设计方法论方面对后来的设计研究具有开拓性的意义。从包豪斯

1 Herbert Lindinger. 包豪斯的继承与批判：乌尔姆造型学院 [M]. 胡佑宗，游晓贞，陈人寿，译. 台北：亚太书局，2002:15.
2 王敏. 全盘皆错？批判乌尔姆与乌尔姆批判 [J]. 装饰，2010，210（10）：86-87.
3 徐昊. 乌尔姆设计学院教育思想研究 [D]. 北京：中央美术学院，2010:98.
4 徐昊. 乌尔姆设计学院教育思想研究 [D]. 北京：中央美术学院，2010:100.
5 徐昊. 乌尔姆设计学院教育思想研究 [D]. 北京：中央美术学院，2010:101.

到乌尔姆发展的历史说明，"设计科学化"的同时必须维护"设计作为一个独立学科"的独立性，无论设计向"艺术"倾斜还是向"科学"倾斜，都不能丧失设计自身兼具"艺术"与"科学"的双重特征。（图3-4、图3-5）

可见"设计"与"科学"的关系绝非是静态的、稳固的，而是动态发展、不断重构的，清华大学的包林教授将设计看作一个"开放性系统"，他认为"设计与科技"—"生产体系"之间的关系可以用布克利（W. Bucley）的"开放性系统对环境的适应性"这一理论来解释，即它"能够吸收各种异质因素来协助系统调整自身行为，以利于系统再适应外界环境变化"[1]。包林还认为，从20世纪初起，设计是随着科技、经济和艺术等知识门类的语言规则变化而不断地调整自己的生存状态的。[2] 故此，"科学化

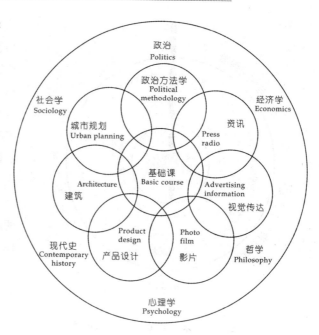

图3-4　1950年7月艾舍的"基础课－教育类别－通识教育"示意图
（图片来源：Rene Spitz, hfg ulm: The View behind the Foreground—The Political History of the Ulm School of Design, Axel Menges, 2002：85）

设计"所表达的是"通过科学更好的理解设计"，"科学"主要体现在建立"科学的知识体系"和应用"科学的设计方法"，但是它并不排除设计中直觉、经验等"非科学"的设计应有的成分。

图3-5　奥托·艾舍的设计作品（1972年慕尼黑奥运会标左图）和1956年奥托·艾舍在课堂上

在"非物质设计"和后现代文化的视野中，"科学"在"设计"中的应用是具有反思性的，而不是直接嫁接到设计中。科学的"客观性"与"合理性"也是有条件的、有限度的，作为构成设计问题诸多因素的"合力"之一，并不能构成设计决策的唯一标准。日本的幕张公园正是这样一个"技

1　包林.当代技术体系与工业设计的调节能力 [A]// 艺术与科学国际研讨会论文集.武汉：湖北美术出版社，2002:22-25.
2　包林.设计的视野：关于设计在大的知识门类之间的位置与状况 [M].石家庄：河北美术出版社，2003:1.

术误入歧途"的典型案例。从技术的角度讲，幕张公园是一个壮丽庄严的优美环境，该设计中大量的使用了计算机，所有建筑都按照成熟的技术建造并放在规划好的位置上。"幕张成为一个符号，象征着经济财富、政治威望、20世纪晚期的技术，甚至是建筑学的阳刚之气。由于比较新，它是否太有秩序，太精于设计，太过压抑？"幕张公园令人感受到电影《大都会》中暗淡而压抑的场景，甚至被嘲笑为"一个西方城区模式的整洁翻版"，参观者被一种"冷峻空间"所包围，没有任何知觉、幽默、智慧或者杂草。[1]设计与科学结合，其目的是塑造人性的产品和空间：人是具体的、鲜活的，而不是统一意义上的；场所是具有认同感的、地域性的，而不是普遍性的；抽象的、纯粹的、几何式的理想空间在现实生活中并不存在，它们应该与人融合于复杂的、多样化的生活场景与生活环境之中。（图3-6、图3-7）

图3-6 日本海滨幕张公园

图3-7 电影《大都会》（Metropolis）电影海报及剧照

3.1.3 "设计科学"：富勒、格雷戈里的不同视角

奈杰尔·克罗斯将20世纪60年代称为"设计科学的十年"（design science decade），而最早引入"设计科学"的是巴克敏斯特·富勒——"文艺复兴式的人物"和"设计科学家"。富勒接受

1 ［美］阿诺德·伯林特.环境与艺术：环境美学的多维视角 [C].刘悦笛，等译.重庆：重庆出版社，2007:195.

过海军专业训练，从海军退役后并没有受过专业设计教育，却是获得美国建筑师协会最高奖 AIA 金奖的"非注册建筑师"，而且是极富创见的未来学家、工业设计师、数学家、作家、教育家和哲学家。富勒所谓的"设计科学"又称形态学（morphology），"即关于本质的形式的科学，它与几何学、力学、材料学和运动学等相关"[1]，是形式的系统化设计。富勒的"设计科学"是建立在科学、技术和理性的基础之上去解决人类的环境问题。他的全部创作都源于"设计科学"思想，其目标是将人类的发展需求与全球的资源、发展中的科技水平结合在一起，用最高效的手段解决最多的问题。[2]富勒相信科学和理性，他相信"总有一种根本的秩序在起作用"，并坚信通过政治和经济的方式无益于问题的解决，也成为他的局限所在。（图 3-8）

图 3-8 巴克敏斯特·富勒

尽管在 1960 年，雷纳尔·班汉姆（Reyner Banham）在其著作《第一机器时代的理论与设计》（*Theory and Design in the First Machine Age*）中这样描述富勒与柯布西耶之间的对立：

> 勒·柯布西耶代表了一种保守的前卫形式主义，将技术进步融入西方建筑的历史躯壳，并通过建筑形式的转换象征性地对这些进步作出解读；而富勒与此相反，他大胆地直接运用新技术，抛弃了所有历史或形式的既成概念，因此也就能毫不畏惧地迈入超越建筑本身局限的全新领域。
>
> 对班汉姆及其 20 世纪 60 年代的追随者来说，这一对立的政治意味也非常清楚：勒·柯布西耶代表了自我公开的"秩序回归"，而富勒探寻的则是如何彻底改造社会，以更好地维护个人自由。[3]

对于雷纳尔·班汉姆的解读，我们需要回顾一下其历史背景。1923 年，柯布西耶出版了法文版的 *Vers Une Architecture*（图 3-9 左一），中文版译名来自英文版 *Towards a New Architecture*，即《走向新建筑》，但在法文版并没有"新"这一涵义，而是走向一种建筑学。柯布西耶将雅典神庙和汽车并置在一起，认为它们是同一种建筑学。富勒受到柯布西耶的影响，在 1928 年设计了"戴马克松房屋"（Dymaxion House，图 3-9 右一），而同一时期柯布西耶设计了现代主义建筑史上重要的一个作品——萨伏伊别墅（图 3-9 左二）。

图 3-9 勒·柯布西耶 VS 巴克敏斯特·富勒："建筑"还是"革命"

1 [美] 赖德霖. 富勒，设计科学及其他 [J]. 世界建筑，1998（1）：60-63.
2 [美] 赖德霖. 富勒，设计科学及其他 [J]. 世界建筑，1998（1）：60-63.
3 Sean Keller. 全球前景：理查德·巴克敏斯特·富勒留下来的财富 [J]. 杜可柯，译 .ARTFORUM,2008(11).

　　雷纳尔·班汉姆甚至认为柯布西耶与富勒的不同在于，选择"建筑"还是选择"革命"。当然，富勒选择了"革命"，在富勒眼里所有人们习惯的建筑概念几乎都随风而逝了。"富勒把建筑看作某种应用性的技术，这是一种能够通过能量、数学、理性等加以表述的普遍性规则的安排。他心目中的原型就是他在造船厂和飞机制造厂的经验。"[1] 但是富勒过度理性、过度"与技术同行"的方式也导致了其作品遭受到使用者的批评和不满，这也证明了雷纳尔·班汉姆在某些问题上的判断错误。1933 年富勒推出的戴马克松汽车由于将水上交通工具的方式"嫁接到"陆地上，最终只生产了 3 件样品就草草收场；"戴马克松住宅机器"由于金属材质的销量不好，渐渐被人们淡忘。使富勒声名鹊起的网格球顶建筑也慢慢地遭到人们的质疑，尽管网格球顶具有高能效，但是建立在数理模型基础上的结构缺乏人性的关怀感，很多空间难以使用，开门奇怪，还存在屋顶漏水等很多问题。而这种忽略了建筑设计的重力、天气、人体等基本因素的设计，宣告了富勒作为设计师是失败的。[2]

　　但是，富勒作为西方环境保护与可持续发展的先驱者，对环境保护等人类问题的关切和探索所起的作用是不可磨灭的。富勒热衷于以科学的精神来研究设计，尽管他同赫伯特·西蒙一样，也是在自己既有的知识结构中寻找解决问题的策略，显得有些"闭门造车"，但是他的一些思想还是相当具有前瞻性的。富勒在《地球号太空船操作手册》（*Operating Manual for Spaceship Earth*）中表达了"少费而多用"（more with less）的生态设计理念，这也成为富勒的创作思想和行动的支柱，对今日的设计实践仍然具有很大的意义。该原则还可以细分为如下：①全面的思考；②预见可能的最好的未来；③以少得多；④试图改变环境，不是改变人类；⑤用行动解决问题。[3]（图 3-10、图 3-11）

图 3-10　蒙特利尔世博会美国馆（巴克敏斯特·富勒，1967）

　　作为第一机械时代的设计师，《地球号太空船操作手册》中的技术过分扩大，政治和经济的因素被过分忽视，也使其探讨问题的视野显得非常局限。

　　设计科学作为一个正式的概念是由格雷戈里（Gregory）在 1966 年出版的关于 1965 年的设计方法大会的著作中[4] 提出的，他在书中重点比较了"科学方法"与"设计方法"的区别。他非常明确地指出，设计并不是科学，设计科学应该是关于设计的科学化（scientific）的研究。设计的科学化研究并不预设所有的设计行为都是科学的，并且在这一视点上新增加了很多设计研究程序。

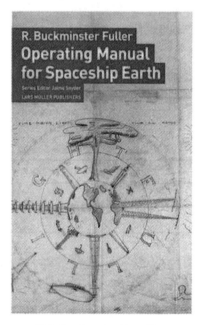

图 3-11　*Operating Manual for Spaceship Earth*（巴克敏斯特·富勒．2008）

1　[德] 汉诺-沃尔特·克鲁夫特.建筑理论史：从维特鲁威到现在 [M].王贵祥，译.北京：中国建筑工业出版社，2005:329.
2　Sean Keller.全球前景：理查德·巴克敏斯特·富勒留下来的财富 [J].杜可柯，译.ARTFORUM,2008(11).
3　倪丽君，吕爱民.Dymaxion：富勒生态设计思想的启示 [J].华中建筑,2009，27（1）：48-52.
4　S. A. Gregory. The Design Method[M].London：Butterworths，1996.

3.1.4　"设计的科学"：西蒙的"人工科学"

"设计科学的十年"被西蒙推上了最高潮，他提出的"设计的科学"必然包含了"设计科学"的发展。尽管西蒙提出的"设计的科学"与富勒提出的"设计科学"都是建立在科学、技术和理性的基础之上，但其具体内涵仍然是有根本性差异的。

3.1.4.1　理论建构的出发点不同

富勒提出"设计科学"是试图通过科技和理性去解决人类面临的环境问题，强调在资源和环境日益紧张的时代通过最新的技术手段达到最高效的设计。而西蒙建构"设计的科学"是最大程度地表达了他"综合"不同学科的构想，他试图将有关人类问题解决的理论与他职业生涯中碰到的问题联系起来。而问题的核心就是将知识转化为行动，从而使我们能够对自己的生活和世界作出正确的选择。[1]

3.1.4.2　对设计的定义不同

富勒的"设计科学"是把"设计"（狭义上的）理解为某种应用性的技术，并能够通过能量、数学、理性等加以表述，且其规则是具有普遍性、稳定性和简单性的。而西蒙的"设计的科学"是把"设计"（广义上的）理解为"把现状改变为自己称心如意的状况"。并且西蒙并不认为设计等同于科学，而是独立于科学与技术以外的第三类知识体系。他认为自然科学研究揭示、发现世界的规律"是什么"（be），关注事物究竟如何；技术手段告诉人们"可以怎样"（might be）；而设计则综合了这些知识去改造世界，关注事物"应当如何"（should be）。[2] 按照西蒙在《人工科学》一书中的表述，除了"设计门类"中的建筑学、工程学、城市规划等学科之外，音乐、心理学、管理学、计算机科学、医学、法学等都是对人工物的研究，都能被涵盖在"设计科学"的范畴内。这样划分的目的是为了与研究自然物和自然现象的"解释科学"（如物理学）对举。（表3-1、图3-12）

表3-1　《人工科学》[3] 中对设计的定义

作为学科的"设计"	建筑学[p141]	城市规划[p142]	工程学[p142]	
广义上的"设计"	音乐[p127]	心理学[p51]	管理学[p26]	计算机科学[p21]
	经济学[p24]	法学[p140]	医学[p140]	

因而，"设计科学"是富勒将"设计"（狭义上的）限定为一种"科技活动"；而"设计的科学"是西蒙从更抽象的角度发现了"设计"（广义上的）作为一种独特的模式，是可以作为一门"人工科学"来研究的。在设计科学的历史上，西蒙率先提出并奠定了形式化、系统化的设计方法论，这些设计方法论广泛的影响到建筑学、工程学、城市规划、医药学与管理学等设计性的专业（design-oriented professionals）。而西蒙关于"人工科学"的研究，无疑对科学化的设计研究起到了积极的推动作用。

1　[美] 亨特·克劳瑟-海克.穿越歧路花园：司马贺传 [M].黄军英，蔡荣海，任洪波，等译.武夷山，校.上海：上海科技教育出版社，2009:330.

2　胡飞.中国传统设计思维方式探索 [M].北京：中国建筑工业出版社，2007.

3　[美] 司马贺.人工科学：复杂性面面观 [M].武夷山，译.上海：上海科技教育出版社，2004.

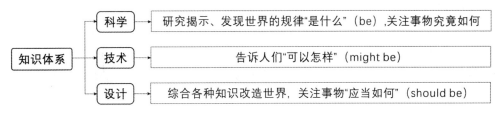

图 3-12　《人工科学》中将知识体系分为科学、技术与设计
（作者总结自绘）

3.1.5　设计科学还是设计学科

哈佛大学教育学院和麻省理工学院都市研究与规划学系的唐纳德·A.舍恩教授指出了"设计科学"运动是建立在"逻辑实证主义"的教条之上的，他认为应该采用"建构主义"的研究范式。舍恩批评了西蒙的"人工科学"只能解决"良好形成的问题"（a well-formed problem），但是专业实践者面对的将是"杂乱无章的、成问题的情境"，并且这种逻辑实证主义的形而上学基础将其他的研究方法统统排挤在外。

事实上，舍恩的质疑体现了科学实在论者与社会建构论者对于科学观的分歧。"设计科学"运动拥护的科学实在论认为只存在一种一元性的科学，桑德拉·哈丁（Sandra Harding）曾经总结到：

　　20世纪初，一元性科学的命题成为捍卫普适性假说的一个重要形式。这一命题公开提出了3种假说：①只存在一个世界；②只存在关于这个世界的一种并且是唯一的一种可能实现的真实描述（"一个真理"）；③只存在唯一一种科学，它能把准确地反映那个世界的真理的意见整合为一种描述。[1]

但是对于社会建构论者而言，真理并非是逻辑证明加实验那么简单，真理自身也必须得到科学的审视和重新阐释。哈丁认为："普适性（一元性）的理想不再是哲学家的概念；它以这样那样的形式，成为现代性的社会理论中原本相互冲突的概念倾向和政治倾向最重要和最持久的价值之一。然而，现在它正招来全球范围内许多群体的批判目光。这种群体声称，对于他们来说，普适性（一元性）理想首先在科学、认识论和政治方面起了坏作用。"[2]由此可见，当我们反思"设计科学"运动的形而上学基础的时候，就会发现科学实在论对于世界的假设、对于真理的假设、对于科学的假设在设计中不但是具有争议的，甚至是很难成立的。并且，哈丁否定了科学具有"中心性"的"欧洲中心主义"观点，他认为，科学都是"地方性"的，不同的文化知识为促进知识的增长提供了重要资源。那么，设计实践和设计研究也应当具有一定的地方性。一元论的科学又与现代主义运动是相伴而生的，约翰·沙克拉指出了现代主义者通常会有的两种偏见："首先，它以同样的方式对待不同的环境和不同的民众，这种倾向被理解为对个性和本土传统的威胁；其次，它使专家的判断超出了日常经验和不言而喻的已有知识的范畴。"[3]普适性和一元性的理想模式，很难满足人类文化的多样性和生物的多样性，在设计走向多元化的后现代话语中，这一绝对标准也难免会遭到各个方面的质疑。（图 3-13）

1　[美]桑德拉·哈丁.科学的文化多元性：后殖民主义、女性主义和认识论 [M].夏侯炳，谭兆民，译.南昌：江西教育出版社，2002:224.
2　[美]桑德拉·哈丁.科学的文化多元性：后殖民主义、女性主义和认识论 [M].夏侯炳，谭兆民，译.南昌：江西教育出版社，2002:225-226.
3　[英]约翰·沙克拉.设计：现代主义之后 [C].卢杰，朱国勤，译.上海：上海人民美术出版社，1995:2.

布鲁斯·阿彻曾经在《设计研究的本质评述》中提出,设计像科学那样,与其说是一门学科,不如说是以共同的学术途径、共同的语言体系和共同的程序,予以统一的一类学科。设计像科学那样,是观察世界和使世界结构化的一种方法。因此,设计可以应用到我们希望以设计者身份去注意的一切现象,正像科学可以应用到我们希望给以科学研究的一切现象那样。

在舍恩看来,"设计研究"应该是一种多学科的研究,应该是广泛参与的、创造性的创造人工物世界的行为。而奈杰尔·克罗斯教授则在《设计师式的认知方式:设计学科 VS 设计科学》一文中对此问题作出了更为全面的总结。

图 3-13　桑德拉·哈丁

(1) 设计作为一个"学科"而并非是一门"科学"。这个学科的基本原理是:它们由知识构成,特别是设计者的意识和行动,而不依赖于独立的专业领域。

(2) 设计有其自己的文化,自己的术语,不能淹没在科学或艺术之中。

(3) 设计研究应该建立在对设计实践的反思之上。需要我们专心于一种设计师式的"认知""思考"和"行动"。

(4) 设计作为一个学科是试图寻找领域独立的理论,并为设计而研究。[1]

奈杰尔·克罗斯教授还提出设计应当是并列于"科学"和"艺术"的第三种人类智力范畴,并在《设计师式的认知方式》[2]一书中形成了独立于科学和艺术的"设计学科"这一思想基础,他主张设计应该有其独特的认知对象、认知方式以及解决问题的方式。这些方式与"科学家式的"或者"学者式的"认识方式并不相同,而是"设计师式的认知方式"。在他看来,这三者是有区别的:方法体系方面,"科学主要采用受控的实验、分类和分析方法,人文则主要采用类推、比喻、批评和评价,设计采用建模和图示化等综合方法";文化价值方面,"科学的价值主要是客观、理性、中立,关注'真实',人文的价值为主观、想象、承诺、关注'公正',设计的价值为实用、独创、共情,关注'适宜'"。[3]基于"设计师式的认知方式"(designerly way of knowing)的思想基础,"设计作为一门科学(discipline)"被正式提了出来。(图 3-14)

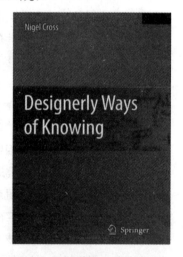

图 3-14　《设计师式的认知方式》(奈杰尔·克罗斯,2006)

3.1.6　小结

为了进一步理清"设计"与"科学"的微妙关系,我们通过对"设计的名词性"研究探讨了设计的"目的性"与"本源性"。事实上,"科学化设计"、"设计科学"和"设计的科学"是具有不同旨归的探索体系。"科学化设计"由于没有形成"孤立的、封闭性的"范式(将设计等同于自然科学)而成

1　Nigel Cross.Designerly Ways of Knowing:Design Discipline versus Design Science[J]. Design Issues,2001,17(3):49-55.

2　Nigel Cross. Designerly Ways of Knowing[M].UK: Springer-Verlag London Limited,2006.

3　风景园林编辑部 . 尼格尔·克洛斯访谈 [J]. 风景园林,2011(2):59-60.

为目前争议较少的一种探索模式。"设计科学"和"设计的科学"尽管有很多理论价值，但是也同时遭受到众多的质疑。然而，这三种模式是不能被简化的翻译为"设计科学"的，"设计科学"在设计研究的历史中并非是一个一般性的概念，简化之后就难以传达出精确的设计语义，从而造成观念上的模糊。

尽管20世纪60年代被称为"设计科学的十年"，但是科学自身的发展也难免陷入悖论之中。在"设计科学"和"设计的科学"的视野下，科学是具有普遍性的、确定性的和秩序性的。然而随着不确定性、终结论以及后现代理论话语的影响，现代科学的认识论遭遇到前所未有的理性危机和表述危机。这也使得科学认识论是否具有"优先地位"备受质疑，在质疑声中设计研究也走向了更加成熟、更加广阔和更加多元的道路。正如约翰·沙克拉在《超越自身的设计》一文中所总结的："在这儿，设计与单一产品的联系将不再存在，而是与整个体系共存，它不仅包括解决问题的专家，还包括建设性与参与……艺术，就像设计一样是一个体系——不是知识的理想化形式。"[1]

3.2　"动词性"问题：设计活动还是科学活动

将设计作为一个动词来理解，主要是将其作为一种过程，一种实践。在设计实践中，需要处理的是复杂情境中方方面面的问题和关系。"设计方法运动"试图将自然科学的研究范式直接应用于设计，并试图建立符合逻辑推理的、系统化的知识以供设计"使用"。但是，过度的"计算理性"和"工具理性"越来越多体现出局限性。很多研究者开始质疑"设计本体"与"自然科学本体"之间是存在差异的，"设计活动""设计研究活动"与"科学活动"的关系同样需要进一步的解析。

3.2.1　"设计本体"与"自然科学本体"

富勒首先提出了"设计科学"这一说法，但是对于设计科学的目标是什么还有很多不同的声音。格雷戈里在1965年"设计方法大会"上的发言："我们需要发展一种设计科学，以此来指引出一种'条理清晰''合理化'的设计方法，就像科学的方法一样。"尽管这一方法可以为设计方法研究提供更多的"合理性"的理论基础，但是随着研究的进展，很多学者也开始注意到"设计活动"与"设计研究活动"，"设计活动"与"科学活动"的关系并不相同。

3.2.1.1　"设计本体"与"自然科学本体"的差异

尽管很多研究者在不断地发展和完善着"设计科学"的概念和目标，但是他们仍然是将"设计活动"等同于"科学活动"，这也使其成为一种具有争议的说法。正如格兰特（Grant）总结的那样，"关于设计科学的大部分讨论是围绕设计方法学与设计师掌握的方法而展开的。设计行为本身，不是或永远不会成为一种科学的活动。更确切地讲，设计行为本身就是'非科学的'（nonscientific）或'不科学的'（ascientific）"。[2] 奈杰尔·克罗斯教授和一些学者还认为，"科学认识论"自身还存在一些混乱和问题，因此它不能为设计提供一种认识论。[3] 格林 (Glynn) 认为，设计的认识论是基于工作进

1　[英] 约翰·沙克拉. 设计：现代主义之后 [C]. 卢杰，朱国勤，译. 上海：上海人民美术出版社，1995:25.

2　Grant D. Design Methodology and Design Methods[J]. Design Methods and Theories，1979，13:1

3　Cross N，Naughton J，Walker D. Design Method and Scientific Method// Jacques R，Powell J. Design，Science，Method. Guildford:Westbury House, 1981.

行中的创造性的原理，是对（设计）"前提"的创新或再创造，并且是被证实的，但是对于科学哲学家而言，这是难以琢磨的。[1]德国的设计理论家范登堡教授也认为：

> 设计艺术没有不言自明的公理作为支柱，根本而言，设计艺术并不是一门科学，它只是一个实践。数目众多的其他学科的理论被加入到设计艺术中来，成为设计艺术的支柱。[2]

1962年12月30日艾舍在乌尔姆设计学院小型评议会上，表达了自己的设计教育理念，澄清了"设计"与"科学"的关系：

> 设计教育首先要在设计过程和设计结果上确定方向。[……]这就是说，设计和设计理论可能只是通过结果来发展和辩护。[……]设计与科学混为一谈，这是一个很大的误会。科学追求可归纳的知识，设计追求具体的个别结果。这就是它们基本的区别。设计和科学把一个认识过程和一个计划过程区别开来。[……]设计在乌尔姆设计学院应被作为一个社会的和文化的义务来看待。[3]

尽管"设计本体"与"自然科学本体"的确存在差异，但是这种差异不可以简单理解为科学的规范性与分析性，否则只会为创造性的设计带来桎梏。格里高利·贝特森的观点表达了设计与科学思想之间的辩证关系：

> 当我们骄傲地发现自己找到了一种新的、更加严格的思想或者表达方式的时候……我们就失去了思考新想法的能力。当然，同样，当我们挣脱僵化的正统思想和表达方式，让我们的想法信马由缰的时候，我们同样也会有所失。因为我认为科学思想的进步来自松散和严格的思考的结合，这种结合才是宝贵的科学工具。[4]

德国学者克里斯蒂安·根斯希特曾这样类比设计与科学的关系，他认为设计和科学的关系就好比医学实践与自然科学的关系。根斯希特认为："设计是一种必须以个人经验为基础的艺术，是超越了可靠的现实、超越了技艺与技术知识的艺术。"尽管设计本身不是一门科学，而是科技知识与艺术技巧、设计能力的结合，但是设计可以作为科学系统研究的对象。[5]

伯纳西将设计理解为一种文化，一种人类行为的模式（Banathy，1992）。[6]他认为设计作为一种文化类型尽管与科学和人文之间存在很多相似之处，但是科学、人文与设计之间在研究对象、研究方法和价值观方面还是有很大的差异的。（见表3-2）

表3-2　科学、人文、设计传统之间的差异[7]

探究传统	研究对象	研究方法	价值观
科学	·自然世界 ·关注发现问题 ·发现和描述"客观存在"	·控制实验 ·分类法 ·模型 ·分析	·客观性 ·理性 ·独立性 ·关注的是"真知"问题

1　Glynn S. Science and Perception as Design[J]. Design Studies，1985，6 (3):122-126.
2　桂宇晖.包豪斯与中国设计艺术的关系研究 [M].武汉：华中师范大学出版社，2009:203.
3　徐昊.乌尔姆设计学院教育思想研究 [D].北京：中央美术学院，2010:101.
4　[德] 克里斯蒂安·根斯希特.创意工具：建筑设计初步 [M].马琴，万志斌，译.北京：中国建筑工业出版社，2011:20.
5　[德] 克里斯蒂安·根斯希特.创意工具：建筑设计初步 [M].马琴，万志斌，译.北京：中国建筑工业出版社，2011:21.
6　钟志贤.面向知识时代的教学设计框架：促进学习者发展 [D].上海：华东师范大学，2004:42-43.
7　钟志贤.面向知识时代的教学设计框架：促进学习者发展 [D].上海：华东师范大学，2004:42-43.

探究传统	研究对象	研究方法	价值观
人文	·研究和描述"人类经验"	·类比 ·隐喻 ·批判 ·评价	·主观性 ·想象性 ·信奉 ·关注的是"正义"的问题
设计	·研究"人为世界" ·关注问题的解决 ·创造"还未存在的事物和价值系统"	·备选性模式 ·建构模型 ·综合	·实践性 ·独创性 ·同理心 ·关注的是"至善至美"问题

　　总体而言，设计实践活动除了具有可量化的、可研究的、科学性的"硬"的层面，也有质化的、不可分析的、诗性的"软"的层面。M.巴提在《设计和设计科学中的预见限度》中对"设计"与"科学"的区别这样分析："科学要研究已有的东西，设计要创造新的东西。"科学的发现是"客观存在的、过去不曾为人所知的事实、规律、真理。设计的产物则是从前没有的东西（至少从功能上和形式上来说是如此）"[1]。更主要的是，设计师不能像精确科学的科学家一样将历史、环境等条件因素降低到最低甚至直接无视他们，也不能遵循某种公理去推论设计方案，他必须回到现实的问题情境中，用最适宜的方式解决问题。

3.2.1.2　差异的哲学起点：表象主义科学观

　　也许，造成这一局面的症结在于以往的哲学起点上存在着问题。在以往的哲学家看来，"科学首先表现为既定的知识体系，一种认识自然的手段，或者说表象世界的方式。哲学家们共同的任务是考察，作为知识和命题集合的科学具有怎样的内在结构，什么样的结构具有合理性，它与世界具有怎样的关系等……"[2]问题是这种表象主义（representationalism）的哲学范式从一开始就将科学削减为认知事业，这不但将文化、社会等维度统统排除在外，也割裂了科学与现实世界和日常生活的关联。当这样的一种科学观与设计结合时，"设计研究"也就变成了一种认知事业，设计知识也就变成了一种存在于逻辑空间的知识，这与设计的实践属性是完全相悖的。

　　当然，表象主义的科学观在相应的领域仍然是有效的，但是面对当前的科学处境和设计处境却是难以应对的。我们不能把历史还原成逻辑，不能用理想来代替现实。科学和设计首先都是一种历史的、文化的实践活动，作为实践，它内在于既定的文化处境当中，对真理、客观性与合理性问题的任何解答都需要以此作为参照。[3]因此，并不存在一种静止的、绝对化的"科学观"，也并不存在一种静止的、绝对化的"设计观"。在现实中，科学并非人们想象的那样无所不知，"科学是未完成的，它的知识主张服从于修正，并且它很难对自身作出一个充分的说明"[4]。从动态的和发展的角度来看，科学观、科学认识论同样是在发展中的、不断修正中的，当设计借用科学认识论和科学方法的同时，还应该继承科学的怀疑精神和批判精神。"阿多尔诺（Adomo）和哈贝马斯（Habermas）的思想不断提醒我们：量化的和可在技术上应用的知识的巨大堆积，如果缺乏反思的解救的力量，那将只是毒物而

1　杨砾，徐立.人类理性与设计科学：人类设计技能探索 [M].沈阳：辽宁人民出版社，1988:20.
2　孟强.从表象到介入：科学实践的哲学研究 [M].北京：中国社会科学出版社，2008:3.
3　孟强.从表象到介入：科学实践的哲学研究 [M].北京：中国社会科学出版社，2008:3.
4　周丽昀.科学实在论与社会建构论比较研究：兼议从表象科学观到实践科学观 [D].上海：复旦大学，2004:183.

已。"[1]

　　因此，富勒的"设计科学"、西蒙的"设计的科学"遭受到质疑，是因为他们实质上是根据本人的偏好在"小科学"的范围内讨论了"设计"与"科学"的整合问题，但是现实的设计共同体和相关群体似乎并不买账。我们必须要澄清的是："设计"与"科学"的结合，并不意味着设计就具有"绝对的客观性"和"绝对的合理性"；并不意味着二者结合得越紧密、越纯粹，设计就会更无穷趋近于"真理"。而可以肯定的是，在"表象主义"科学观的视野下，"设计的本体"并不等同于"自然科学的本体"，"设计"与"科学"的结合，是有条件的，是相对的，是必须在实践中反思与修正的，而这才应该是探讨二者关系的基本前提。

3.2.2　设计活动与科学活动

3.2.2.1　设计活动不等于科学活动

　　经过对"设计本体"的讨论，我们明晰了"设计本体"与"自然科学本体"是存在差异性的，科学只能解决"明确界定的问题群"，而设计问题实际上是一些"非明确界定的问题群"，这与科学或工程学中的问题全然不同。这种"非明确界定的问题群"是指，"不可能依靠将已有知识简单提取出来去解决实际问题，只能根据具体情境，以原有的知识为基础，建构用于指导问题解决的图式（schema），而且往往不是单以某一个概念原理为基础，而是要通过多个概念原理以及大量的经验背景的共同作用而实现。因此，设计是一个'情境驱动'的过程，不是一个知识提取和应用的过程，设计根本就不可能被纳入某种单一知识逻辑框架"[2]。

　　德国学者郭本斯（Gui Bonsiepe）在《论设计与设计研究纠缠不清的关系》中比较了"设计活动"与"科学活动"的区别：科学活动与设计活动有着不同的区别和兴趣点，设计师是带着一种设计性的眼光来观察世界的，科学家是以认知的角度来观察世界的。这也导致了科学家、研究学者与设计师会有不同的创造和创新点。科学家和研究学者的活动成果是新的知识，设计师的活动结果是新的产品、新的符号和新的服务。[3]（图 3-15）

图 3-15　郭本斯

　　格雷戈里认为"科学方法"与"设计方法"的区别在于"科学方法是一种解决问题的行为方式，它所做的是要找出存在问题的本质。但是设计方法是一种创造物品的行为方式，并且是创造一些原来不存在的物品。科学是分析性的，设计是建设性的"[4]。克罗斯教授进一步提出了，"方法对于科学实践而言，是极为重要的。但是对于设计实践而言并非如此。设计的结果未必是要可重复的，很多设计案例也不具有可重复性"[5]。最终，在 1980 年，在设计研究协会的大会上得到了这样的共识："以往对设计与科学的比较和区别是过于单纯和简单的，大概设计根本不需要过多的从科学那里学习什么，

1　[法]埃德加·莫兰.复杂思想：自觉的科学[M].陈一壮，译.北京：北京大学出版社，2001:8.
2　赵江洪.设计和设计方法研究四十年[J].装饰，2008，185（9）：44-47.
3　[德]郭本斯.论设计与研究纠缠不清的关系[J].芦迪，夏倩，译.风景园林，2011（2）：89-93.
4　Nigel Cross.Designerly Ways of Knowing:Design Discipline versus Design Science[J].Design Issues，2001，17（3）：49-55.
5　Nigel Cross.Designerly Ways of Knowing:Design Discipline versus Design Science[J].Design Issues，2001，17（3）：49-55.

反而科学应该向设计学习。"而科学发展到"后学院"时代，大学、研究机构与外部社会结构之间的藩篱也得到了很大程度上的拆解。科学家同设计师一样，他们必须要倾听相关群体的声音，必须对相关群体负责，必须反思性地面对自己的研究可能带来的政治、经济、文化、伦理和环境后果。[1]

此外，尽管科学活动与设计活动是存在区别的，但是在今天的设计实践中是很难离开科学和研究的。设计师、科学家和研究学者经常在一起从事设计实践和研究。郭本斯认为创新科学家和创新设计师的方法之间也蕴含着密切的联系和结构相似性："他们在探索新事物时拥有着一致的座右铭：让我们试试看吧，看看结果怎样。他们都是实验性的前行。"[2]

3.2.2.2 作为科学活动的设计研究

既然"设计活动"与"科学活动"是不同的，那么"设计研究"是否可以算是一种科学活动呢？格兰特认为："设计的研究也许是一种科学活动，设计作为一种活动也许是科学研究的主题。"作为科学研究的主题势必受到科学哲学和科学方法论的影响，而纵观设计方法论研究的历程，我们可以看出实证主义范式的衰落，科学实践哲学的兴起以及当今设计方法论研究的多元化发展。

霍斯特·里特尔曾任教于乌尔姆高等设计学院，具有数学和理论物理学的学术背景，同时又在城市规划、建筑设计等领域发表过多篇文章。里特尔将设计方法论分为两个阶段，分别代表了两种对立的观点。在设计方法论研究初期，受到自然科学研究方法的影响较多，设计追求"科学的、理性的、客观的、实证的"知识，后期的方法论研究认为"任何方法、程序都不能替代设计师感觉、认知、判断中的直觉成分。方法的作用只能是'组织'这些大脑内部的思维机制"[3]。（图 3-16、表 3-3）

图 3-16　霍斯特·里特尔

"第一代设计研究"的设计方法论者们试图通过运筹学模型和系统理论去理论化的处理每一个设计难题。但是，早期的系统论本身还存在着自相矛盾的态度：它反对还原主义但又运用还原主义。它延续了逻辑实证主义的先行假设：现实世界存在着一个目标可以明确规定的系统。因此有的学者认为系统方法沦为了一种"优化方案"：它假定每一个问题都有一个明确的目标，为此可以选取达到它的几条途径，通过监控和修正最后达到目标。而实际上这是一种单向的、一劳永逸的观念。[4] 然而在现实的设计活动中，设计问题是在设计中被发现的，而不是先验存在的；是需要设计者与客户共同提出问题并解决问题，而不是将设计知识和设计方法理想化的实现。特别是在面对设计师与用户的思维过程和意识活动的时候，并不适宜沿用自然科学的研究方式。

从科学哲学研究的视角看，"第一代设计方法论"具有逻辑主义科学理性的特征。清华大学的吴彤教授认为："逻辑主义科学理性将理论理性与实践理性分开，认为对理论理性的逻辑分析是理解科学理性的唯一途径，并把实践理性归入伦理学、社会学、心理学等其他学科的研究中。"由于这种

1　孟强.从表象到介入：科学实践的哲学研究 [M].北京：中国社会科学出版社，2008:2.
2　[德] 郭本斯.论设计与研究纠缠不清的关系 [J].芦迪，夏倩，译.风景园林，2011（2）：89-93.
3　唐林涛.设计事理学理论、方法与实践 [D].北京：清华大学，2004.
4　[英]P.切克兰德.系统论的思想与实践 [M].左晓斯，史然，译.北京：华夏出版社，1990:1-2.

理论理性没有跟实践理性重新整合，遭受到历史主义科学哲学家的批判和怀疑。[1]对于科学哲学研究而言，"实证主义力图把各种哲学命题还原为原子命题"[2]，对于科学活动与设计研究而言，它们同样试图把科学问题和设计问题拆解为子问题、子系统然后逐一解决，最终完成问题求解。

表 3-3　两代设计方法论的比较[3]

	第一代设计方法论	第二代设计方法论
设计过程	遵循"分析－综合－评估"的线性逻辑，按顺序，按阶段，从头到尾单向进行，严格管理，按计划行事	三阶段循环往复的（螺旋式上升）；各个阶段相互融合，分析中也有解决，解决中也有分析；争论式的
设计问题	笛卡儿式的还原思想，将整体分解为部分、因子、子问题、子系统	不良结构问题的结构不可通过分解被认清，设计应该是方案聚焦
预设观念	先理解再解决，分析问题时清除预设观念	预设观念与预想方案在最初就介入，假设，猜想，然后分析，理解与解决同步
支配逻辑	理性的、推理逻辑的分析、过程，甚至引入数理演算，量化的，追求精确性、准确性	经验、直觉、非理性的、不明推论式的逻辑
知识来源	专家知识，专家比大众更了解他们需要什么，精英意识	大众知识，让大众在设计中有更多的发言权，平民意识

"第一代设计方法论"是由科学家和设计师规划出并使用。设计问题的目标是在设计活动中辨识出来的，这导致了非常刻板的设计决策，并且还会导致意外和失败。由于"第一代设计方法论"过于简单化，还不够成熟，思考也不够谨慎，并且没有能力去面对复杂的真实世界的问题。在"第二代设计方法论"中，用户参与进设计决策中，并通过主要规格参数表来鉴别设计的目标。这种参与式的设计成功与否在于设计师的意识，设计师对使用价值的认知以及与设计师合作的专业团队。但是这种参与式的设计也有一些障碍，比如在大尺度的城市问题上应用是存在困难的。[4]

在对设计研究的一片质疑声中，霍斯特·里特尔于 1973 年提出了"第二代设计研究"。基于数学方面的研究专长，里特尔成功地界定了设计问题中的"复杂"而"严重"的本质与精密科学所面对的相对简单的问题之间的区别。[5]里特尔通过"问题结构"的比较，强调了设计是卷入了社会、个人等因素的"非明确性的问题群"，而精密科学面对的是一些"明确性的问题群"，[6]这一提法对理解设计起到了非常重要的作用。所以，里特尔将设计理解为"一种规划的活动，必须考虑后果的控制"。他认为除了产品外观之外，还要考虑制造、操作、体验以及对经济、社会、文化的影响。里特尔非常强调设计态度与设计方式，主张充分了解设计对象物质本身及其所处的整个脉络，并且建议设计师要有批判性的"行为意识"。[7]"第二代设计研究"强调设计是一个得到"满意解"或解集（satisfactory solutions）的过程而不是"最优解"的过程，从根本上脱离了第一代设计研究的理念。在这一阶段，设计研究不再致力于"最优解"的设计方案，而是转向承认满意的解决方案或"论证"参与过程。设计师也不再是万能的，即使是寻找"满意解"的过程也是充满障碍的，因此赫伯特·西蒙在《人工学

1　吴彤，等.复归科学实践：一种科学哲学的新反思 [M].北京：清华大学出版社，2010:1-2.
2　吴彤，等.复归科学实践：一种科学哲学的新反思 [M].北京：清华大学出版社，2010:12.
3　唐林涛.设计事理学理论、方法与实践 [D].北京：清华大学美术学院，2004:46.
4　Nigan Bayazit.Investigating Design:A Review of Forty Years of Design Research[J].Design Issues,2004,20(1):16-29.
5　[德] 克里斯蒂安·根斯希特.创意工具：建筑设计初步 [M].马琴，万志斌，译.北京：中国建筑工业出版社，2011:38.
6　Rittel H,Webber M.Dilemmas in a General Theory of Planning[M].Amsterdam:Elsevier Scientific Publishing Company,1973:155-169.
7　Herbert Lindinger.包豪斯的继承与批判：乌尔姆造型学院 [M].胡佑宗，游晓贞，陈人寿，译.台北：亚太图书局，2002:129.

科》中将设计定义为一种"恶性问题"（wicked problems），因为寻找一种合适的解决办法非常之困难，往往一种解决方案的创造就意味着出现了一种新的有待解决的问题诞生。

当代的设计研究还在向前发展，但是从以上两代设计研究的演进中可以发现：不论是设计研究活动还是设计实践活动，它们与科学的关系是越来越清晰化的，并没有被同化为纯粹的"科学"。尤其是受到后现代主义思想、当代哲学和物质文化研究的影响，设计研究的视域变得更加的开阔和边缘化。正如奈杰尔·克罗斯教授总结的："设计有其自己的文化，不能淹没在科学和艺术之中。我们需要更加强化历史学的探究，我们需要利用那些历史和传说，以适当的方式建构我们的智育。"[1]

传统科学哲学[2] 不但给科学活动的发展带来困境，也在从设计研究领域渐渐淡出。传统科学哲学显然已经不再对设计研究提供可参照的理论思考，而新兴的实践科学哲学积极的反对"理论优位"（theory-dominated），即理论第一的科学观，而是提出"实践优位"（practice-dominated）的科学哲学。[3] 实践科学哲学将科学从"命题逻辑之网"中解放出来，将科学视为一种社会文化的实践活动。这一理论解决了"广义设计学"研究中，"科学主义"进路与"人本主义"进路的融合。可见广义设计学研究的范式危机可以由"实践哲学"予以解决，不论是何种角度的研究，都将会合于实践。

3.2.3　小结

在"表象主义科学观"的视野下，"设计本体"是不同于"自然科学本体"的，"设计活动"也不等同于"科学活动"。尽管设计研究可以作为一种科学研究的对象，但是随着设计研究的发展，设计不但没有淹没于"科学"或"艺术"之中，反而走向了更加多元的研究道路。设计越来越需要有自己的研究术语和研究方法，也越来越需要在与"科学"的同步发展中调整二者之间的关系。

回顾以往的设计研究，大多是建立在"科学实在论"的基础之上的，然而经历了 20 世纪科学哲学的演进，"科学实在论"突出了"与境性"的作用，强调了在情境分析的基础上进行科学理性的说明与解释，并在与建构论的对话中不断完善和发展。这一思想的转变支撑了设计研究阶段转换的形而上学基础，从而实现了第一代设计研究到第二代设计研究的转变。处于后现代阶段的"科学实在论"正在不断走向"体系开放""本体弱化"和"意义建构"这三个最基本的趋势。[4] 而作为研究者和设计师，对不同科学观和设计观是自我选择的、自我建构的，任何新的思想都是先被创造，然后再根据读者的需求、信息和立场而被形塑出来的。

3.3　实践科学观与"广义设计学"研究范式的转向

许平教授认为，中国设计缺少一种"设计的语义系统"，整个社会对"设计"缺少"概念"，缺少"价值系统和意义系统"，导致设计缺少了"文化逻辑和社会价值观念"的支撑。[5] 而科学作为设计的一个重要因素，又何尝不是这样。尽管，从"洋务运动"开始中国人的"科学观"开始被不断的刷洗，但是至今仍然缺少社会意义上的"科学概念"。科学更多地被"权威化"、被"教条化"，但是对科

1　Nigel Cross.Designerly Ways of Knowing[M].London:Springer,2006:40.
2　从新兴的实践科学哲学来看，以往的科学哲学，包括逻辑主义与历史主义都属于传统科学哲学。
3　吴彤，等.复归科学实践：一种科学哲学的新反思[M].北京：清华大学出版社，2010:7.
4　周ırın昀.科学实在论与社会建构论比较研究：兼议从表象科学观到实践科学观[D].上海：复旦大学，2004:34.
5　许平.设计"概念"不可缺：谈艺术设计语义系统的意义[J].美术观察，2004(1):52-53.

学自身的发展，对科学哲学的发展很少关注，科学的怀疑精神、批判精神也没有得到很好的发扬。然而"设计"与"科学"的关系不论是对设计学科还是对设计研究都构成了关键的一环，尤其它影响了设计研究发展的方向，对于设计研究的发展，我们不得不去理清不同阶段的"科学观"与"科学认识论"对设计产生的影响。

3.3.1　科学观、知识观与设计观

设计的发展与哲学和科学的发展是同步的，任何哲学或科学的新发展，都会使人们重新反思认识世界的方式，这也使得设计观念随之不断进化，而并不是静止的。1979 年，布鲁斯·阿彻在文章中表示："设计师式的思维和沟通方式不同于科学和学术性的思维和沟通方式，但是在解决问题时，却与科学和学术性的方法同样有效。"[1]这一观点被奈杰尔·克罗斯进一步发展，并收录在《设计师式的认知方式》一书中。[2]即使是争议最少的"科学化设计"也是需要以相应的科学观作为其形而上学基础的，仍然需要对科学观有一个哲学深度的认知。

3.3.1.1　科学观与设计观

科学观与设计观都是可以与世界观相类比的概念，同世界观一样，由于人们社会地位不同，观察问题的角度不同，从而会形成不同的科学观和设计观。具体而言，科学观（设计观）可以理解为人们对科学（设计）的整体的、根本的看法与认识，或者是对科学（设计）的自我反思。如果从学术的角度阐释，应该是理论化、系统化对科学（设计）的总观点、总看法。

1. 被"狭义化"的科学

英文中的"科学"（science）是"自然科学"（natural science）的简称，并不等同于拉丁语scientia(学问或知识的意思)。德语 wissenschaft 最接近 scientia，包括了一切有系统的学问，不但包括我们所谓的"科学"，而且还包括历史、语言和哲学。而事实上，围绕"设计"与"科学"的关系问题的讨论也是更多的指向"自然科学"，这也使得其他"科学"被排除在外。但是"要想关照生命，看到生命的整体，我们不但需要科学，而且需要伦理学、艺术和哲学"。[3]因而，随着设计研究的发展，与设计相结合的"科学"，不应该狭隘地局限于自然科学，而应该是"广义科学"，它既应该包括自然科学，还应该包括所有的人文社会学科。随着科学的危机、实践哲学的发展以及新的知识生产模式的产生，科学已经不是一个独立存在的空间，我们越来越难以分割科学与社会的关系。科学与社群、文化以及（更富争议的）经济等"其他"领域之间的界限正在不断模糊和彼此渗透[4]，科学的边界也将在实践中不断重构。（见表 3-4）

2. 唯科学主义与设计观

值得注意的是，理论的引入和建构还具有选择性，无不受到当时社会文化和意识形态的影响。哈耶克 (F.A.Hayek) 也提醒我们要理解唯科学主义并且与之进行斗争。他所说的"唯科学主义"指的"不是客观探索的一般精神，而是指对科学的方法和语言的奴性十足的模仿"[5]。自 20 世纪以来，中国思想

1　L. B. Archer.Whatever Became of Design Methodology?[J]. Design Studies,1979, 1(1):17-20.
2　Nigel Cross.Designerly Ways of Knowing[M].London:Springer,2006:40.
3　[英]W.C.丹皮尔．科学史及其与哲学和宗教的关系 [M]．李珩，译．桂林：广西师范大学出版社，2009:9.
4　[瑞士] 海尔格·诺沃特尼，等．反思科学：不确定性时代的知识与公众 [M]．冷民，等译．上海：上海交通大学出版社，2011:1.
5　弗里德里希·A.哈耶克．科学的反革命：理性滥用之研究 [M]．冯克利，译．南京：译林出版社，2003:6.

表 3-4　科学划界的不同学说与标准 [1]

	本质主义		反本质主义	建构论
学说	逻辑实证主义	波普尔：证伪主义	费耶阿本德："无政府主义"的知识论	"情境化"与"地方性"
对科学的定义	科学是一系列具有严密的逻辑结构的有意义的命题集合。一个命题的意义就是证实它的方法。	科学是一个动态的过程，一个猜想与反驳的过程。科学从问题开始，为了解决问题，科学家们提出大胆的猜想。（假设）	科学只是人所发明以便应付其环境的工具之一，它不是唯一的工具。科学不是绝对可靠的，不是唯一的知识形式。	科学不存在永恒的本质，在具体的情境中相关群体基于自己的目标、立场和利益而塑造着科学的形象，勾画着科学的边界，建构着科学的权威。
划界标准	"可证实性标准"：1. 符合逻辑和句法；2. 经验证实。	"可证伪性原则"："一个经验的科学体系必须可能被经验反驳。"	"怎么都行"：1. 自由宽松的学术环境；2. 民主的科学精神。	科学边界永远处于不停的重构中。基恩，划界 - 活动（boundary-work）
困境	基于不可靠的预设：1. 分析命题与综合命题的绝对二分法；2. 理论陈述与观察陈述的二分法；3. 理论陈述可还原为观察陈述，观察陈述可还原为记录语句；4. 归纳合理性预设；5. 拒斥形而上学。	1. 全称存在问题，在性质上不可证伪。2. 概率规律不能在逻辑意义上证伪。3. 标准不充分，面临反例。4. "证伪主义"的划界标准与其坚持的"实在论"立场难以一致。5. 反对心理主义，而为摆脱心理主义。	1. 神秘主义倾向。2. 划界问题被取消。3. 否认科学在当今社会中的权威性，无法解释科学在当今社会中的权威性。4. 解构了科学的真实性和科学知识的可靠性。	在建构论的视野下，科学是一个处于历史发展中的、具有情境依赖性的东西，将其划定为一个永恒的边界是非常荒谬的。科学的边界也是社会建构的，科学自身为何同样也无法决定科学在社会中的形象、权威以及边界。不存在去情境化的、凌驾于社会及历史发展之上的普遍主义科学观，科学知识的内涵及其意义只能在具体的情境和地方性中获得。
理性与客观性	科学全部是理性的和客观的。主观性是科学研究的障碍。科学问题可以由一种完全客观的方式解决。客观性建立在科学家个体在研究过程中的自我心理控制，即价值中立的、排除主观偏见的研究态度。	"主观性"在科学观察与科学解释中具有合理性。科学客观性建立在"科学家群体乃至整个社会开放式的'批评性讨论'的基础上"，建立在这种批评性讨论社会机制的建立和完善的基础上"。	提倡多元主义方法论，科学的历史发展中不存在永恒的方法论、理论或者经验等。不反对理性与科学本身，反对以科学的名义来扼杀文化的意识形态（科学沙文主义）。	科学的有效性和客观性只能是情境化的、地方性的。科学边界的建构是一个修辞过程，而不是一个逻辑过程。

界中的"唯科学主义"（scientism）使得文化价值观念方面发生了重大的转变。美国汉学家郭颖颐在《中国现代思想中的唯科学主义（1900—1950）》中详细分析了现代科学对中国思想的教条影响：

　　　唯科学主义认为宇宙万物所有的方面都可以通过科学方法来认识。中国的唯科学论世界观的辩护者并不总是科学家或哲学家，他们是一些热衷于用科学及其引发的价值观念和假设来诘难，直至最终取代传统价值主体的知识分子。这样，唯科学主义可以被看作是一种在科学本身

1　本表格参考：
　　①林定夷. 科学哲学：以问题为导向的科学方法论导论 [M]. 广州：中山大学出版社，2009.
　　② Samir Okasha. 科学哲学 [M]. 韩广忠，译. 南京：译林出版社，2009.
　　③孟强. 科学划界：从本质主义到建构论 [J]. 科学学研究，2004，22(6)：561-565.
　　④彭启福. 波普尔科学客观性理论的"社会学转向"[J]. 安徽师范大学学报（人文社会科学版），2006,34,(6):653-657.

几乎无关的某些方面利用科学威望的一种倾向。[1]

尽管中国的传统文化中缺少西方的科学精神，但"唯科学主义"对"科学"的理解是矫枉过正的。尤其是在对中国传统文化缺乏深入研究的前提下，利用"科学精神"来"反传统"是具有破坏性的。而唯科学主义的设计观只能走向"极端现代主义"的教条和深渊。其悖论在于科学方法是不能超然于"传统文化"与"地域环境"的且多样性的，正如苏哈·厄兹坎所言："建筑中没有简单自明的本质或统一体，从中可以产生单独的理论。相反建筑一开始就强调文化和社会心理存在的多样性和复杂性。"[2] 阿摩斯·拉普卜特也认为："环境要对不同人群的生活有所支持，并与他们的'文化'相适应。环境的多样性说明，以不变应万变的这种大多数设计师依旧默认的现代主义思想是行不通的。"[3] 因而，在研究西方设计和面对西方设计研究成果的同时，我们应该首先反省的是"唯科学主义"对"真科学"的遮蔽。假如将"唯科学主义"世界观作为设计观的形而上学基础，就只能陷入自身预设的陷阱中而不能自拔，更不可能对以往的设计研究作出任何评判和反思。

2000年11月荷兰代尔夫特理工大学举办了"以设计为研究"（research by design）的国际会议，英国谢菲尔德大学建筑系教授杰里米·提尔（Jeremy Till）的论文《太多概念》[4] 反驳了设计研究中"唯科学主义"的倾向。他反对将设计研究归结于一种规则，这种建立在理性实在论基础上的思想错误地指导了很多研究的范式。杰里米·提尔认为这种研究范式的根源是"启蒙运动的原教旨主义"（Enlightenment fundamentalism），他们深信启蒙运动的理性主义并且以此为绝对真理，其核心理念就是围绕"真相可以通过理性的质询而达到"。"启蒙运动的原教旨主义"的信奉者试图通过自己的研究路径使建筑学获得一种学术上的合法性。首先，他们预设了存在一种稳定的、可测的设计知识系统，既然建筑可以被客观化的分析，那么建筑的制作就可以理性的发展。而其结果就是"学院中的教学变成了一种对'规则'的学习，学院中的研究变成了一种对于'真理'的更精确地提炼规则的总结，学院之外的实践则成了这些规则的应用。通过对理性质询的学术合法化，强大的力量在学院中形成了。"[5] 这种"启蒙——原教旨主义"排斥设计实践中的复杂性与矛盾性，在寻找普遍真理的分析框架下，世界已经被过滤、被重构、被篡改了。（图3-17）

图3-17　杰里米·提尔

事实上，"唯科学主义"对设计的影响是广泛的，在具体的设计研究中一些研究者就对这种僵化的思想提出了质疑。成砚在《读城：艺术经验与城市空间》中认为："近代自然科学对人类认识的绝对统治，使得知识和真理打上了科学方法论的烙印，以致人类与生俱来的那种超出科学方法论的对真理的经验方式渐渐被遗忘。这样的观念同样影响了我们对城市空间的认知。"通过以往城市空间认知途径的研究，成砚发现一些由科学方法论指导的认知途径是存在局限性的，因而需要另外的途径予以补充。进而他提出了通过艺术经验途径研究城市空间认知不但是可行的，而且是具有独特作用的，尽管其自身也存在局限性，需要综合地使用包括科学认知在内的多种途径，才能全面和深入地认知城

1　[美]郭颖颐.中国现代思想中的唯科学主义（1900—1950）[M].雷颐，译.南京：江苏人民出版社，1995:3.
2　[美]克里斯·亚伯.建筑与个性：对文化和技术变化的回应[M].张磊，司玲，侯正华，等译.北京：中国建筑工业出版社，2010:vii.
3　[美]阿摩斯·拉普卜特.文化特性与建筑设计[M].常青，张昕，张鹏，译.北京：中国建筑工业出版社，2004:46.
4　杰里米·提尔.太多概念[J].冯路，译.建筑师，2005（6）：5-8.
5　杰里米·提尔.太多概念[J].冯路，译.建筑师，2005（6）：5-8.

市空间。但是，这无疑是对以往僵化的思维方式和认知方式的一种反思。

3. 科学观与设计观的演进

西方科学曾经一度化身为唯一合法的科学参照系，而悖论是西方科学自身仍是值得反思的，强调客观的理性主义的一元论价值观缔造了西方近代科学的同时，还导致了西方科学和文化的危机。长期以来人们只是看到了科学所带来的物质生产和物质福利，而很少看到科学思想、科学方法、科学的精神气质。中国科学院李醒民研究员认为，从科学产生之初，人们的科学观大致经历了以下三个阶段：科学即力量，科学即知识，科学即智慧。澳大利亚悉尼大学的汉伯里·布朗教授则着力澄清对前两种科学观流行的"误解"，并认为科学是智慧而不是知识，科学最有价值的"用处"就是获得智慧，这种智慧不仅仅是人们安身立命的根本，而且人种的"永存"也取决于智慧的获得。况且单一的知识并不能产生力量，这需要用智慧将它们连接起来，在当今世界，科学的目的和方法也需要完成从知识到智慧的进化。[1]（表 3-5）

表 3-5　不同时期的科学观

时期	科学观
古希腊	纯粹理性认识的真理科学观
文艺复兴	追求实效的经验科学观
19 世纪后半期	逻辑和经验并重的表象科学观
20 世纪后半期	理解和解释的文化历史主义科学观
20 世纪末	关注社会建制的社会科学观
当下	实践优位的实践科学观

世界著名设计师泰伦斯·康蓝（Terence Conran）说："真正的好设计，是看得见的智慧，是蕴含智慧的解决方案。"[2] 而这也许是科学家与设计师对智慧的跨领域认同，设计和科学都开始关注动态的实践探索而非静态的知识积累。

3.3.1.2　知识观与设计观

在西方学界，同样有很多科学家和哲学家对"客观主义"框架扭曲的世界而感到不满。迈克尔·波兰尼作为 20 世纪在西方具有重大影响力的物理化学家和哲学家，提出了"默会知识"（tacit knowledge，又译为隐性知识）的观点，他要用"多个世纪以来的批判性思维教导人们，用怀疑的官能把人们重新武装起来"，要使长期以来被客观主义框架扭曲了的世界万物恢复其本来面目。[3]

近代科学革命以来，一种客观主义的科学观和知识观逐渐成为人们看待知识、真理的主导性观点。"客观主义在标举科学的客观 (objective)、超然 (detached)、非个体 (impersonal) 特征的同时，还提出了一种完全的明确知识的理想。……他们把目光集中在科学理论之上，把科学等同于一个高度形式化的，可以用完全明确的方式加以表述的命题集合，认为科学哲学的任务就在于对科学理论的结构作逻辑的分析。"[4] 在波兰尼看来，这种客观主义的科学观，以极大规模的"现代荒唐性"几乎统治了

1　[德] 汉伯里·布朗. 科学的智慧：它与文化和宗教的关系 [M]. 李醒民，译. 沈阳：辽宁教育出版社，1998:148.
2　[英] 史蒂芬·贝利，泰伦斯·康蓝. 设计全书 A-Z Design: Intelligence Made Visible[M]. 台北：积木文化股份有限公司，2009:11.
3　[英] 迈克尔·波兰尼. 个人知识 [M]. 许泽民，译. 陈维政，校. 贵阳：贵州人民出版社，2000:4.
4　郁振华. 波兰尼的默会知识 [J]. 自然辩证法研究，2001（8）:5.

20 世纪的科学思维。"根据他的观点，识知（knowing，即知识的获得）是对未知事物的能动领会，是一项负责任的、声称具有普遍效力的行为。知识是一种求知的寄托。"[1]并且，"人类的知识有两种。通常被描述为知识的，如通过书面文字、图表和数学公式加以表述的，只是一种类型的知识。而未被表述的知识，像我们在做某事的行动中所拥有的知识，是另一种知识"[2]。

面对客观主义的科学观的"现代荒唐性"，波兰尼在《个人知识》一书中作出了彻底的批判。①客观主义的科学观和知识观导致了"认识主体的隐退"；而波兰尼的"默会知识"则认为，在任何识知的过程中，都有一个热情洋溢的识知人的'无所不在的'个人参与。②逻辑实证主义将认识论局限在狭隘的对科学知识的逻辑分析中，并反对形而上学；而波兰尼的"默会知识"则认为，认识论和本体论、认识和存在是整体的、统一的，并且他认为"如果某种认识行动影响了我们在不同的框架之间作出选择，或者改变了我们寓居于其中的框架，它将引起我们存在方式的改变"[3]。③西方近代文化将事实和价值、科学和人文分裂开来；而波兰尼的"默会知识"则建立了从自然科学向人文研究的连续过渡，从"人性""信念""价值"三个维度考量，科学与人文是相同的。

"默会知识"这一观点一经提出就在西方世界引起了较大的影响，很多设计研究的学者还在其理论的基础上，提出了隐性知识在设计中的作用，如克里斯·拉斯特在《设计调查：科学中的隐性知识和发明》[4]一文中探讨了隐性知识在设计中的作用和调查在多学科研究中的作用；克里斯·亚伯在《隐性知识在学习设计中的作用》中提出了"只有认识到隐性知识和显性知识之间的复杂联系，才能为我们提供比以前的设计教育方法具有更大的科学和教育价值的知识"[5]。而国内虽然不乏对隐性知识的研究，但是隐性知识在设计研究领域并没有得到较多的回应。

科学实践哲学的形而上学基础是一种地方性的、多元主义的、实用主义的。[6]基于这种形而上学基础可以弥补基于逻辑实证主义的"客观主义"知识观，发展设计实践和设计研究实践中的实践情境知识。（见表 3-6）在西蒙与戚昌滋的研究框架内，只关注客观知识的形成，缺少实践情境知识的视角。而事实上，无论是客观知识还是实践情境知识都是由人创造的，外在于人的主观认识世界的知识形态。它们都是"人的主观知识的外化和社会化的延伸，主观知识是客观知识和实践情境知识的源泉"。而客观知识、主观知识与实践情境知识都是设计实践中知识的不同形态，它们不能相互替代。

表 3-6　客观知识和实践情境知识的比较[7]

客观知识	实践情境知识
以观念性人造物品（客观思想）的形式存在于书籍、杂志、图书馆等之中	以情境化的方式分布在实践活动中的社会关系、活动方式及工具、物品之中
强调理念和理想	强调实践问题解决
以科学共同体为原型	以实践共同体为原型
更抽象，去情境	更具体，与情境相关联

1　[英]迈克尔·波兰尼.个人知识[M].许泽民，译.陈维政，校.贵阳：贵州人民出版社，2000:4.

4　Michael Polanyi. Study of Man[M].Chicago：The University of Chicago Press, 1958:12.

3　Michael Polanyi. Knowing and Being [M]. Chicago：The University of Chicago Press ,1969:134 .

4　Chris. Rust.Design Enquiry:Tacit Knowledge and Invention in Science[J].Design Issues,2004，20（4）：76-85.

5　[美]克里斯·亚伯.建筑与个性：对文化和技术变化的回应[M].张磊，司玲，侯正华，等译.北京：中国建筑工业出版社，2010:128.

6　吴彤，等.复归科学实践：一种科学哲学的新反思[M].北京：清华大学出版社，2010:409.

7　张建伟.从"做中学"到建构主义：探究学习理论的轨迹与整合[A]// 高文，徐斌艳，吴刚.建构主义教育研究.北京：教育科学出版社，2009:106.

客观知识	实践情境知识
更有普适性，更能迁移	在具体的情境中功能大，但难以迁移
更关注知识的创新发展	更关注知识的实践应用

或许问题的症结所在就是 C.L.R. 詹姆斯在《关于辩证法的笔记》中剖析的："目前，思维的主要错误之一在于：当对象、内容已经发生了变化，并为思想的扩展创造或确定了前提的情况下，仍旧以不变的形式、范畴、概念等来思考。"尽管科学观和知识观都发生了巨大的变革，但是在实际的设计和研究中，很多人仍旧坚守着旧有的研究范式，"客观主义"和"还原主义"思想在每一个受过西方文明教育的人的头脑中根深蒂固。这种局限不但导致了千篇一律的设计，也导致了设计研究的教条化。"软"系统思想的提出者切克兰德认为："人类的一切行为（包括科学活动），都是一个永无终日的学习过程。"那么，值得注意的是，在学习过程中不但需要对"为什么要学习"（why），"学习的对象是什么"（what）以及"如何学习"(how) 作出不断的反思，还要注意到"隐性知识"和"显性知识"之间的复杂联系。

3.3.2　表象科学观与设计观

3.3.2.1　表象科学观及其特征

表象科学观是基于表象主义的哲学范式，将科学作为表象来对待的观点。所谓表象，是指主体对客体的一种描述和反映，或是理论再现。哲学意义上的表象是指"头脑只有通过概念或思想才能理解客观事物的理论。这种理论坚持一种主客二分的思维方式，并将一切的一切对象化，因此主客体之间的任何关系都是表象"[1]。表象主义包含了三个要素：主体、中介、对象。作为主体的人是借助于观念或者语言认识外部世界的。表象主义至少包含了如下的预设："第一，主体与客体的分离；第二，认识论态度的优先性；第三，中介的透明性。"[2]

然而，以往的科学哲学恰恰是建立在表象主义基础上的，无论是逻辑实证主义、科学实在论，还是社会建构论，都是把科学看成一项认识活动，一桩表象世界的事业，并进一步把理论、命题、语句、概念等作为自己的考察对象。[3]而反观西蒙的《人工科学》也正是在这样的哲学基础上搭建起来的，尽管这种科学哲学加深了我们对"世界"的认识，弘扬了科学和理性的精神，但是在贡献的背后还存在其局限性。理论优先的表象主义科学观需要从根本上进行改造，哈金认为："哲学的最终主宰者不是我们如何思考，而是我们做什么。"[4]人之为人，首先是行动者、是制造者，而不是表象者；设计和科学，首先是设计活动和科学活动，而不是首先置身于理论。

3.3.2.2　表象科学观与设计观

表现主义的科学观由于脱离知识的生产过程而抽象地讨论知识论问题，从而在自设的陷阱中不能自拔——"在主客二分的框架中，主体实际上是钵中之脑，它向外'观察'外部世界，而客体处于

1　周丽昀.科学实在论与社会建构论比较研究：兼议从表象科学观到实践科学观 [D]. 上海：复旦大学，2004:29.
2　孟强.从表象到介入：科学实践的哲学研究 [M]. 北京：中国社会科学出版社，2008:70.
3　孟强.从表象到介入：科学实践的哲学研究 [M]. 北京：中国社会科学出版社，2008:74.
4　孟强.从表象到介入：科学实践的哲学研究 [M]. 北京：中国社会科学出版社，2008:74.

不受干预的本体状态；语言是从属于主体的表述世界的工具，语言和世界是分离的；知识是静态的理论，与客观世界是否相符决定其真值；认识表象世界但不改变世界，认识论和传统科学哲学脱离了知识的生产过程而抽象地讨论知识论问题本体论是分离的。"[1]对设计而言，当这种表象科学观的一些观点成为设计的基础和信条的时候，便导致了现代主义的惨败。设计活动中的"主客分离"和绝对的"客观性"导致了情感认知和感性认识失去了"合理性身份"，并使信念、精神、价值与人日渐疏远；设计研究中的理论与实践的分离，使设计脱离于现实世界被抽象的讨论，现实问题被遮蔽取而代之的是理论建构者或者设计师心目中的理想模型。在法国建筑师与规划师马赛尔·洛兹（Marcel Lods）的草图中，体现了对当代城市设计信条最极端的图解："它们生动地表现了当今时代的鲜明世界观，并阐释了其主要原则：秩序优于复杂，光明胜过黑暗，新的比旧的好，有距离比紧挨着好，清晰比不清晰好，集体和普遍比个体和特殊的更胜一筹，线形的进程比循环的进程所创造的结果要好。"[2]但是随着"理性期"的逝去和"整合期"的来临，人们转而使用"四维的、非透明的、非透视的、非世俗的、非理性地来描绘这个新时代"[3]。而这也预示着表象科学观的危机与建立实践科学观的必要性。

3.3.3　实践科学观与设计观

　　20世纪初，相对论和量子力学的提出动摇了近代科学机械论世界观的根基。20世纪初六七十年代，混沌学的创立和迅速传播为抛弃机械论、建立现代整体有机论打下了基础。但是以往的科学观都是建立在"主客二元对立"和将一切对象化的"表象主义"的基础上，不但不能更好地解释科学，更不能为设计提供一种解决复杂问题的认识论。这需要将科学从"表象主义"的"小科学"改造为更加具有开放性的"作为实践的科学"。从科学的发展来看，"生活世界"与"科学世界"是不能割裂的，从生活世界出发，复归于生活世界，是当今哲学的主流，也是解决科学问题和设计问题的落脚点。

3.3.3.1　实践科学观的哲学范式

　　"实践科学观"建立在"介入主义"（interventionism）的哲学上，使得旁观者的立场让位于参与者的立场。介入主义取消了任何外在于世界的超越性基点的合法性，把科学作为一项内在于文化和社会的实践事业。在以往"普遍主义"的立场下，人们往往将科学概念或科学方法直接移植到设计中，而忽略了反思其"是否可移植"的合理性；或者将一种抽象的理论模型或抽象标准应用于一切设计对象，而忽略了对象和环境的特殊性与设计的个性。但是"介入主义"反思了这一立场，它认为"基础和规范的构造不能基于超越性的立场，它只能立足于特定的、具体的科学实践场景。任何对确定性的追求，为了确保其实践有效性，只能从科学实践出发"[4]。

3.3.3.2　实践科学观的主要观点

　　"实践科学观"还提出了与"表象科学观"针锋相对的观点：

1　周丽昀. 科学实在论与社会建构论比较研究：兼议从表象科学观到实践科学观 [D]. 上海：复旦大学，2004:8.
2　[瑞]CARL FINGERHUTH. 向中国学习：城市之道 [M]. 张路峰，包志禹，译. 北京：中国建筑工业出版社，2007:59.
3　[瑞]CARL FINGERHUTH. 向中国学习：城市之道 [M]. 张路峰，包志禹，译. 北京：中国建筑工业出版社，2007:43.
4　孟强. 从表象到介入：科学实践的哲学研究 [M]. 北京：中国社会科学出版社，2008:4.

科学是一种介入性的实践活动而不是对世界的表象；同时，科学实践不可避免地同其他社会文化实践勾连在一起，构成一幅开放、动态的图景；科学的文化多元性并不是对科学的客观性的消解，而正是科学的"强客观性"得以形成的条件和背景：科学正是在全球性与地方性的知识之间保持一种张力，不断在开放中自我完善、自我发展的。[1]

"实践科学观"作为对"表象科学观"的超越，可以为动态调整中的"设计"与"科学"的关系提供一种新视野，也可以为"设计研究"和"广义设计学"提供一种新的认识论基础，并且可以对富勒的"设计科学"、西蒙的"设计的科学"和戚昌滋的"广义设计科学方法学"的不足之处作出弥补，对可取之处作出发展。

3.3.3.3　实践科学观的主要特征与设计观

"实践科学观是对表象科学观的一种超越，也是一个有着广阔视角和深刻内涵的研究领域，它具有与境性、主体间性、历史性和反思性等特征。"[2]（图 3-18）

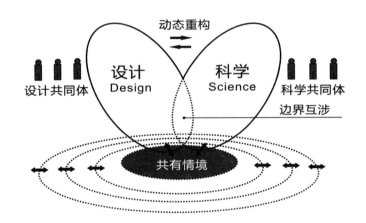

图 3-18　"设计"与"科学"在实践的现实情境中边界互涉、动态重构（作者自绘）

（1）实践科学观的"与境性"特征强调"科学的当地性、情境性和偶然性以及科学作为社会实践活动的一部分而产生的与社会和文化因素的密不可分的关系"[3]。

（2）科学活动的"主体间性"反映了这样一种趋向："对世界的认识，对客观性的认识，要返回自我，返回生活，返回实践，返回到科学世界与人文世界相统一的实践生活世界中。"[4]

（3）实践科学观的"历史性"体现在科学活动的变动性和生成性。"变动性"意味着"科学不仅是已有的知识体系，也是人类不断探求知识的创造性活动"。科学不但是处在运动、变化、生成和消逝的循环中，而且也处在复杂的历史背景之中，它不断扩展、变迁、修正，并且是可错的。"生成性"意味着随着科学的"问题域"的扩大以及科学理论的丰富和深化，科学活动只能用历史的"合力"规律来理解，"科学在任何时候都忙于修改人们所持有的世界图式，在它看来这种图式永远只

1　周丽昀.科学实在论与社会建构论比较研究：兼议从表象科学观到实践科学观 [D]. 上海：复旦大学，2004:7.
2　周丽昀.科学实在论与社会建构论比较研究：兼议从表象科学观到实践科学观 [D]. 上海：复旦大学，2004:16.
3　周丽昀.科学实在论与社会建构论比较研究：兼议从表象科学观到实践科学观 [D]. 上海：复旦大学，2004:246.
4　周丽昀.科学实在论与社会建构论比较研究：兼议从表象科学观到实践科学观 [D]. 上海：复旦大学，2004:251.

是暂时性的"[1]。

（4）实践科学观的"反思性"主要表现在，我们在进行科学实践，生产科学产品的同时，也在反思这些行为的合理性，并进而实现自我调整、自我校正以及自我完善和发展。[2]

实践科学观为科学的发展提出了更加有效的理论框架，也是对传统科学观的全面反思。如果设计研究者仍然将"科学"停滞在传统科学观，并仍然使用旧的研究范式来约束设计研究，必然阻碍设计研究的进一步发展。

以往的"设计科学"和"设计方法论"是建立在研究生产知识、设计应用知识这一单向逻辑上的，其困难之处在于缺少实际应用的案例作为支撑。"实践科学观"则打破了这种单向逻辑，它可以使设计研究在与"科学"的结合中走向开放性和包容性，而实践科学观的特征，如与境性、主体间性、历史性和反思性等同样可以为设计研究提供某种启示。而这也可以为"广义设计学"的科学向度建构新的逻辑平台。

经历过第二次世界大战，科学的发展为设计问题的求解作出了很大的贡献，尤其是在工程学领域。科学话语被引入设计，甚至被一度推崇至唯一合法的手段。但是除了反思"设计"与"科学"更加具体的关系和更加适宜的结合之外，还要反思科学自身的负面效应对设计的影响。

清华大学的吴彤教授认为："科学观念可能产生退步；可能导致非近代科学形态的其他知识和非认知的精神状态方面的缺失。这种负面的效应不应该仅仅通过科学自身的发展来消除，需要利用人类各种文化形式的协调来予以平衡。"[3] 所以，只有将"科学""设计"放在整个人类实践活动的平台上，才能不断地选择与建构新的适宜性的关系，正如实践哲学的开拓者劳斯所说："我们不能把科学事业与我们赖以把自己定义为人类存在者的其他实践割裂开来"，所以我们"应该走向科学的政治哲学"。[4] 而科学知识与设计研究的知识也必然是在一定的情境脉络之中个人建构与社会建构的共同过程。（图 3-19）

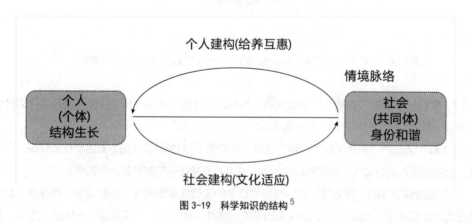

图 3-19　科学知识的结构[5]

基于对科学划界的新认识，一些以往认为是"不科学"的人类知识也能逐渐被学术共同体认同并纳入研究体系，如风水理论、中西学思维等都将作为地方性知识被人们重新认识。对设计研究而言，

1　周丽昀.科学实在论与社会建构论比较研究：兼议从表象科学观到实践科学观 [D].上海：复旦大学，2004:253.
2　周丽昀.科学实在论与社会建构论比较研究：兼议从表象科学观到实践科学观 [D].上海：复旦大学，2004:256.
3　吴彤，等.复归科学实践：一种科学哲学的新反思 [M].北京：清华大学出版社，2010:390.
4　吴彤，等.复归科学实践：一种科学哲学的新反思 [M].北京：清华大学出版社，2010:402.
5　裴新宁.再探建构主义与科学教育 [A]// 高文，徐斌艳，吴刚.建构主义教育研究 [C].北京：教育科学出版社，2009:434.

这将意味着有更多的地方性知识和地方性的探究方法进入设计研究的视野，弥补以往科学观的不足与狭隘。

3.3.4 小结

概念是思维的逻辑起点，科学观和设计观是处理"设计"与"科学"之关系的逻辑起点。在以往的"表象科学观"中，由于主客二元对立，知识与实践相分离，不论对科学发展还是对设计发展都产生了很多不良的后果。而"实践科学观"超越了"表象科学观"，使得旁观者的立场让位于参与者的立场，并把科学作为一项内在于文化和社会的实践事业。"实践科学观是对表象科学观的一种超越，也是一个有着广阔视角和深刻内涵的研究领域，具有与境性、主体间性、历史性和反思性等特征。" 这些特征不但可以为设计研究提供某种启示，也可以为"广义设计学"的科学向度建构新的逻辑平台以及新的研究范式。

实践本身就是一个自我运动、自我发展和自我完善体系，而设计活动和设计研究活动同样应该是一个自我运动、自我发展和自我完善的体系。科学的发展，设计的发展，应该体现实践变动性和包容性。日本著名建筑师黑川纪章提出了 21 世纪的世界新秩序是一种共生的秩序，他认为生命时代将从二元对立的思想中解放出来并走向共生的精神，在新的价值观下，将迈向重视个人、地域性与创造性价值的后工业社会。[1] 而在这一"共生"的语境下，科技与人文将走向圆融，科学实践观恰好可以为设计活动与科学活动以及现实世界和人类生活提供一种新的科学观和设计观，以实现自由的设计、自由的科学和人的解放。

3.4 本章结语

"20 世纪学术上最显著的特点是各种学科之间的界限冲破，过去被视为独立的学科已互相渗透。设计学科从传统的自然科学描述方法和工程设计规范方法这两个方面脱离出来，逐步形成了自己的科学特点的内容和意义。" 而设计研究的历史也正是经历了这样的一种历程，经历了"设计方法运动"和"第二代设计研究"：一方面设计与工程学、科学的关系越来越明晰，设计开始形成自己的研究术语及研究范式；另一方面设计与工程学、科学的交叉越来越复杂，设计需要与多种学科进行全新的整合。而在这种转变的过程中，"设计"与"科学"的关系问题，"设计观"与"科学观"的互动演进构成了问题的中心和主要线索。（图 3-20）

"我们生活在文化之中，尽管文化因科学的物质福利大量地依赖于科学，但是它对科学赖以立足的新观念和新眼界却基本上一无所知。"[2] 并且，在以往的设计研究中，也很少对科学观的基本假设提出质疑和反思。这样一来，人们只关注于科学对设计（社会）的"形而下"（"器物文化"）方面的影响，而低估了科学的"形而上"（"精神文化"）和"形而中"（"制度文化"）的社会作用。于是，科学被简化为技术，成为技术理性的"工具箱"。这不但在一定程度上扭曲了科学追求真知、追求智慧的科学形象，也忽略了科学观对人的世界观和价值观的影响以及科学活动对社会文化的影响。这种"狭隘的""功利主义的"认识不但难以认知科学的本来面目，更丧失了科学精神的弘扬。但是，尽

---

1 [日] 黑川纪章. 新共生思想 [M]. 覃力，杨熹微，慕春暖，等译. 北京：中国建筑工业出版社，2009.
2 [德] 汉伯里·布朗. 科学的智慧：它与文化和宗教的关系 [M]. 李醒民，译. 沈阳：辽宁教育出版社，1998：译序.

管科学自身的发展存在着很多的问题，也对设计研究的发展产生过负面的影响，从研究的角度而言，设计仍然离不开科学的支撑。随着设计研究的发展，我们已经可以明确：设计必须在维护自己的主体性的前提下，借助其他科学知识服务于设计研究实践，并且与相关共同体在情境中互动。

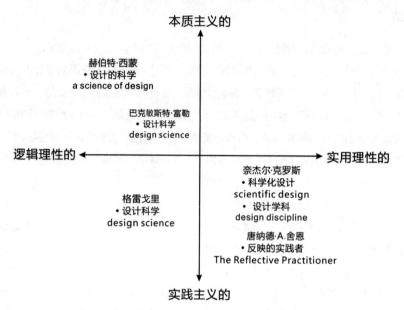

图3-20　"设计"与"科学"：不同学者的"设计科学"理论地图（作者自绘）

当然，从实践和介入的角度重新理解科学，并不能解决所有的问题，甚至可能丧失科学的确定性和永恒的基础。但是我们需要的是相关生存的、负责任的科学与设计，而不是永恒的、普遍意义的知识体系。至少这种视角可以从更加立体的角度去看待科学（设计）对个人行为方式和思维方式的影响，还可以反思科学（设计）活动对社会、文化、环境、政治、伦理等方面可能产生的不良后果。在"设计"与"科学"的相互整合中，不但吸取到彼此的优势，甚至改变了设计和科学自身。而这种回归生活、回归文化、回归实践的视角，对以往的科学思维无疑是进步性的，也将为"设计研究"以及"广义设计学"的发展提供新的方向和研究范式。

第四章　超越与发展：重构广义设计学

建筑师是通才而非专家，是交响乐的指挥而非精通每项乐器的高手。执行业务时，建筑师需要和一组专家共同合作，包括结构和机械工程师，室内设计师，营建法则顾问，景观设计师，施工说明撰写员，承包商以及其他领域的专业者。通常，成员之间会出现利益冲突的情况。因此，建筑师必须具备每一个领域的知识，足以排解纷争，协调各方作出符合要求的决定，让整个设计趋于完善。

——马修·佛瑞德列克

经历了 20 世纪的蓬勃发展，设计学科已经从传统的自然科学描述方法和工程设计规范方法这两个方面脱离出来，逐步形成了具有自己学科特点的术语和范式。"设计研究"作为一个学术领域，始于 20 世纪 60 年代，并为设计的发展作出了巨大贡献。英美设计研究学派主张跨学科进行研究，强调"设计作为一个整体"，有的研究者还超越了具体的设计实践来探索"广义设计"，并试图从更"广义"的设计定义来建立不同设计类型之间的联系，并在"广义"的视野下寻找更加广泛的问题解决方式。但不足之处是这一时期的研究者大多是理工科背景的工程师、科学家和设计师，其他学科尤其是跨艺术学科的研究者相对较少，这也使得这一阶段的设计研究具有某种局限性。

对于"广义设计"的研究，不论是西蒙的"设计的科学"还是戚昌滋等学者提出的"广义设计科学方法学"都是在"设计科学"的框架下建立的，都试图从科学的角度对设计作出"广义"的综合。但是将设计与科学一体化（同化），并不能包罗"设计"的所有面向，乃至人们对于"科学"自身、"研究"自身的认知都可能是非常有限度的。正如维特根斯坦所言：

洞见或透识隐藏于深处的棘手问题是艰难的，因为如果只是把握这一棘手问题的表层，它就会维持原状，仍然得不到解决。因此，必须把它"连根拔起"，使它彻底地暴露出来；这就需要我们开始以一种新的方式来思考。这一变化具有决定意义，打个比方说，这就像从炼金术的思维方式过渡到化学的思维方式。一旦新的思维方式得以确立，旧问题就会消失；实际上人们会很难意识到这些旧的问题。因为这些旧问题是与我们的表达方式相伴随的，一旦我们用一种新的形式来表达自己的观点，旧的问题就会连同旧的语言外套一起被抛弃。[1]

那么，面对新的时代，"广义设计"自然也需要新的发展，以面对当下的问题。然而更重要的是我们为什么要对"广义设计学"进行再建构？又该如何再定义"广义设计学"？定义之后又该如何再建构？

为了回答这一问题，我们需要倡导一种新的思维模式：将"近代科学主义世界观"转换为"现代生活世界观"；将科学从"表象主义"转换为"介入主义"；将"广义设计学"从"普遍意义的知识汇总"转换为"内在于社会与文化的设计实践事业"；将"设计研究"从"唯一本质的追寻"转换为"介入实践的探究"。以此，我们才能实现对设计进行广义上的"全新整合"，用设计改变世界，让设计重塑我们的文化和生活。

4.1　当下设计研究的问题评述

"表象主义"在种种预设的前提下，建构了抽象的科学理论。而事实上，科学理论与设计理论必须是内在于其文化与社会背景的，它受到环境的影响而产生，最终又回到环境背景中被评估。维塔及一些意大利的研究者认为，设计作为一种文化，它"强调了设计在某种程度上按照它所处的社会环境加以界定。因此，我们不能脱离社会理论去建构任何设计理论。许多学者认为理论本身以意识形态为基础，不可能创造出设计或社会的自然模式"[2]。迪尔诺特和巴克利清也指出："设计不仅是专业人员参与的一种实践，它还是一种以不同方式进行的基本人类行为。"在设计中，我们可以看到活生生的关于应该如何生活的判断和讨论，归根结底，设计是选择的结果。[3]为了重构一种新的"广义设计学"，我们就不可回避这样的问题：中国设计研究是在怎样的当代语境下作出选择的？它又服从于什么样的世界观？

4.1.1　当下设计研究的本土语境

4.1.1.1　夹缝中生存的中国设计

在"现代化"的道路上，我们因袭了西方"社会达尔文主义"的历史观，认为历史的发展是"一种由低级到高级的直线性进化史"，于是"民族的"成了落后的，需要"现代化"，需要与国际"接轨"，需要得到西方的认可才能完成"进化"。而王敏教授尖锐地指出了这一矛盾的荒谬性："当一个民族大力倡导现代化，而其现代化的标准又是建立在西方认同的基础上，其后果不仅是决裂于传统，而且是远离民族。夸张说，我们是'革'了自己的命……"[4]这种错误的认知构成了中国现代设计探索之路的一副图景：在"夹缝"中生存并努力找寻着自我。

1　[法]皮埃尔·布迪厄，[美]华康德.实践与反思：反思社会学导引[M].北京：中央编译出版社，2004:1.
2　[美]维克多·马格林.设计问题：历史·理论·批评[M].柳沙，张朵朵，等译.北京：中国建筑工业出版社，2010:5.
3　[美]维克多·马格林.设计问题：历史·理论·批评[M].柳沙，张朵朵，等译.北京：中国建筑工业出版社，2010:26.
4　王敏，申晓红.两方世界，两方设计[M].上海：上海书画出版社，2005:56.

首先，"必须承认我们的设计文化、设计教育正处在夹缝时代，所谓'夹缝'，就是既希望脱离西方而建立中国的模式，又不能完全离开西方的模式，这种摆动的态势还会持续一个不短的时期"[1]。假如每一种文明和设计都是一个有机的生命体生成于该民族或该地域，那么这一文明和设计都既有其优势又有其劣势，既有伟大意义又同时面临危机。事实上，西方设计自身也一直"行走"在设计实践和设计理论探索的途中，不断反思设计的定义和意义。而对于西方设计界而言，在第二次世界大战后，设计研究文献也发生了剧烈的变化，很多研究者开始挑战前现代主义者和他们的第二次世界大战后追随者们支持的"简化"和"无鉴别"的假定。透过当前的设计文献，表达出了研究者在很大程度上的紧张、反抗和变更。[2]究其原因，正如美国设计学者理查德·布坎南(Richard Buchanan)所讲："设计的主旨从根本上就是不确定性，人们即使运用同样的方法也会得出不同的解决方案。"[3]因而，设计与其他人类文化一样，其特征都是"在途中"。但是，由于中国设计学界缺乏对西方理论发展的整体文脉意识和理论更迭的经历，整个西方的各种理论以一种倒叙的方式冲击到中国学者面前，各种理论应接不暇。而西方的很多哲学理论，设计理论往往是针对上一阶段理论造成的危机的一种"解药"，超越具体理论情境，为了消化西方的理论而"乱吃药方"，"邯郸学步"往往容易制造很多不良的学术后果。[4]（图4-1）

图 4-1　理查德·布坎南

通过整理编译西方现代设计思想的经典文献，许平教授总结道："整个西方现代设计思想史，就是一部关于设计'意义'的争论史。"在设计的发展过程中，西方一直重视设计对工业、对国家的重要性，并且十分重视设计理论的建设。不同立场的理论家对"设计"的定义不断的改写，不断地从不同的立场与角度去追问"什么是设计"。这不但使西方加深了对设计的认知，并且增强了设计的科学性。因此，西方"设计界不断地调整自己的价值、调节精神与实践的交叉递进关系、在价值认同与思维方法的碰撞中推进设计发展的历史"[5]。而对于中国设计而言，同样需要对"设计"本身不断地追问，不断地反思，才能对设计有更深一层的理解。而这需要以民族文化为基础，需要有敞开的胸怀和宽广的视野，需要有探索的好奇心和批判的精神。因为，"每个民族的文化都既是它的思维工具又是它思维的囚笼"[6]。

另一方面，对于中国设计的"夹缝"境况而言，面对"地域性"与"当代性"的矛盾，更需要弥合而不是分化。"一个民族的崛起必然会带来对自己文化的重新认识，这包括对传统的重新发现，对民族文化在国际上的影响与地位重新界定。"[7]因而中国设计的发展，从广义上而言，还包括了我们对新时代中国文化的再塑造、再定位。而对于中国以往的设计发展历程，同样需要重新认识、重新发现。面对"工艺美术""艺术设计""广义设计"，我们不能局限于狭隘的名词理解，而应该看到其历

1　诸葛铠.在夹缝中生存："设计艺术"与"工艺美术"的是与非 [J].装饰，2009，200(12):28-30.
2　[美] 维克多·马格林.设计问题：历史·理论·批评 [M].柳沙，张朵朵，等译.北京：中国建筑工业出版社，2010:259.
3　[美] 理查德·布坎南，维克多·马格林.发现设计：设计研究探讨 [M].周丹丹，刘存，译.南京：江苏美术出版社，2010:40.
4　刘东洋.杂感1则：建筑论文 [EB/OL].http://www.douban.com/note/67043977.
5　许平，周博.设计真言：西方现代设计思想经典文选 [M].南京：江苏美术出版社，2010:6.
6　蔡华.人思之人：文化科学和自然科学的统一性 [M].昆明：云南人民出版社，2008:140.
7　王敏，申晓红.两方世界，两方设计 [M].上海：上海书画出版社，2005:55.

史延续性和本质层面的一致性，从而导向更加平和的心态，从统一性与整体性去认知设计。[1]法国社会学家皮埃尔·布迪厄（Pierre Bourdieu）曾经提出了"开放式概念"（open concepts）的观点，他认为"只有通过将概念纳入一个系统之中，才可能界定这些概念，而且设计任何概念都应该旨在以系统的方式让它们在经验研究中发挥作用。诸如惯习、场域和资本这些概念，我们都可以给他们下这样或那样的定义，但要想这样做，只能在这些概念所构成的理论体系中，而绝不能孤立界定它们……而且，概念的真实意涵来自各种关系。只有在关系系统中，这些概念才获得了它们的意涵"[2]。（图4-2）

图4-2　皮埃尔·布迪厄

因而，一种新的"广义设计学"应该是一种生成性的思维方式，在人类文化多样性与设计多样性的视野下，它应该超越学术情境与经验领域，去主动发现文化与设计中新的连接方式或交叉领域；一种新的"广义设计学"还应该是一种批判性的思维方式，它应该具有反思的能力，甚至是跳出自身来反思自身。

4.1.1.2　中国设计发展的人文环境

当今社会正在证明哲学家维特根斯坦的名言："语言伸展多远，现实就伸展多远。"语言承载了思想，承载了信息，承载了对事物的认知。但是当下社会"语境"中的设计是什么？是设计的"庸俗化"和设计"概念"的严重匮乏。所谓"概念"的匮乏并非是缺乏文本层面的解释，而是价值观层面的概念缺失，这导致设计缺少了一种"意义系统"，缺少了"一套相互影响的价值判断方式的集成"。没有了价值观意义上的"设计概念"，在设计中就失去了真值判断的语境关系，乃至设计的概念被"虚化"和"伪化"。[3]

设计的发展历程表明，设计的发展是需要良好的外部"生态环境"的，建立一个良好的人文环境尤为重要。设计是公共性的，在公民社会中，设计需要被公众认知，还要被公众接受或批评。著名设计师陈绍华曾经在中央美术学院做了题为"我无话可说"的演讲，他以尖锐的方式和建设性的立场正面提出"中国现代设计的人文环境"问题，呼吁在社会公众中建立良好的认知、理解设计的话语氛围。[4]清华大学的张夫也教授在《提倡设计批评，加强设计审美》一文中大声呼吁，"提倡设计批评，加强设计审美，在全国范围内大力展开设计批评和设计审美教育"[5]。因为"真正的社会发展，并非总是由某种发展的意志单方面能够决定的，它取决于整个社会对于发展认同的共识，只有在同一高度价值认可的水准上，也包括政府和公众在内的各个层面、各种资源、各种力量所达成的认知共同体，才是真正的社会发展本体"[6]。（图4-3）

因而，一种新的"广义设计学"应该从人类文化的"整体"角度理解设计，以更敞开的视角审视设计。

1　方晓风.寻找设计史,分裂与弥合:兼议"工艺美术"与"艺术设计"[A]//袁熙旸.设计学论坛（第①卷）.南京:南京大学出版社,2009.
2　[法]皮埃尔·布迪厄,[美]华康德.实践与反思:反思社会学导引[M].北京:中央编译出版社,2004:132.
3　许平.青山见我[M].重庆:重庆大学出版社,2009:210-211.
4　祝帅.设计观点[M].沈阳:辽宁科学技术出版社,2010:193.
5　张夫也.提倡设计批评,加强设计审美[J].装饰,2008（增刊）:128-130.
6　许平.青山见我[M].重庆:重庆大学出版社,2009:序.

通过建立一种"广义设计"的文化平台，将更多不同的设计专业乃至社会大众联结起来，从整体上提高社会大众对"设计概念"和"设计价值"的认知。

4.1.2　以往设计研究中的问题与缺陷

设计作为文化的一部分，设计的"文化语境"不但构成了一种陈述设计的文脉，更重要的是它所暗含的世界观和价值观还影响了设计活动的思想观念和思维方式。在这种语境下，以往的某些设计研究和设计实践难免存在阶段性的种种缺陷，并导致了设计被狭义化为一种实用的"工具"。美国南加州大学建筑学院院长马清运在《今日建筑三动向》中的描述正是当下问题的一个掠影：

图4-3　陈绍华
（知名平面设计师）

1）千篇一律的工具主义

师承一派，使用一种教育产生的工具，一种用法，把所有的问题都能归结成一种形式，千变不离其器、其师、其具，我们已看不出哪个弟子，只看到一把刀子。

2）我行我素的个人主义

无论城市、处所，我以我的经验、意识创造我的能力可以驾驭的体系，个人色彩渗透无疑，千变不离"我"意。

3）城市都市的机会主义

假设场地的体系，虚拟城市的问题，杜撰一套生活方式和体验秩序，完成一个似乎唯一的对应空间体系。[1]

而针对这一现状，一种新的"广义设计学"要讨论的不仅仅是问题的"结果"，还包括构成这些问题的"前提"。

4.1.2.1　文化问题：设计与"拿来主义"的"前提"

"拿来主义"作为当下接受西方文明的一种态度，广泛的体现在诸多方面。而事实上，按照文化三层说[2]（见图4-4）的理论，从设计文化的何种"层次""拿来"应该比"拿到了什么"更为重要。

由于"工具理性"思想将设计简化为一种技术性的实践活动，难免体现出一种"重技而轻道"的态度。于是西方设计的历史成为贴满"主义"与"风格"的"标签式简化史"；于是对"新口号"和"新招数"的"猎奇"成为某些设计师与甲方的共同情趣。这使得设计教育沦为技法上的教育，只有技法而无思想，更谈不上什么创造性；这使得设计实践成为取悦甲方的商业服务，只有效益而无内涵，更谈不上什么文化性。

当然"道""器"之间的辩证关系很多学者已经有精辟的阐释，而值得注意的是"道""器"的相对关系亦不能超越文化比较的视野而孤立存在。从自我的角度、自我的思维去解读他者只能导致

1　马清运. 今日建筑三动向 [EB/OL].http://blog.sina.com.cn/s/blog_49c097a10100okrg. html.
2　"文化三层说"将文化分为形而上层次（思考活动与语言）文化、形而中层次（人群相处与沟通互动的制度）文化、形而下层次（人所使用的器物与具体可见的形式）文化。

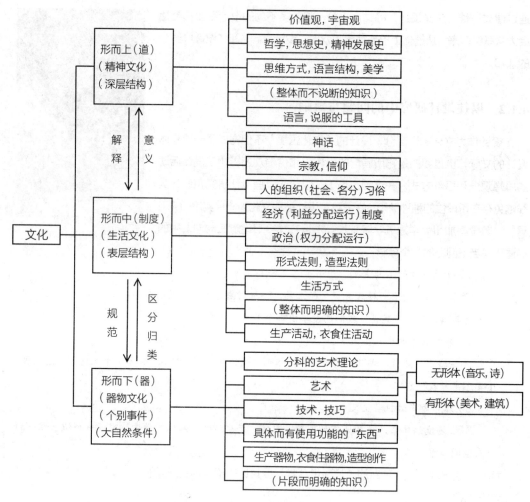

图 4-4 文化三层说
（图片来源：杨裕富，《设计的文化基础：设计、符号、沟通》，2006）

天真的"误读"。设计作为一种文化的存在，如果在"文化简化论"的视野下，很多理论是难以被真正理解的。安乐哲和罗思文认为："在涉及世界、信仰和价值观的话语背后，存在着一些积淀与产生话语的特定语法之中的先验的预设。在历史文化研究中，唯一一件比进行普适性的文化概括更加危险的事就是文化简化论。因而，我们必须仔细确认并且精细分析这些预设。"[1]安乐哲和罗思文还从语言与文化的关系上剖析了英语与中文的差异性，他们认为："英语（以及其他印欧语言）是一种表达'实在性'与'本质性'的语言；中国文言文则是一种'事件性'的语言。进而言之，一个连读的、片段的事件世界与一个相互影响的事件世界之间显然是迥然相异的。"[2]这些差异之所以重要是因为它们构成了我们思维中推论的前提，忽视了这些基本"预设"只能使我们迷失于"光怪陆离"的设计万象之中而"不知其所以然"，或是通过符号拼贴捏造新的中国式"语言"。（图 4-5）

因而，一种新的"广义设计学"不能仅仅停留在对西方设计文化中"形而下"的"有形之物"的

1　[美] 安乐哲，罗思文.《论语》的哲学诠释 [M]. 余瑾，译. 北京：中国社会科学出版社，2003:21.
2　[美] 安乐哲，罗思文.《论语》的哲学诠释 [M]. 余瑾，译. 北京：中国社会科学出版社，2003:21.

模仿上，它必须走进设计文化的深层，去关注其"精神文化"，才能从整体上了解"设计表象"的生成机制。而简单的模仿只能使设计成为"无魂之器物，无根之浮萍"。

图 4-5 安乐哲

4.1.2.2 人的问题：设计"扁平化"的"前提"

"功利主义"和"工具理性"的另一个结果是设计作品的同质化，千城一面，千人一面。而这一现象的背后是"设计主体"——人的平均化。正如谢天在《当代中国建筑师的职业角色与自我认同危机》[1]中所表述的："多元化倾向已经成为当代中国建筑设计领域的一个事实，具体体现为宏大叙事的诉求、私人话语的探索以及商业化的建筑运作。然而，表面的多元化创作和建筑领域的大规模建设最终产生的是一种有着相似面孔的建筑作品，由于这些建筑的数量之大导致了建筑的一种平均化现象。平均建筑反映的主体——人（无论是使用者还是设计者）也是一种平均的人，它表现为建筑师的认同危机。"这一危机在"现代性"的语境下体现为"硬件设施的现代化"与"人的现代化"因不平衡发展而产生的不对称性。而随着工业化社会向后工业化社会的转型，"自然与机器都已引入人类生存的大背景，社会面临的首要问题是人与人、人与自我的问题"。因此，现代性的种种因素和层面可以归结为一点，即现代性最根本的问题是"人"的现代性问题。[2]可惜的是以往对设计"现代性"的认知由于视野狭隘，只从"器物"层次思考问题，却将设计中的"人"（设计者、使用者）的"现代性"隐匿于设计发展的背后。最糟糕的是这使得设计者和社会大众对自我、对设计活动都产生了认同上的危机。

美国社会学家阿历克斯·英格尔斯（Alex Inkeles）曾经在《走向现代化》和《探讨个人现代化》等著作中提出了现代化的 12 个特点，其中包括"人的现代化的问题"。这 12 个特点可以概括为三个主要方面：开放性、乐于接受新事物；自主性、进取心和创造性；对社会有信任感，能正确对待自己和他人。[3]并且，更重要的是在"设计现代性"的语境中，在"人""设计"与"文化"之间，并非是一种单向度的决定关系，而是"互为主体性"的关系。而生活世界又是一个主体之间交往的空间，"一个完整的人总是处在自然、社会、他人以及心灵的自我之间的包围中"[4]。（图 4-6、图 4-7）

图 4-6 阿历克斯·英格尔斯

图 4-7 《人的现代化》（阿历克斯·英格尔斯，1985）

因而，一种新的"广义设计"理念，应该是从"客观的对象化世界"回归到"生活世界"。也

---

1 谢天.当代中国建筑师的职业角色与自我认同危机：基于文化研究视野的批判性分析 [D].上海：同济大学，2008：5.

2 谢天.当代中国建筑师的职业角色与自我认同危机：基于文化研究视野的批判性分析 [D].上海：同济大学，2008：14.

3 [美] 阿历克斯·英格尔斯.人的现代化：心理·思想·态度·行为 [C].殷陆君，编译.成都：四川人民出版社，1985：22-36.

4 谢天.当代中国建筑师的职业角色与自我认同危机：基于文化研究视野的批判性分析 [D].上海：同济大学，2008：274.

只有在生活世界中，在不同的社会和文化场域中才能更好地实现"人的观念和思维方式的现代化""人的行为方式的现代化"和"人的生活方式的现代化"。

4.1.2.3　组织问题：设计发展的共同挑战

近代的科学世界观主要遵循的是一种以实体为中心的实体主义思维方式，在这种思维方式下，人们更关注于实体而非实体之间的关系。丹尼尔·惠特曼（Daniel Whitney）曾经在《哈佛商业评论》(*Harvard Business Review*) 上发表文章反思如何将设计过程中的不同方面联系起来："在许多公司，设计已经表现出一种带有官僚气息的紊乱状态，设计过程因为片段性、过分专业化、权力斗争、工作拖沓等因素而变得混乱不堪。"[1]

作为设计理论的开拓者，维克多·马格林非常关注设计在社会中的影响，对于当下将设计定义的过于狭隘而造成的影响他表示非常担忧。他认为"狭义定义设计专业和它们的附属专业具有局限性，他要通过扩大设计的定义"帮助设计师们找到其他办法来提出新的问题"，于是在《位于十字路口的设计》中对这些观点作出了总结：

第一，"设计实践类型的传统分类方式影响了设计师现有的分类标准，因为当设计师们面对无法解决的问题时，习惯性地要回顾过去的解决办法"[2]；

第二，在建立创新性组织方面，由于组织的专业性限制阻碍了发明能力的培养，因而如何将个人的专业知识融入团队成为非常紧迫的问题；

第三，我们还要考虑使用者如何通过不同的设计实践领域，以不同的方式参与到设计过程中来，因而要重新思考设计教育与设计实践的内容。[3]

维克多·马格林的观点表明，以往对设计的狭隘理解已经不能应对当下设计发展中出现的新的、难以解决的问题。过于狭隘的设计观念不但限制了设计活动中的创造性，也不利于创造性组织的形成，更不利于社会大众对设计的广泛参与和深入理解。而只有从"个人的"和"小团体的"狭隘视角上升为从"组织"的视角考察设计在组织中的"运行状态"，才能增强设计的"合力"。

随着"创意时代"的来临，打破专业、学科、组织制度的"跨界设计"与"跨界营销"越来越受到瞩目。为了适应市场的竞争需求，很多试图处在领先地位的"跨界者"和"跨界者组织"出现了。跨界者组织的出现无疑对传统的企业文化尤其是设计企业的文化起到一定的冲击，但面对"跨界热"的时候，也要对跨界的风险和跨界者有全面的"冷思考"。朱迪·尼尔（Judi Neal）认为，跨界者组织的文化是建立在"赏识性探询的基础上，人们相信把精力投入在强项上和有效的事物上"，他们对新生事物具有强烈的好奇心，支持发明创造，支持冒险，他们会以一种集体式的方法预知未来。[4]跨界者组织的首席执行官往往具有很强的跨界者素质，但是并不是所有的人都需要成为一名跨界者，否则一个均由跨界者组成的组织是无法运行的。朱迪·尼尔认为一个组织应该包含五种不同个性能力的人：跨界者、传火者、守业者、保位者和报忧者。[5]（见图4-8、表4-1）这五种类别的划分是基于在"时间"方面，他们的精力是集中于过去还是未来；在"改变"方面，他们对应的态度是封

1　[美] 维克多·马格林. 人造世界的策略：设计与设计研究论文集 [C]. 金晓雯，熊嫕，译. 南京：江苏美术出版社，2009:38.
2　[美] 维克多·马格林. 人造世界的策略：设计与设计研究论文集 [C]. 金晓雯，熊嫕，译. 南京：江苏美术出版社，2009:41.
3　[美] 维克多·马格林. 人造世界的策略：设计与设计研究论文集 [C]. 金晓雯，熊嫕，译. 南京：江苏美术出版社，2009:41.
4　[美] 朱迪·尼尔. 跨界为王：速变时代的持续发展成功之道 [M]. 赵悦，译. 北京：金城出版社，2011:121.
5　[美] 朱迪·尼尔. 跨界为王：速变时代的持续发展成功之道 [M]. 赵悦，译. 北京：金城出版社，2011:121.

闭的，还是开放的。[1] 但只有这些不同类型的人员数量具有针对该企业的、合理的最佳比例时，才能保证这个组织的领先和成功。

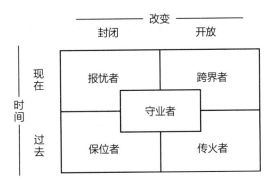

图 4-8　组织用人五种：跨界者、传火者、保位者、报忧者、守业者

（图片来源：朱迪·尼尔，《跨界为王》，2011）

表 4-1　跨界者、传火者、保位者、报忧者、守业者的特征与局限 [2]

跨界者	特征	·行走在不同世界，在不同世界观中建立桥梁； ·关注未来，倾向改变； ·基本哲学是"哪怕它没有破，也要修一修"
	局限	·无休止地寻找新鲜事物和改变，难于管理； ·更热衷自己的创意想法，而非组织当前所需要的
传火者	特征	·保持一个组织得以存活的最初的目标和理念的人； ·关注过去最有价值的部分，重视核心理念的传承； ·对改变持开放态度，在过去的基础上思考新发展
守业者	特征	·踏实的完成公司内部日常具体工作的人； ·维持着组织的稳定，并使其顺利地运转； ·未经开发的"跨界者"和"传火者"
保位者	特征	·阻止组织进步和创新的人； ·看不到机会，只看到界限； ·把目光望向过去而不是未来，利用资源但不寻找新的替代品； ·重实干胜过梦想； ·削弱组织活力，用官僚主义的繁文缛节阻碍顺畅发展； ·反对改变，因为"我们以前一直就是这么干的"； ·如果成为继任领导人，将使跨界者和传火者离开团队
报忧者	特征	·"一个对要到来的灾难预示出凶兆的人"； ·职位目标在于避免重大问题的产生，或在危机真正发生时尽快解决危机； ·托组织后腿，言过其实，小题大做； ·反对改变，认为未来充满危险

事实上，朱迪·尼尔提出的跨界者、传火者、守业者、保位者和报忧者这五种类型，还适合大学、

1　[美] 朱迪·尼尔.跨界为王：速变时代的持续发展成功之道 [M]. 赵悦，译.北京：金城出版社，2011:122.
2　[美] 朱迪·尼尔.跨界为王：速变时代的持续发展成功之道 [M]. 赵悦，译.北京：金城出版社，2011:122-131.

研究机构、设计企业等多种不同的"组织"。而只有根据自己的发展定位，调整好不同类型人员的比例，才能适应设计研究的发展。尤其面对种种"创新"问题，过多的保位者和报忧者，或者过多的跨界者，都是不合时宜的，也无法实现对"广义设计"的研究和实践。（见图4-9）

因而，一种新的"广义设计学"应该是面向生活世界并介入设计实践的探究，它应该从宏观的"合力"角度调整各种元素和关系，使其处于动态的平衡状态，而这也构成了当下设计发展的共同挑战，设计面对着全新的整合时代。并且，实现设计的整合是需要多方面的准备的，它需要良好的社会人文环境，合理的组织人员比例，开放的平台，共享的知识与技术等诸多因素。只有在实践中将各种因素统合起来才能实现集成创新。

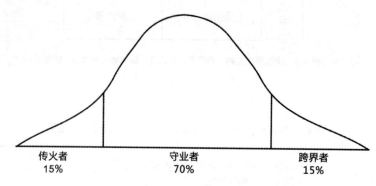

图 4-9　跨界者组织中的人员比例
（图片来源：朱迪·尼尔，《跨界为王》，2011）

4.1.3　小结

中国设计发展的境况可谓"在夹缝中生存"，由于缺少对本土文化的深入理解，缺少对西方设计文化的宏观认知，使得设计研究的探索之路"步履艰难"。在设计发展的外部环境方面，由于整个社会缺少支撑设计良性生长的人文环境，使得设计的社会文化作用难以得到很好的实现。在这种"阶段性苍白"中，很大程度体现为设计文化的"商业化"、设计作品的"扁平化"和设计组织的"平庸化"……并且，由于狭义的定义设计，使得现实教育中人文修养的薄弱，专业视野的萎缩，并日益趋向以技能教育为中心。问题的关键在于，技术化的设计教育只能解决表面的问题，对设计问题进行简单化处理，而对设计背后的、潜在的隐性问题不予深究。那么在这个过程中，设计的学习者（设计师、学生）学到了什么？是技术和程序的熟练化和效率化，从而提高了"产值"和"业务水准"，还是它背后附带而来的思维惯性、思考能力退化、敏感度的退化和视野的萎缩？假使我们不想受控于设计的复杂性，就需要设计者具有反应能力、建构能力和整合能力。以上种种现实需求与情境都为广义设计学的发展提出了新的要求。

4.2　广义设计学的必要性和实在性

21世纪被誉为充满危机的世纪，人类的文明位于十字路口，人类的设计也位于十字路口。人类文明的危机是：人类的发展模式已经导致了地球生态系统的严重破坏，按照现在的生产模式和生活方式至少需要十个地球才能满足人类的需求。而实质上，设计既可以用"片段化"的方式协助人类制造文明的危机，也可以用"整合化"的方式帮助我们重塑全新的生活。而这完全取决于人类看问题的高度和寻求问题解决之道的范围和视界。

4.2.1 位于十字路口的设计

现代设计的演化，使其脱离了产品"化妆师"的角色，转为全方位的"资源配置者"和"整合者"，设计的对象也不局限于有形的产品，设计作为解决问题的智慧，其实现的途径越来越多样化，它还可以是一种制度的设计、一种规则的设计，也可以是一种生活方式的设计或者一种服务的设计。但是，这条整合之路并不平坦，很多固化的思维并不容易转变，维克多·马格林在《位于十字路口的设计》中，以"十字路口"作比，来表达自己的忧虑："随着这些设计训练课程被划分成不同的专业科目，各个科目的实践者便会对自己以及他人从事的设计活动的重要性给予不同的评价，在他们之间建立交流的平台显得非常困难。这样，将设计作为一种广义的人类活动来讨论便会处于低层次的发展阶段。"[1] 并且维克多·马格林发现，当前我们从实践的角度按照最狭隘的方式把设计划分成一个个具体的专业，把有形的设计和无形的设计分隔开来，把设计的艺术方面和工程方面分隔开来。当然，从广义的角度看待设计，不是说要重新融合一个新的、复杂的、什么都是又什么都不是的职业；而是不同领域的设计师需要相互了解，需要发现领域的新问题，需要从更广泛的意义上来寻找问题解决之道。[2] 正如爱因斯坦所说，我们不大可能用制造危机的脑袋去解决危机。事实上，解决问题需要宽广的视角和创造力，面对工业化产生的种种问题，我们只有改变思维方式，将孤立的问题联结起来，将独立的问题放到整体的背景中看待，才能以系统的思考处理问题。因此，建立一种广义的设计观，是十分紧迫，也是十分必要的。（图4-10）

图4-10 维克多·马格林

4.2.2 广义设计学的必要性

"广义设计学"曾经在20世纪80年代引入国内，并在当时引起了设计界的极大关注。戚昌滋等编著者在《现代广义设计科学方法学》中，将"广义方法学"应用于广义的设计领域，创造了信息论方法、功能论方法等十一论的现代设计法；由武夷山、杨砾分别翻译的赫伯特·西蒙的《人工科学》构造了区别于"解释科学"的"设计科学"，研究了广义设计领域中"知性的、分析性的、半可形式化的、半可实验化的，并可以传授的、关于设计过程的学问"[3]；杨砾和徐立在《人类理性与设计技能的探索》将西蒙的"设计科学"纳入"设计研究"的框架内，并对"设计研究"与"广义设计"的关系进行了探讨，他们认为："设计研究是对广义设计的任务、结构、过程、行为、历史等方面所进

---

1 [美]维克多·马格林.人造世界的策略：设计与设计研究论文集[C].金晓雯，熊嫕，译.南京：江苏美术出版社，2009.
2 [美]维克多·马格林.设计问题：历史·理论·批评[M].柳沙，张朵朵，等译.北京：中国建筑工业出版社，2010.
3 陈超萃.人工智慧与建筑设计：解析司马贺的思想片段之一[A]// 邱茂林.CAAD TALKS 2：设计运算向度.台北：田园城市文化事业有限公司，2003:26.

行的研究"[1], "设计科学并不包含设计研究的全部, 但它却几乎涉及了设计研究的一切实质性课题"[2]。近些年, 随着国内研究者对英美设计研究学派的关注, 从多学科的、广义化的角度来研究设计越来越受到国人重视。

值得注意的是, 广义设计学不断引起大家的重视并非仅仅是学术界有研究的热情, 也并不局限于设计的史论性研究, 对于设计学科的发展、设计教育和设计实践等诸多方面, 它都是非常必要的。因为在新的世纪, 设计要肩负起改变世界的责任, 我们必须面对以下三个方面的转变, 并适时地改变我们对待设计的认识。

4.2.2.1 设计知识: 从单一学科到交叉学科, 从崇尚知识到崇尚智慧

首先, 单一学科的孤立发展, 不能从整体上解决问题。日本学者岸根卓郎就认为: "由于专业化(专业研究和专业教育)仅追求部分, 绝不能包容整体, 并且仅追求部分, 反而丧失整体, 这是危险的", 这种专门化, 必将导致"部分知识独善化"和"部分知识陈腐化", 最终引发现代科学危机(知识公害)。[3] 尤其是过早的强调专业化更不利于研究的深入。季羡林大师感叹道: "要求知识面广, 大概没有人会反对。因为不管你探究的范围多么狭窄、多么专门, 只有在知识广博的基础上, 你的眼光才能放远, 你的研究才能深入。"并且根据统计, 从 1901 年到 2000 年, 诺贝尔自然科学奖获奖者中具有交叉学科背景的比例高达 41.63%, 并呈逐年上升趋势。[4] 当前的生态问题、城市问题更是反映出依靠单一学科远远不能解决问题的本质, 仅仅通过生态科技的引进只是隔靴搔痒的"局部生态", 往往是解决了旧的问题却出现了新的问题。而只有从整体的、系统的角度出发, 同时考虑到文化的生态、社会的生态并使其形成生态链、生态圈, 才能实现精神的、物质的、社会的有机生态和永续发展。(图 4-11)

此外, 过度强调专业化导致了人们只关注自己的领域, 即便其他领域有更好的解决办法也无从知晓。MBA 课程中有一个有趣的例子, 据说某知名企业引进了一条香皂包装生产线, 但是常常会有盒子里没装入香皂。管理者请了一个学自动化的博士后组成了科研攻关小组, 综合采用了机械、微电子、自动化、X 射线探测等技术, 花了几十万, 成功解决了问题。每当生产线上有空香皂盒通过, 两旁的探测器会检测到, 并且驱动一只机械手把空皂盒推走。而中国某乡镇企业也买了同样的生产线, 老板发现问题后大为恼火, 找来几个小工, 小工很快想出了办法: 他花了 90 块钱在生产线旁边放了台风扇猛吹, 于是空皂盒都被吹走了。[5] 这是一个夸张而值得反思的例子, 面对同样的问题, 博士后和小工人都有自己的解决方案, 但是按照固化的思维模式在已有的知识经验中寻找答案却并不总是"科学"的和睿智的。过于迷信专业化往往抹杀了人的创造力和想象力, "大专家"在这个时候不一定比"小工人"更有智慧。而设计需要的是解决问题的智慧而不是验证专业知识的正确性, 而右脑时代的来临正是呼唤我们应该对此有所觉醒, 同时也带来了人才观念的变革。(表 4-2)

1 杨砾, 徐立. 人类理性与设计科学: 人类设计技能探索 [M]. 沈阳: 辽宁人民出版社, 1988:22.
2 杨砾, 徐立. 人类理性与设计科学: 人类设计技能探索 [M]. 沈阳: 辽宁人民出版社, 1988:28.
3 [日] 岸根卓郎. 我的教育论: 真·善·美的三位一体化教育 [M]. 何鉴, 译. 南京: 南京大学出版社, 1999.
4 郝凤霞, 张春美. 原创性思维的源泉: 百年诺贝尔奖获得者知识交叉背景研究 [J]. 自然辩证法研究, 2001, 17 (9): 55-59.
5 蓝色创意跨界创新实验室, 中国蓝色创意集团. 跨界 [M]. 广州: 广东经济出版社, 2008.

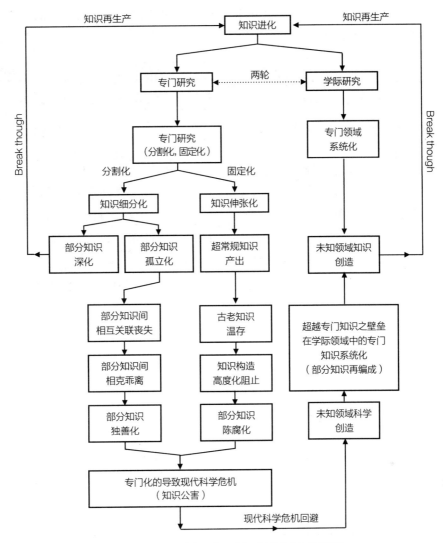

图 4-11 岸根卓郎的学际研究（学校教育）的必要性
（图片来源：岸根卓郎，《我的教育论：真·善·美的三位一体化教育》，1999）

表 4-2 传统人才与新人才的比较[1]

	传统的人才	新的人才
人才类型	知识型、技巧型	能力型、素质型
学习知识的目的	传承知识	应用知识、创造新知识
学习的知识范围	按照学科严格分类的	跨学科
学习知识的内容	经典的、长久的	有用的、易过时的
获得知识的途径	灌输的	启发式的
工作方式	在各自的学科范围内工作	来源于不同背景的人组成团队在网络上工作

4.2.2.2 设计教育：从技术至上到生命至上，从知识工人到知识整合者

《全新思维》的作者丹尼尔·平克提出决定未来竞争的六大能力：设计感、故事感、整合能力、

---

1 柳冠中.系统论指导下的知识结构创新型艺术科学人才培养 [J].艺术百家，2006（3）：14-19.

同理心、娱乐性和寻求意义。[1] 经历了冰冷的机械时代，人们开始追求 "人之为人"的生命意义，而对设计人才的培养同样要面对这样的转变。大科学家爱因斯坦认为教育是对"完整的人"的培养："用专业知识教育人是不够的。通过专业教育，他可以成为一种有用的机器，但是不能成为一个和谐发展的人。要使学生对价值观有所理解，并且产生热烈的感情，那是最基本的。他必须获得对美和道德上的善有鲜明的辨别力。否则，他——连同他的专业知识——就更像一只受过很好训练的狗，而不是一个和谐发展的人。"[2] 所以，一个只有专业知识的人的设计势必是干涩苍白的，也难以引起大家的兴趣和共鸣，况且一个没有责任感，对生命和生活缺乏思考的人又如何去设计安排别人的生活工具和生存环境呢？又如何去思考改变世界的方法呢？（图 4-12）

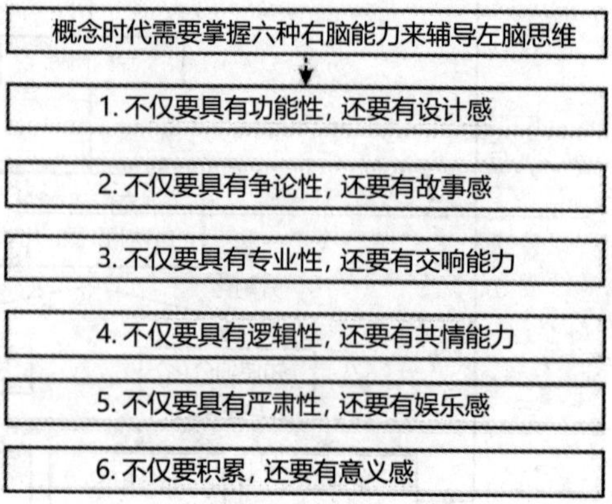

概念时代需要掌握六种右脑能力来辅导左脑思维

1. 不仅要具有功能性，还要有设计感
2. 不仅要具有争论性，还要有故事感
3. 不仅要具有专业性，还要有交响能力
4. 不仅要具有逻辑性，还要有共情能力
5. 不仅要具有严肃性，还要有娱乐感
6. 不仅要积累，还要有意义感

图 4-12 概念时代
（图片来源：丹尼尔·平克，《全新思维》，2007）

此外，互联网络的发展使人类知识得到前所未有的传播和共享，也带来了人们知识观的变革：知识不再是一成不变的，而是动态发展的；学习的目的不再是传承知识，而是应用知识和创造新知识；学习知识的范围不再是按照学科分类，而是跨学科的。并且设计的工作方式也从原来的按学科分类解决问题转化为跨学科的联合设计，这些变化都为设计人才的培养提出了新的要求。[3]（表 4-3）在新的时代，设计者不再是被灌输传统知识经验，并牢牢记住它们的知识工人，而是随着新问题的出现，不断主动建构自己知识结构的整合者。并且，随着计算机科学和人工智能的研究进展，很多设计软件甚至可以为设计者提供设计参考意见并优化设计方案，设计者甚至可以在屏幕上动动手指，就会生成预想的设计图纸，这也使得"知识工人"式的设计师的很多劳动，在不久的将来会被计算机所取代。

表 4-3 传统知识论与建构主义知识论的比较[4]

	传统知识论	建构主义知识论
教学模式中心	教师传授，学习者接收知识	强调认知主体的能动性，学习者建构知识
教师角色	知识传递者	组织者、指导者、促进者
学习者角色	习得知识 知识作为信息输入、储存、提取的信息积累	创造知识 主动参与的，通过以前的经验，明确情境问题，经过协商、会话、沟通、交往、质疑，建构意义
知识观	旁观者知识观 知识就是认识者透过事物的现象把握本质	参与者知识观 对客观世界的一种解释，非最终答案，更非终极真理
知识形成机制	外部灌输	自内而外的、由认知主体主动发起的
与环境的关系	单向的，简化的，实验室化的	与环境互动双向的、复杂化的、情境化的
与实践的关系	脱离实践	实践中学习

1 [美] 丹尼尔·平克. 全新思维 [M]. 林娜，译. 北京：北京师范大学出版社，2006.
2 [美] 爱因斯坦. 爱因斯坦文集·第三卷 [M]. 许良英，赵中立，张宣三，编译. 北京：商务印书馆，1979.
3 柳冠中. 系统论指导下的知识结构创新型艺术科学人才培养 [J]. 艺术百家，2006 (3)：14-19.
4 柳冠中. 系统论指导下的知识结构创新型艺术科学人才培养 [J]. 艺术百家，2006 (3)：14-19.

	传统知识论	建构主义知识论
与他者的学习	个体记忆	合作活动
培养目标范围	知识传递的效度	个人的整体发展
评价重点	学习结果	学习过程

4.2.2.3　设计的角色：从专家主义到全民运动，从个人创作到社会事务

从广义上而言，"设计不仅是专业人员参与的一种实践，它还是一种以多种不同方式进行的基本人类行为"（迪尔诺特，巴克利，1989）。设计发展到后现代主义阶段，已经不再是完全取决于专家与大师的决策话语，一种民主的、包容的、多方面吸纳意见的方式将取代以往集中式的决策方式，设计师也将不再是孤立的乐手而是设计活动中的指挥者。[1] 一方面，专家的视野和知识难以包括所有的设计问题，就像维克多·帕帕纳克坦言，当他在第三世界国家做设计时，他发现当地的设计师比他更了解何种材料和建造方式更加经济有效；另一方面，设计的目的也不是设计知识的一种理想化的实现，而是要回归于具体的、活生生的生活世界。就像一个城市的记忆并不是铭记某个规划大师的理念，而是市民对城市生活细节的感应。正如卡尔维诺借马可·波罗之口描述的城市与记忆的依存关系：

> 我可以告诉你，高低起伏的街道有多少级台阶，拱廊的弧形有多少度，屋顶上铺的是怎样的锌片；但是，这其实等于什么都没有告诉你。构成这个城市的不是这些，而是她的空间量度与历史事件之间的关系：灯柱的高度，被吊死的篡位者来回摆动着的双脚与地面的距离；系在灯柱与对面栅栏之间的绳索，在女王大婚仪仗队行经时如何披红结彩；栅栏的高度和偷情的汉子如何在黎明时分爬过栅栏；屋檐流水槽的倾斜度和一只猫如何沿着它溜进窗户；突然在海峡外出现的炮船的火器射程和炮如何打坏了流水槽；渔网的破口，三个老人如何坐在码头上一面补网，一面重复着已经讲了上百次的篡位者的故事，有人说他是女王的私生子，在襁褓里被遗弃在码头上。[2]

从对"广义设计"研究的角度来看，也体现了这种典范转移的动向。美国著名的系统设计专家巴纳锡（B.H. Banathy），长期致力于应用系统与设计的思维方式来创造设计教育与其他社会系统的研究，他将教学设计方法研究划分为两大时间段，四个阶段。（图 4-13、图 4-14）

第一代设计方法追求的是"规定性设计（design by dictate）"，试图将系统科学在系统工程[3]领域中的应用推广到"广义设计"领域（如社会问题）[4]，并以自上而下的方式执行。这一时期的系统理论是一种静态的系统分析，它假定整个世界是一个可以被控制的系统，并且存在一个隐藏在复杂世界背后的设计解，而通过系统分析我们就可以得到这样一个最优解。但是由于社会问题的结构属性与工程学具有巨大差异，在数学思维和硬的系统思维框架内不能很好地解决问题，而随着新的系统研究

1　[法]马克·第亚尼.非物质社会：后工业世界的设计、文化与技术[C].滕守尧，译.成都：四川人民出版社，1998.
2　[意]伊塔洛·卡尔维诺.看不见的城市[M].张宓，译.南京：译林出版社，2006.
3　系统工程的主要任务是根据总体协调的需要，把自然科学和社会科学中的基础思想、理论、策略和方法等从横的方面联系起来，应用现代数学和电子计算机等工具，对系统的构成要素、组织结构、信息交换和自动控制等功能进行分析研究，借以达到最优化设计、最优控制和最优管理的目标。
4　钟志贤.走向使用者设计：兴起、定义、意义与理由[J].中国电化教育，2005（7）：9-15.

的成果，如"软系统方法论"[1]等理论的产生，这一思想仍然对设计研究具有一定的影响力。

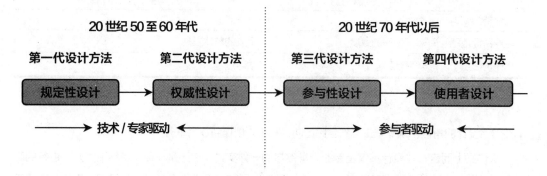

图 4-13　四代设计方法的研究（Banathy, 1991）
（图片来源：钟志贤，《走向使用者设计：兴起、定义、意义与理由》，2005）

第二代设计方法追求的是"权威性设计（design for）"，试图通过顾问和专家介入研究某个特定的设计系统问题的解决。随着人工智能的发展和专家系统的开发，这一研究方法强调通过专家（专家系统，expert system[2]）对设计问题进行需求分析，然后给出解决方法。[3] 但是这种方法假定了"专家"非常明确什么是正确的解决办法，并对专家的"知识"确信不疑。但是，这种方法假定了人类可以将所有的知识和问题都客观化、形式化，而专家是对这些知识了解最多的人。到了 20 世纪 70 年代，认知科学领域发现："在计算机上表征日常行为比表征专家（expertise）行为难很多。"[4] 对于日常生活的常识性行为，人工智能还是显得非常的无能为力，而日常的生活常识作为设计中重要的一个组成部分，不能纳入这一设计方法势必体现了这一研究框架的局限性。而专家

图 4-14　巴纳锡

介入的决策也往往导致了"极端现代主义"（high modernism）的一种具有乌托邦理想和独裁式的决策，而后这种"极端现代主义"[5]一直遭受着后现代主义者猛烈的抨击。

第三代设计方法追求的是"参与性设计（design with/design guided）"，试图在专家研究、解决问题的时候将设计者与决策者同时加入研究团队，让他们"一起进行设计"（design with），实现"实际的、实践的交流与对话"[6]。但这一方式的效果受到双方参与程度的影响，只有双方都深度参与进来才会更加有效。

第四代设计方法追求的是"使用者设计（designing within/user designer）"，试图将"处于系统

1　软系统方法论（SSM，Soft Systems Methodology）是一项运用系统思考解决非系统问题的定性研究技术。它主要用以解决包含大量社会的、政治的以及人为因素的问题。显然，SSM 与以专业技术手段为特征解决各类"硬"问题的方法有很大的差别。
2　专家系统是根据人们在某一领域内的知识、经验和技术而建立的解决问题和做决策的计算机软件系统，它能对复杂问题给出专家水平的结果。
3　钟志贤. 走向使用者设计：兴起、定义、意义与理由 [J]. 中国电化教育，2005（7）：9-15.
4　[美]R. 基恩·索耶. 学习的新科学 [A]//R. 基恩·索耶. 剑桥学习科学手册. 北京：教育科学出版社，2010:7.
5　[美]詹姆斯·C. 斯科特. 国家的视角：那些试图改善人类状况的项目是如何失败的 [M]. 王晓毅，译. 北京：社会科学文献出版社，2008:115.
6　钟志贤. 走向使用者设计：兴起、定义、意义与理由 [J]. 中国电化教育，2005（7）：9-15.

中的人""利用系统的人""系统所服务的人"联合起来共同来设计。"第四代设计理念表明，该系统中每一个人都是设计的参与者，共同承担着设计的责任，即我们能对设计我们的系统负责，我们也必须学会如何设计这样的系统。"[1]

从广义上而言，教学设计也是"设计"的一部分，具有设计的一些抽象特征。20世纪90年代初，一些教学设计的研究者，学习科学研究方法论的先驱布朗和柯林斯（Allan Collinis）开始倡导将在学科科学的框架内，将教学设计发展为"学习中的设计科学"。[2]而巴纳锡的研究不但将"教学系统设计"提升到"教育系统设计"的高度，并且实现了"系统科学""设计科学""基于泛技术观"的三个研究定位有机整合[3]，也为其他领域的设计研究提供了启示。同时也体现出不论在设计实践领域还是在设计研究领域，设计这一概念都已经渗透到各个层面，设计共同体的成员也日益复杂和多元。

4.2.3　广义设计学的实在性

或许也有学者质疑，这种广义上的设计对具体的艺术设计是否有所助益呢？我们认为，在学习设计的过程中，除了可以掌握特有的专业语言和知识体系之外，学习行为本身和思考设计的活动本身就是锻炼自己解决问题能力的过程。以多角度、多学科的视野，放大思考设计的格局，无疑对设计思考能力是一种极大的锻炼，对设计问题本质的认知也会更有深度，对设计问题的解决方案也会更加多样化，对设计在社会生活中的真实运作也会有更深刻的认识。然而，当前的问题是"设计教育的分隔培育了因不同设计类型而不同的思维模式，也导致了设计定义的支离破碎，并且因此阻碍了设计在社会中成为一门综合全面的学科的大胆构想"。[4]然而事实上，不同的设计类型有太多的交叉点可以实现知识共享，我们完全没有必要做重复的研究或者树立知识的壁垒。况且，这样一种教育模式对设计的认知都是支离破碎的，又如何去认知完整的人、完整的世界呢？

设计大师勒·柯布西耶也有对设计的广义理解，他认为："建筑，是一种心智活动，而非一门手艺。"这意味着建筑物仅仅是通过具体的形态表达了你思考建筑的结果，而你具有什么样的心智，决定了你思考的方式，或者说预示了你思考的结论。如果说以往我们认为这种说法只是哲理性的玄思的话，那么最新的脑神经研究成果可以为这种说法提供实证性的解释。

麻省理工学院计算机神经学教授承（Sebastian Seung）研究发现，我们每个人区别于其他人的地方不在于基因不同，而在于我们每个人的脑神经网络不同。通过实验，他发现脑神经活动是思想、感觉和认知的物理基础，并且编译成我们的思想、感觉与认知。那么，我们可以说其实每一个设计者区别于他者之处也在于他的脑神经网络不同，实际上设计思想的物质载体正是每个设计者的脑神经网络。并且，承教授将神经活动比喻为"水"，将脑神经网络比喻为"河床"，来说明二者的互动关系。神经活动就如同流水一样一直在活动变化，并不静止；脑神经网络就如同河床决定了神经活动的运行渠道。但神经网络这个"河床"并不是只能约束神经活动之"水"，而是经过长时间的神经活动，神经网络就会重塑其"河床"的形态。[5]所以说，长期从多维的角度思考设计，对于设计师的具体工作而言，不仅具有跨学科研究设计的意义，这一活动本身还在改变设计者的脑神经网络，

1　高文.试论教学设计研究的定位：教学设计研究的昨天、今天与明天（之二）[J].中国电化教育,2005（2）：13-17.
2　杨南昌.学习科学视域中的设计研究[M].北京：教育科学出版社，2010:37.
3　高文.试论教学设计研究的定位：教学设计研究的昨天、今天与明天（之二）[J].中国电化教育,2005（2）：13-17.
4　[美]维克多·马格林.设计问题：历史·理论·批评[M].柳沙，张朵朵，等译.北京：中国建筑工业出版社，2010:3.
5　Sebastian Seung. I am my connectome [EB/OL]. http://www.ted.com/talks/sebastian_seung.html.

从而改变其设计思想。而工业时代倡导的简单化的思维方式塑造的简单化的脑神经网络，在整合时代显然难以应对复杂的世界和变动中的问题。所以，我们需要的是建立多种联结世界的方式，才能更好地联结大脑中的神经网络。这需要具有广泛的兴趣和探索的精神，才能去关心与设计相关的一切，而不是功利地区别什么是有用的，什么是无用的，否则其结果只能维持现有的、僵化的脑神经网络。（图4-15、图4-16）

图4-15　承

4.2.4　小结

20世纪是左脑发达的世纪，而左脑的应用过度导致了人成为机器。21世纪使我们意识到世界的整体性和人的整体性。面对新世纪的危机需要群体的智慧与努力，这需要用"望远镜"预期未来并关照全局，而不是抱着"显微镜"低头赶路却忽略了不远处的陷阱。而广义设计学正是从整体的视野、多维的角度看待设计，从更广泛的角度寻找解决设计问题的方法，扩展我们看待设计的视界。它并非是一种空洞的研究，而是让我们重新塑造自己的大脑，重新看待并定义我们的生活和文明，它可以让我们以更少的能耗、更少的人力、对环境更少的破坏创造人类宜居的幸福生活。圣雄甘地曾经说："以少得多，服务众人。"这将是广义设计学未来的设计理想。

图4-16　Sebastian Seung在TED大会上的演讲"I am my connectome"（我是我的脑神经网络）

4.3　实践视域下的设计观：小设计、大设计与广义设计

假如我们接受杨砾和徐立的观点，将"广义设计学"理解为对广义设计的研究，那么这一宏大的研究领域就需要诸多具体环节的支撑，就像加达默尔对哲学的态度一样，我们需要把这一宏大构想的"百元大钞"换成具体的"小零钱"。概念是思维的细胞，也是研究的起点，与当下过度狭隘的"设计观"相比，"广义设计观"显得十分必要，但"广义设计"对于具体的设计实践又有何意义？当下所谓的"大设计"又跟广义设计有什么区别和联系？"大设计"又跟"小设计"有哪些不同？这些都将作为首先需要澄清的基本问题。

4.3.1　设计研究中概念的意义与局限

尽管布鲁斯·阿彻在 1981 年的著作《设计研究的本质评述》中就曾经倡导将设计划分为人文科学中独立的一个分支[1]，但是在设计研究中设计的"独主性"问题一直没有被研究者充分的认识，由于设计研究长久以来受到"本质主义"（essentialism）[2]科学哲学的影响，造成了一系列狭隘观念的产生和设计研究的桎梏。基于本质主义的科学哲学认为，一切词和概念都有恒定不变的含义。本质主义者追求完美的"标准科学"是人类消除分歧和错误的根本目标，但常因为现实对客观的把握程度限制而无法实现，因而不利于对现象的普遍把握。这一观点长期以来影响了我国设计研究与设计教育对"概念"的过度追求甚至迷信。很多研究者一直试图寻找到唯一正确的"设计"概念、"建筑"概念，或者试图寻找到唯一合理的适合所有设计高校的"通用模式"。这一"去情境化"的逻辑可以追溯到笛卡儿，他认为只有概念精确的问题我们才能对其进行进一步的研究，但是随着量子力学的发展，"光的波粒二象性"[3]的发现，这一说法也变成了一种"理想"。尤其设计这类随着人类文化一同发展的行为无时无刻地不在变动发展，不可能存在一种同自然科学一样的"自然状态"。设计行为作为科学研究的对象，从不同科学角度出发，对概念都会有其不同的标准和意义。尤其设计具有动态发展的特点，不同的设计阶段对"概念"也有不同的需要，为了避免"简化论"，我们需要根据情境具体甄别。尽管很多研究者都在抱怨设计的定义具有争议性，或者说总觉得设计的定义不够精确，这种"瑕疵"似乎与精密科学相比"不够完美"。但是，假如我们深入地探讨"概念"作为一种人类的认知行为对设计实践或者设计研究意味着什么，就可能缓解将一种僵化的认知模式滥用于不同认知对象所造成的困境。（图 4-17）

4.3.1.1　作为动态变化和体验的"概念"：认知语言学的视角

我国认知语言学者王正元认为："我们生活在一个概念的世界中……概念不仅来自存在，概念还来自抽象的心智。"[4]通常人们用一些文字符号来指对相应的客观物体与事件，我们将这些固定的符号视为所指客观物体和事件的概念。但是王正元认为，这种概念是一种"规约的概念（conventional concept）"，具有"固定性、单一性、指称性"。[5]而事实上，"概念并不是规约而一的，而是复杂心智的产物"，概念不具有固定性、唯一性、指称性，概念是可变的、因人而异的、可整合的，概念会受到环境、个人情感、个人体验、知识范畴、社会实践、人生经历等多方面的影响。[6]而正是由于世界的非线性特征，文化的多样性，人类智能的多元性，人类体验的多元性……造成了当今设计概念的多元化，不同的人从不同的视角都可以对设计进行定义。（图 4-18）

19 世纪以来一些重要的科学发现打破了西方思想中那些基于"确定性"的根深蒂固的观念，设计实践与设计研究的视野也转向了动态的、不确定的复杂性。面对复杂的世界，我们不能清除自己心中的所有的词汇、符号，我们需要用一种语言工具，而这种语言就是由大量概念的集合构成的，"这

1　Bruce Archer.A View of the Nature of Design Research[M].Guildford:Westbury House,1981:10.
2　本质主义：相信任何事物都存在着一个深藏着的唯一的本质，相信本质和现象的区分提供了人类观察万事万物的基本概念图式；把人类认识特别是现代以来所谓科学认识的任务规定为透过现象揭示事物的唯一本质；把揭示事物的唯一本质作为一切知识分子职业身份的内在规定和学术使命。
3　科学家发现光既能像波浪一样向前传播，有时又表现出粒子的特征，因此我们称光有"波粒二象性"。
4　王正元.概念整合理论及应用研究 [M]. 北京：高等教育出版社，2009:1.
5　王正元.概念整合理论及应用研究 [M]. 北京：高等教育出版社，2009:2.
6　王正元.概念整合理论及应用研究 [M]. 北京：高等教育出版社，2009:2-5.

些概念包括事物、感受以及观念的名称，它们是人们在彼此互动和与环境的互动中产生或习得的"[1]。所以，唯一的、精确的、固定的设计概念是不可能的，我们只能随着实践不断的实践设计，动态的建构设计概念。

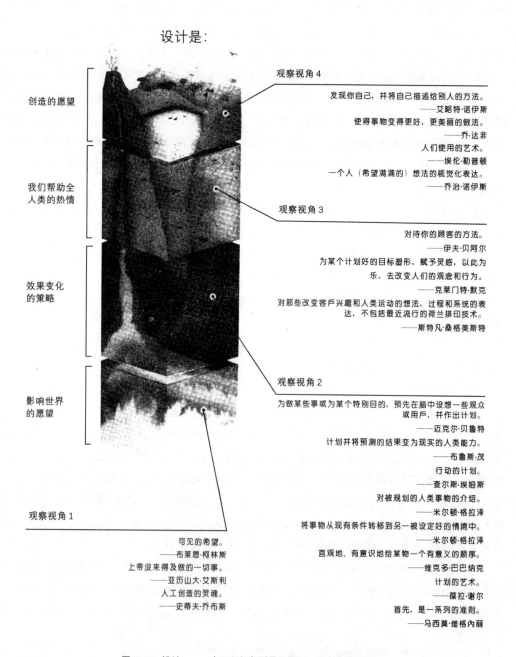

设计是：

观察视角 4
发现你自己，并将自己描述给别人的方法。
——艾略特·诺伊斯
使得事物变得更好，更美丽的做法。
——乔·达非
人们使用的艺术。
——埃伦·勒普顿
一个人（希望满满的）想法的视觉化表达。
——乔治·诺伊斯

观察视角 3
对待你的顾客的方法。
——伊夫·贝阿尔
为某个计划好的目标塑形，赋予灵感，以此为乐，去改变人们的观念和行为。
——克莱门特·默克
对那些改变客户兴趣和人类运动的想法，过程和系统的表达，不包括最近流行的荷兰排印技术。
——斯特凡·桑格美斯特

观察视角 2
为做某些事或为某个特别目的，预先在脑中设想一些观众或用户，并作出计划。
——迈克尔·贝鲁特
计划并将预测的结果变为现实的人类能力。
——布鲁斯·茂
行动的计划。
——查尔斯·埃姆斯
对被规划的人类事物的介绍。
——米尔顿·格拉泽
将事物从现有条件转移到另一被设定好的情境中。
——米尔顿·格拉泽
直观地、有意识地给某物一个有意义的顺序。
——维克多·巴巴纳克
计划的艺术。
——葆拉·谢尔
首先，是一系列的准则。
——马西莫·维格内丽

创造的愿望

我们帮助全人类的热情

效果变化的策略

影响世界的愿望

观察视角 1

可见的希望。
——布莱恩·柯林斯
上帝没来得及做的一切事。
——亚历山大·艾斯利
人工创造的灵魂。
——史蒂夫·乔布斯

图 4-17 设计——一个可以复杂到足以撰写一整本字典的词
（图片来源：沃伦·贝格尔 ，《像设计师一样思考》，中信出版社，2011：11）

1 ［美］肯尼斯·赫文，托德·多纳 . 社会科学研究的思维要素 [M]. 李涤非，潘磊，译 . 重庆：重庆大学出版社，2008:8.

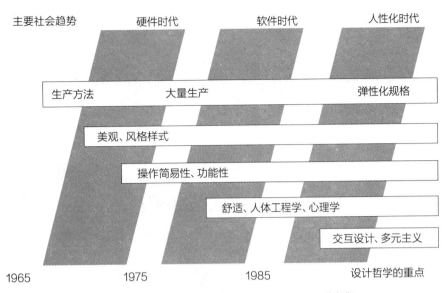

图 4-18　设计哲学的演进（改编自 Ricoh 公司设计哲学演进）
（图片来源：Rachel cooper, Mike Press，《设计进程：成功设计管理的指引》，1998:106）

认知语言学家将"概念"视为认知科学的中心，并认为概念具有四种变化："性质及维度的变化，性质和关系的变化，特点评估中的变化，理论变化引发概念变化"，这些"变化的根本在于概念本身就不是一个自闭体，每一个概念都由与其相关的因素构成"，"存在于人与环境的相互关联中"。[1]而设计历史与理论的研究历程，也恰恰证明了设计概念的定义是人们随着不同时空环境的变化而不断重构。况且，"任何全面的设计史都应该包括'设计'概念的演变史以及设计师与设计产品的发展史"[2]。并且，我们概念的变化体现在特征和价值的变化，还受到不同价值观的影响。[3]雷切尔·库珀（Rachel Cooper）和迈克·普雷斯（Mike Press）曾经以日本的 Ricoh 公司为例，根据时代的变化总结出设计哲学的演进，体现出在不同的社会发展环境下，设计被赋予不同的定义和重点。设计是什么，一直是设计哲学不断探讨的话题。

总体而言，概念是"广义的、动态的、变化的，概念不仅仅是物体的、事件的、可见的、结构的、可闻的、可听的、可视的、可变的，而且概念是心理的、思维的"[4]。通过这些探讨，王正元发展了概念整合理论，通过这一理论我们可以更好地探索形式与意义的关系以及概念形成的科学机理。而事实上，在设计过程中，很多创造性的想法，就是来源于这种概念信息的整合。例如古代的"长命锁"这一概念，就是由"锁"和"长命"两个概念，经过心智的加工和概念整合之后，生成了"长命锁"这一代表"幸福、长寿"的新概念。通过概念整合往往可以打破常规，形成新的创造。所以，在设计实践和设计研究中，概念的广义性、动态性、体验性，更多地体现在设计思考阶段。假使我们将"设计"仅仅理解为词典上的计划与绘图，就不会有"服务设计"（service design）[5]的产生。在设

1　王正元.概念整合理论及应用研究 [M].北京：高等教育出版社，2009:5.
2　[英]约翰·沃克，朱迪·阿特菲尔德.设计史与设计的历史 [M].周丹丹，易菲，译.南京：江苏美术出版社，2011:20.
3　王正元.概念整合理论及应用研究 [M].北京：高等教育出版社，2009:6.
4　王正元.概念整合理论及应用研究 [M].北京：高等教育出版社，2009:9.
5　服务设计（service design）一词，最早出现在 Bill Hollins 夫妇的设计管理学著作《Total Design》中。罗仕鉴和朱上上在《服务设计》（2011）一书中认为："简单而言，服务设计就是将设计的理念融入到服务的规划与流程本身，从而提高服务质量，改善消费者的使用体验。"在服务设计的平台上，服务规划、产品设计、视觉设计和环境设计得以整合。

计思考（design thinking）中往往首先采用对概念界定较为宽松的"扩散性思考"，经过进一步的分析，再对概念进行较为精确的"框定"，进行"聚敛性思考"。蒂姆·布朗认为，扩散性的思考可以为我们创造更多的选项，因此 IDOE 公司的企业文化鼓励设计师大胆提问和设想，哪怕是质疑基本的"常识"或者可能被讥讽为笑话都没有关系，否则我们将不可能创造出新的可能性。但是一味地怀疑和发散，也不能使设计变成实物，所以在作出具体选择的时候，必须进行聚敛性的思考，使想法逐步推向现实。（图4-19、图4-20）

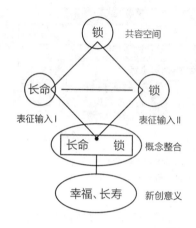

图4-19　概念整合后的词语新创意义
（图片来源：王正元，《概念整合理论及其应用研究》，2009：60）

　　一个不可忽视的问题是，概念作为人的思维，是人类将客观世界中的对象范畴化、概念化的产物，通过认识过程人类心智将其加工为符号并形成语言系统。[1] 所以，以往的概念承载了历史上人类对某一事物的认识，这种认知没有决然的"先进"与"落后"之差别，历史上的"图案学""工艺美术""实用美术""装饰艺术""设计艺术学""设计学"等词汇名称的变化承载的是物质文化的发展轨迹和人类对设计的认知能力。由于概念的变动受到价值

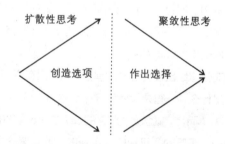

图4-20　扩散性思考与聚敛性思考
（图片来源：蒂姆·布朗，《设计思考改变世界》，2010：108）

观的影响，在"后学"充斥的混乱语境中，设计也往往被附加上很多新的意义。随着一些"过度设计"[2] 或者"畸形建筑"[3] 的出现，也需要对设计活动中的"概念"的异化作出新的反思。这种不合理对设计概念的拓展提示我们概念必须纳入系统中思考与检验。约翰·杜威（John Dewey）认为，只有在概

1　王正元. 概念整合理论及应用研究 [M]. 北京：高等教育出版社，2009：2.
2　过度设计：不同的具体设计领域具有不同的特征，如视觉形象设计被植入过多与品牌文化无关的附加值；在包装设计上过度使用不恰当的材料，过度强调外观高档；在技术开发上对逻辑复杂、技术先进的过度追求，使得产品操作十分复杂；或者过度强调用户体验和需求，使得产品定位偏离、功能不合理等。这些现象都试图创造新的设计，带来创新点，但却丧失了设计的基本问题。
3　畸形建筑：多指近些年来，我国大型公共建筑设计中出现的以"奇形怪状"（美其名曰"新""奇""特"）的建筑造型作为视觉上吸引大众的建筑。2005年中国工程院"大型公共建筑讨论会"对这些建筑创作现象提出了批评，吴良镛认为这并不是中国建筑应该走的道路，建筑应该回归基本原理，对基本原理之范畴的内涵与外延有所发展。参见：戴维·史密斯·卡彭. 建筑理论（上）：维特鲁威的谬误——建筑学与哲学的范畴史 [M]. 王贵祥，译. 北京：中国建筑工业出版社，2007：中文版序.

念网络中，我们才能基于某一概念作出推论，或者从某一概念出发推导其建立的前提，"推论中的各元素综合而成为一个整体"。[1]而不论在设计实践还是在设计研究中，错误的框定一个前提，往往就只能导致失败的结果。

4.3.1.2　明确"概念"的路径：理论思维的视角

从认识论的角度而言，概念被看作对于人类有关的事实存在的特性的反应，概念的变化和扩大反映了人类对世界的知识和认识的扩展。对于概念而言，为了获得更加全面的认知，我们需要动态的建构出关于"概念"的概念图（concept map）以便我们更加直观地了解它们之间的关系[2]。（图4-21）在表象主义科学观的视野下，科学是一个命题之网，科学概念的特征具有单义性、系统性、可检验性、稳定性和精确性。而通过建立概念图，有助于我们超越"科学概念"这种理解概念的路径，从而形成一种整体的认识。从认知语言学的角度而言，概念作为一种"图式"（schema）[3]正是人们为了应付某一特定情境而产生的。正如设计史学家约翰·沃克和朱迪·阿特菲尔德所言：

> 虽然理论家努力使艺术、设计、工艺等的范畴界限更为明确，但实践设计师削弱了他们的努力，因为设计师非常乐意在这些领域之间展开工作，或将这些领域以意想不到的方式结合起来（创造力在边缘结合处更蓬勃）。因而，设计史家发现自己面对着一些以连字符连结的名号，如"艺术家-设计师""设计师-手工艺人"，还有一些半是家具半是雕塑的混合艺术品。[4]

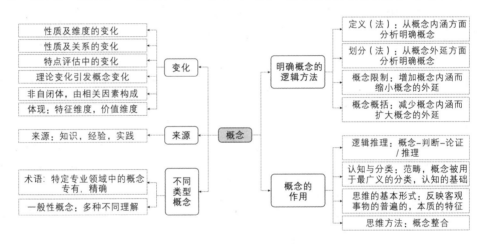

图4-21　关于"概念"的概念图（作者自绘）

根据美国社会学家艾尔·巴比（Earl Babble）在《社会学研究方法》中的阐述我们可以整理出概念具有以下特征：

（1）概念与思维相关，概念是思维的产物，是思维想象上的共识；

（2）概念是人们建构出来的，本身并不具有现实、正确和客观的含义；

（3）建构概念的目的是为了归档和沟通。[5]

1　[美]杜威.思维与教学[M].孟宪承，俞庆棠，译.上海：华东师范大学出版社，2010:96-97.

2　概念图（concept map）是呈现概念间关系的图解（diagram）。

3　图式是人脑中已有的知识经验的网络，也表征特定概念、事物或事件的认知结构，影响对相关信息的加工过程。

4　[英]约翰·沃克，朱迪·阿特菲尔德.设计史与设计的历史[M].周丹丹，易菲，译.南京：江苏美术出版社，2011:22.

5　[美]艾尔·巴比.社会学研究方法[M].邱泽奇，译.北京：华夏出版社，2010:124-125.

尽管艾尔·巴比探讨的是社会学研究对"概念"的态度，但是总体上同样是适合于设计研究的。我们不能因为任何设计历史上的概念是来自权威或者来自自然科学理论的移植就赋予其不容置疑的、绝对正确的地位。柯布西耶曾经将"底层架空、屋顶花园、自由平面、横向长窗、自由立面"作为判断新建筑的五个要点。但是与科学公理不同的是，设计概念与理论并非命题化的，不可能用这些规则就能够推导出优秀的现代建筑。因此，设计中的概念与其说是一种"命题化"过程，不如说是一种"修辞"。为了达成实践或研究，用不同的共同体对设计中的概念进行"约定"。

为了避免概念的混淆，逻辑学家和科学家构想出三种定义：真实的（real）、名义的（nominal）和操作性的（operational）。[1]汉普尔（Carl G. Hempel）认为，真实的（real）定义试图概括事物的"基本特性"或实体的"基本属性"，而在严格的研究中却因为"基本特性"过于模糊而无法使用。这也是当下设计研究乃至科学研究的中困境：即使我们努力的追求一个事物真实的意义，但是却往往容易将建构出来的概念结构错误地当成真实的实体。故此在科学研究中，名义定义和操作定义更为有效，名义定义通常代表的是某一特定术语的某种共识或惯例，操作定义则是明确的、精确的规定了如何在操作中测量一个概念。[2]（图4-22）而设计实践或设计研究中基本上也是符合这种"漏斗结构"，从模糊不清的情境和问题中，逐渐的使问题的界定和概念的界定清晰化和精确化。事实上，在设计研究中，更多使用的是"名义定义"，既然是名义的定义，从历史角度而言就意味着"临时性"，在"不断修正"与"相对共识"的互动中发展。

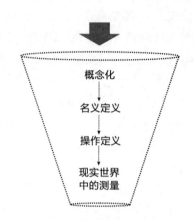

图4-22　　"概念漏斗"：社会学研究中概念
从模糊到清晰的过程

（图片来源：参考艾尔·巴比，《社会学研究
方法》，2010：130）

目前，多数研究采用形式逻辑中概念的"内涵"与"外延"两个特征来明确概念，这种内涵与外延的提出最早始于17世纪的外波尔－罗亚尔修道院修士、笛卡儿派的A. 阿尔诺和P. 尼柯尔合著的一本逻辑教科书《波尔－罗亚尔逻辑》（Port-Royal Logic）[3]。他们认为，逻辑是指导理性去认识事物的艺术。该书在概念篇第一次明确提出和讨论了内涵和外延问题，并根据唯理论哲学家R. 笛卡儿的观点说明了概念的明确性和清晰性的区别和联系。形式逻辑中概念的内涵是指"概念所反映的对象的特有[4]属性"；概念的外延是指"由概念所反映的特有属性的对象等所组成的类"；内涵主要体现概念质的方面，也就概念所反映的对象是什么样；外延主要体现概念量的方面，也就是概念的适用范围，或者说是概念反映了哪些对象；在一定的时期和条件下，每一学科具有相对明确的内涵与外延，以避免概念的混淆和概念偷换；随着实践的发展与时间的变化，又使得概念的内涵与外延具有灵活性，会不断地否定、修正旧概念，创立新概念。[5]可见在逻辑学中，概念的内涵与外延同样具有时代性、条件性。概念的确定性是有限制条件的，概念还具有灵活性，当我们从实践哲学的角度看待设计实践

1　[美]艾尔·巴比. 社会学研究方法 [M]. 邱泽奇，译. 北京：华夏出版社，2010：128.
2　[美]艾尔·巴比. 社会学研究方法 [M]. 邱泽奇，译. 北京：华夏出版社，2010：128.
3　Jill Vance Buroker . A ntoine Arnauld， Pierre Nicole： Logic or the Art if Thinking [M].London： Cambridge University Press,1993.
4　在逻辑学中，概念反映的是对象的固有属性、特有属性还是本质属性尚存争议（邵强进）。
5　邵强进. 逻辑与思维方式 [M]. 上海：复旦大学出版社，2009:26-27.

与设计研究的时候，实践中的确定性往往比理论意义上的确定性更有意义。任何意义上的理论如果仅仅是夸大自己理论体系的完备性或者只认为自己代表了设计理论的全部本质特征或内涵，那么往往是颠倒了工具与目的的区别。并且，逻辑学作为人类理性的认知方式，不能代替其他非理性的认知方式，自然也不能涵盖所有的设计维度。

4.3.1.3　建构知识的路径："概念"分类的视角

概念来源于知识，由知识结构构成，不同的知识范畴能够归纳为不同的概念，同样的知识和事物对于不同经历的人和知识持有者也会有不同的概念产生。[1] 对于如何通过对概念的命名和分类组织起知识系统，在早期文化中东西方具有不同的特点及知识论取向，即关注事物本质自身还是关注在一定的历史时期内某一事物与其他事物的关联。体现到设计上，也就是关注设计物质性操作本身，还是关注设计行为与其他人类行为的关系，或者说是关注设计知识与其他人类知识的关系。例如，计成在《园冶》中大量地借用《尔雅》中的说文解释来表达自己对设计对象的认知："亭，停也，亦人所停集也"[2]；"房者，防也。防密内外以为寝阂也"[3]；"榭者，借也。借景而成者也"[4]。与现代汉语和印欧语系不同的是，这些说文解字式的解释基本不关照对象实体，而关注他们与人的关系，与景致的关系。董豫赣认为这反映了中西方分类具有不同目的，他认为：

> 假如西方的分类是分析的方便，就如同路易·康所说的——分开来，不过是便于分析，这种分析的目的最终是为了比较出不同物类的区别；……中国文人们在"联类不穷"或"触类旁通"里所选的 "类"，似乎看中的是它"类似"的类比而通的连通意义。[5]

分类作为人类知识和观念的一幅"时空断面图"能够体现不同的人类文明。梁从诫先生通过对西方的百科全书与中国的类书进行文化比较，诠释了中西方在知识取向、分类模式、表述方式等方面的差异性，从而揭示出中西方在知识观，世界观，思维方式和心理追求等方面的文化差异。[6]（图4-23、图4-24）

安乐哲与罗思文认为：实在论是建构在英语和其他印欧语系之中，受到其语法的限制和语言思维方式的影响。这种语言思维可以表述为公式化的模式："事件、本质和要素（名词）做了什么（动词），或者其他东西归因于它们（通过助动词）。"[7] 而由于古代中国人是一种"非本质的体验世界"[8]，使中文体现为一种"阐述事件性的、联系的语言"，在这种认知模式下对亚里士多德的分类学提出了挑战，例如"'道'既是主体，又是客体；既具备主体的性质，又具备感觉经验的诸多特点"[9]。日本汉学家山田庆儿也认为："对于中国人来说，对象世界即在意义的相关之中；而事物乃是个别性、具体性和意义性三者具备的存在。"[10] 由于文言文中强调一种事件性的感受以及对世界的能动性，所以在这种语言的思维下，与其煞费苦心的划分名词或动词，说明"'政府'是什么"，不如说"'正确的统治'

1　王正元.概念整合理论及应用研究 [M]. 北京：高等教育出版社，2009:3.

2　"亭"在现代汉语中的解释：有顶无墙，供休息用的建筑物，多建筑在路旁或花园里。

3　"房"在现代话语中的解释：住人或放东西的建筑物。

4　"榭"在现代话语中的解释：建筑在台上的房屋。

5　董豫赣. 文学将杀死建筑（建筑、装置、文学、电影）[M]. 北京：中国电力出版社，2007:118-126.

6　梁从诫. 不重合的圈 [M]. 天津：百花文艺出版社，2003:104.

7　[美] 安乐哲，罗思文.《论语》的哲学诠释 [M]. 余瑾，译. 北京：中国社会科学出版社，2003:22.

8　[美] 安乐哲，罗思文.《论语》的哲学诠释 [M]. 余瑾，译. 北京：中国社会科学出版社，2003:22.

9　[美] 安乐哲，罗思文.《论语》的哲学诠释 [M]. 余瑾，译. 北京：中国社会科学出版社，2003:23.

10　[日] 山田庆儿. 山田庆儿论文集：古代东亚哲学与科技文化 [C]. 廖育群，译. 沈阳：辽宁教育出版社，1996:90.

是什么样的"[1]。那么对于设计而言，与其说"'设计'是什么"，不如说"如何更好地'设计'"。

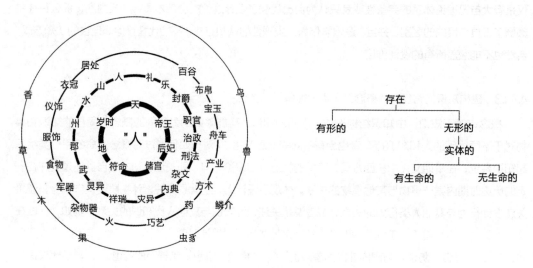

图 4-23　中西分类模式的差异："树状结构"（亚里士多德的分类学，左图）和"平面并列模式"（以"类聚"
为代表的分类模式，右图）

（图片来源：梁从诫，《不重合的圈：从百科全书看中西文化》，1986）

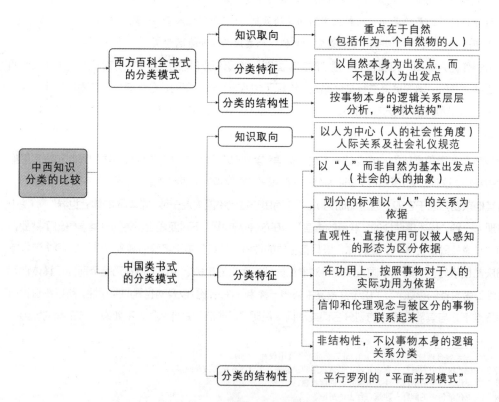

图 4-24　从百科全书看中西文化

（图片来源：整理自梁从诫，《不重合的圈：从百科全书看中西文化》，1986）

1　[美] 安乐哲，罗思文.《论语》的哲学诠释 [M]. 余瑾，译. 北京：中国社会科学出版社，2003:29.

　　假如科学重在"知"，技术重在"行"的话，与西方用抽象的数学和逻辑来认识世界相比，山田庆儿认为，古代中国人"试图通过以技术为模式来思考社会习俗（ethos）并建立这种以技术为模式的思考问题的方法"[1]。并且，山田庆儿从中国古代的典籍中找到了很多例子：庄子说"以天地为大炉，以造化为大冶"，将天地造化比喻为熔炉和鼓风机；孟子说"规矩，方圆之至也；圣人，人伦之至也"，将"规矩"（原指圆规、角尺、水平仪和墨线斗）类比为"人伦"（道德规范）。[2] 而古代的"设计者"恰恰也正是如此观察世界和思考问题的。李泽厚认为，中国"有技艺，无科学"的原因就在于中国文化过分强调"理论联系实际"，中国的理性是"实用理性"即"经验合理性"而不是"逻辑理性"；由于过于重视现实的可能性，而轻视了逻辑的可能性，从而没有发展出"形式逻辑"式的抽象思维。[3] 中国的"实用理性"不仅仅体现在科学与技术发展上，还影响到文学、艺术创作等其他方面，我们很难见到按照形式逻辑框架建构的关于某类专门知识的理论论述，与设计相关的著述如《周礼·考工记》或《营造法式》也与维特鲁威的《建筑十书》体系迥异。假如按照西方的参照系，那么中国显然没有逻辑学，也没有科学，也没有设计理论。但是，人类文化的多样性决定了人类思维方法的多样性、逻辑的多样性、科学的多样性和设计的多样性。设计作为人类的特有的文化活动，必然要根植于地域文化，否则建设"中国设计学"将变成"在中国的设计学"，即"西方现代设计学在中国"。南开大学哲学系的崔清田教授认为："不同民族文化背景下的逻辑之间存在差异；同一逻辑系统的不同发展之间也存在差异；这些差异都是不同历史和文化背景的反映。"[4] 这对于设计研究中演绎逻辑作为唯一合法的逻辑形式提出的挑战，也能够使我们从更多元的角度看待人类掌握的不同思维形式。我们不可否认亚里士多德的逻辑学奠定了希腊科学的思维方式，但是中国类比逻辑也同样适应了中国"象科学"[5]的发展。随着科学哲学的范式转向，这些地方性的知识应该进入我们的视野，以实现优势互补。

　　尽管文言文已经不再作为当下汉语的书面语言，但是这种思维模式仍然对中国人的思维造成一定的影响。并且由于语言、思维与文化之间的内在关联性，假使我们要重新认识西方文化与西方设计，并重新认识中国文化的现代意义和价值，就不可避免地要重新反思创造这些文明背后的基本假设。中国近代设计的发展基本上是将西方的设计模式与教育模式移植到中国的，很多人试图将西方的设计模式嫁接到中国的造物文化上，或者将基于西方人生活习惯的设计模式嫁接到中国人的日常生活中，提出"体用之说"但屡屡碰壁。作为2010年上海世博会主要设计者，汪大伟教授认为，与很多外国的优秀设计相比，"我们缺乏对设计观念进行创造性的'演绎'的能力"；而曹意强教授认为，"这种能力只能发源于文化和艺术的智性力量"。[6] 对于设计研究而言，我们更需要深入探讨设计自身的特性并深入理解与设计交叉的文化知识，只有在这两个方面都平衡的发展，才能防止一种惰性的"A+B"式的思维。因为"A+B"式的思维仅仅从最浅层上理解"设计"，又从最浅层上借用其他学科或文化的工具、概念、方法，如此劣质的交叉只能产生毫无意义的理论。

1　[日] 山田庆儿 . 山田庆儿论文集：古代东亚哲学与科技文化 [C]. 廖育群，译 . 沈阳：辽宁教育出版社，1996:91.

2　[日] 山田庆儿 . 山田庆儿论文集：古代东亚哲学与科技文化 [C]. 廖育群，译 . 沈阳：辽宁教育出版社，1996:90-91.

3　李泽厚 . 实用理性与乐感文化 [M]. 北京：生活·读书·新知三联书店，2008:4-13.

4　崔清田 . "中国逻辑"名称困难的辨析："唯一逻辑"引发的困惑与质疑 [A]// 周山 . 中国传统思维方法研究 . 上海：学林出版社，2010:14.

5　刘长林认为，中国科学是一种基于意象思维的"象科学"，它研究一切事物现象层面规律的科学。它的整体观是"象整体"，以时间为主，时间统摄空间，从事物自然整体变化（象）出发。参见：刘长林 . 中国象科学观：易、道与兵、医 [M]. 北京：社会科学文献出版社，2007.

6　曹意强 . 艺术是不是学术 [N]. 光明日报，2011-04-08（12）.

4.3.2　"设计""小设计""大设计"

在讨论"大设计"与"小设计"之前，我们澄清并拓展了"概念"自身的意义，并且从不同的文化体系、不同的学科角度、不同的功用讨论了不同视角的意义与区别。当我们对设计的思考建立在这样一种对"概念"的认识上时，以往"大设计"与"小设计"之间的绝对对立的立场就不再是什么问题。因为，语言作为人类认知世界与表达自我的途径，"概念"变迁的背后不仅仅是词汇的问题，而是文明发展的轨迹变迁，涉及科技、文化、经济、生活等方方面面的变迁。名词背后的变迁或消亡是随着新的社会、经济、文化环境的变化而产生的，人类对世界和设计有了新的认识。法学博士、政策专家刘德福和哲学博士王澄清在《中国大势》中提出了中国正在经历的四大转变："中国正在经历从农业社会到工业社会、从人治社会到法治社会、从臣民社会到公民社会、从一元社会到多元社会的四大转变。"[1] 面对急速转型的中国社会，中国设计不可避免地要面对新的变化。这将导致设计在社会中的位置，设计与其他学科的关系，设计与社会大众的关系，设计的观念、设计创作与设计管理等诸多方面产生系列性的变化。而一种大设计观的建立将会影响到设计的原则、设计的态度和设计的方法等。

4.3.2.1　"设计"的定义"焦虑"

尽管当下设计已经渗透到生活的方方面面，衣、食、住、行等各个领域无不存在设计。早在1938年，英国作家安东尼·贝塔姆（Anthony Bertram）就在《设计》一书抱怨了含混不清的"设计"概念的遗憾，"'设计'对老百姓而言是一个很玄的词汇……几乎是一个词群"[2]。雷切尔·库珀和迈克·普雷斯在《设计进程：成功设计管理的指引》[3] 中曾经引用"盲人摸象"[4] 的典故表明用一种简单而单一的视角限定一种唯一的设计定义是十分可笑的。由于设计的范围非常广，并且包含了很多的学科，我们可以说设计是一种文化现象、一种产业、一种增值价值的工具等，这些定义虽然不相互排斥，但也只是一种对与设计相关的种种活动的复杂组合的部分的观点。[5]（图4-25）

正如前文所言，设计研究始于设计与科学的结合，始于所谓的现代设计，但从广义的设计角度思考，似乎有些狭隘。1950年小埃德加·考夫曼（Edgar Kaufmann Jr）在《什么是现代设计》（*What is Modern Design*）一书中曾经提出"优质设计"的12条原则[6]，并影响深远。但是到了20世纪末期，随着社会经济和文化的发展，优良设计的规则遭到了众多的质疑："当复杂性可以带来更多趣味时，又为什么要设计得简单？明明含混多义的东西更吸引人为什么非得设计的明确？……为什么不能回顾过去寻找灵感，

1　刘德福，汪澄清. 中国大势：新千年始初二位智者关于世界历史发展进程暨中国未来发展的十二日谈话录 [M]. 济南：山东人民出版社，2004.
2　[美] 乔治·H. 马库斯. 今天的设计 [M]. 张长征，袁音，译. 成都：四川人民出版社，2010:2.
3　Rachel cooper, Mike Press. 设计进程：成功设计管理的指引 [M]. 游万来，宋同正，译. 台北：六合出版社，1998:11-43.
4　盲人摸象：中国成语，比喻看问题总是以点代面、以偏概全，寓言讽刺的对象是目光短浅的人。在《设计进程：成功设计管理的指引》一书中作者引用的是Sufi寓言故事的全文。
5　Rachel cooper, Mike Press. 设计进程：成功设计管理的指引 [M]. 游万来，宋同正，译. 台北：六合出版社，1998:11.
6　"优质设计"的12条原则包括：①现代设计应当满足现代生活的实际需求；②现代设计应当彰显我们的时代精神；③现代设计应当受益于当代艺术与科学的不断进步；④现代设计应当充分利用新材料与新技术，并对熟悉的材料和技术进一步的发展；⑤现代设计应该在适当的材料和技术的条件下，开发直接满足用户需要的外观、质感和色彩；⑥现代设计应当有明确的设计目的，杜绝似是而非的设计作品；⑦现代设计应该凸显所使用材料的质感和美感，而不是掩饰那些材料；⑧现代设计应当明示物品的制作方法，而不是像手工技艺那样掩饰大规模生产，或是隐瞒某一技术的使用；⑨现代设计应当把实用性表现、材料以及制作过程整合为一个令人满意的视觉整体；⑩现代设计力求简洁，其结构应从外观上一目了然，避免无关紧要的附赘；11 现代设计应当掌控机器，使其服务于人；12 现代设计应当为最广大人群服务，对适度需求和有限费用的考虑与对排场和奢华的追求一样具有挑战性。
译文转引自：[美] 乔治·H. 马库斯. 今天的设计 [M]. 张长征，袁音，译. 成都：四川人民出版社，2010:2-3.

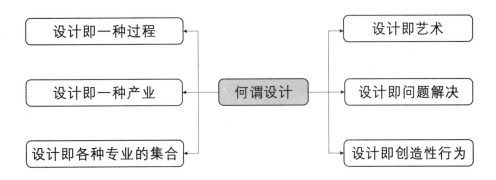

图 4-25　何谓设计

（图片来源：整理自 Rachel cooper, Mike Press,《设计进程：成功设计管理的指引》，1998:13）

而仅仅关注当下？那些辉煌了几千年的装饰品，究竟错在哪儿了？"[1]可见优质设计产生于 20 世纪 50
年代，也只是符合了当时的社会经济与社会对设计的需求，而假如我们试图从更广泛的意义上探讨设
计，那么就不能割裂历史而将设计仅仅理解为工业革命之后的现代设计。尽管在今天，优质设计仍然
具有一定的话语权，"现代"设计与"传统"设计似乎成为"先进"与"落后"、"科学"与"巫术"的对决。
但是我们不能忽略的是"优质设计"预设了形式、功能和经济的属性，可以被独立区分出来，逐一处理，
而今日"我们必须把设计放在一个大的背景下，深入了解它们的创造、生产、市场营销、产品试验等方
面的情况，并综合其社会、环境和技术因素作出综合判断"[2]。随着人们对复杂性的认识的提高以及全
球化的发展，信息技术的革命已经使我们走向一个相互关联的"网络世界"，而好的设计师必须要学会
管理复杂，发现与设计相关的各种因素的关系网络。这往往需要回到原点重新思考，甚至重新思考设
计本身，重新寻找"坐标系"与"参照系"，从而获得新的定位。

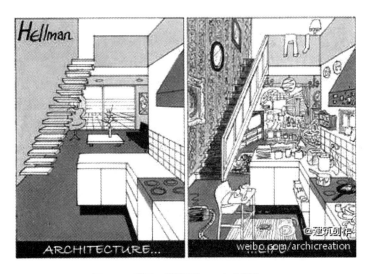

图 4-26　漫画：建筑师的……与生活的……

1　[美]乔治·H.马库斯.今天的设计 [M].张长征，袁音，译.成都：四川人民出版社，2010:3.
2　[美]乔治·H.马库斯.今天的设计 [M].张长征，袁音，译.成都：四川人民出版社，2010:5.

当代设计研究中主导的"设计"定义是现代主义的设计定义，即"设计是与工业革命、大规模生产制造、现代主义建筑运动和消费社会相关的一种专业活动"[1]。但是，"设计"与"艺术"作为一个开放的概念，从一种固定的角度去定义"设计"往往价值有限。约翰·沃克和朱迪·阿特菲尔德认为，"最初是设计所涵盖的领域（即那些被评论家、历史学家、博物馆长有关客户及相关机构所关注的那些内容）决定了'设计'这个词的当代意义"，但是当今已经有太多的新定义和新的研究对象被个人或团体提出，而是否被设计界和社会接受则是另一回事。[2]这使得"设计"定义与科学"划界"问题一样，从"本质主义"走向了一种动态的"建构论"。

清华大学美术学院的杭间教授对design译为"设计"持怀疑态度。他认为，中国设计的命名从"图案""意匠""美术工艺"到"工艺美术""装饰""实用美术"等，这些名词定义"模糊"的背后源自中国的"design"的发展背景与西方的社会价值观、经济发展阶段不相匹配。[3]所以，design译为"设计"并不是一个完全的对译。杭间认为："一切的人工造物智慧，不论是手工艺、装饰艺术、图案、纹样、工艺美术还是实用美术，一切生活的艺术，都是design，也就是说，设计是一种宽泛的'艺术'层面的生活方式。"[4]由于一厢情愿地将设计理解为只有现代大工业的背景下才能有的"设计"，对中国设计带来了三大后果：

①割裂了与"工艺美术"的关系，使设计界也割裂了与中国造物优秀"传统"的联系，这一点对于中国最终建立具有民族特点的原创设计尤为不利；②真诚地将"设计"看成一门专业，认为它是只有经过专业训练的人才能从事的职业，而忽视了与广阔的当代生活的联系，使我们的"设计"孤立无援，永远跟在生活后面而不可能产生引领生活的设计；③汉语独有的对"设计"与"权谋""计策"相近的语境，使汉语的"设计"在中国人内心深处，不被认为是一个高尚的给人带来福祉的专业。[5]

基于此，杭间教授认为，没有单纯的设计门类，只有"因生活需要而来的综合"。[6]而这种设计来源于生活，而又回归于生活的理念正是他所倡导的，生活成为将各种不同设计统合的"公共分母"和创作的原点。

杭间教授从更广义的角度扩展了设计的范围，正如著名心理学家唐纳德·A.诺曼（Don Norman）在《情感化设计》中宣称：

我们都是设计家。我们利用环境，让它更好地服务于我们的需要。我们选择拥有什么物品，让它们在我们周围。我们建造房屋、购买、整理和重新建造，所有这些都是设计的一种形式。当有意识地故意重新整理我们办公桌上的物品，我们客厅里的家具，我们放在车子里的物品时，我们都在进行设计。通过这些个人行为的设计，我们把日常生活中的其他无名的常见物品和空间变为我们自己的物品和空间。通过我们的设计，我们把房子变为住宅，把空地变为住所，把物品变为财产。尽管我们不可能在购买的许多物品的设计上进行任何控制，我们却可以对我们选择什么，怎么使用，在哪使用和什么时候使用进行控制。[7]

1　[英]约翰·沃克，朱迪·阿特菲尔德.设计史与设计的历史[M].周丹丹，易菲，译.南京：江苏美术出版社，2011:25.
2　[英]约翰·沃克，朱迪·阿特菲尔德.设计史与设计的历史[M].周丹丹，易菲，译.南京：江苏美术出版社，2011:28.
3　杭间.设计的善意[M].桂林：广西师范大学出版社，2011:192.
4　杭间.设计的善意[M].桂林：广西师范大学出版社，2011:49.
5　杭间.设计的善意[M].桂林：广西师范大学出版社，2011:194.
6　杭间.设计的善意[M].桂林：广西师范大学出版社，2011:194.
7　[美]Donalda Norman.情感化设计[M].付秋芳，程进三，译.北京：电子工业出版社，2005:197-198.

交互设计研究者比尔·巴克斯顿（Bill Buxton）认为，尽管诺曼"人人都是设计师"的论调没有什么恶意，但是这种"扩大"设计的想法是值得商榷的。然而这可能会导致"专业设计师的才智、教育以及见解贬值，使之与日常设计行为混为一谈"[1]。巴克斯顿认为这是一种误解，正如"医务工作者"要比"医生"宽泛，我们可以采用"设计工作者"与"设计师"两个词汇区别他们的不同，毕竟设计师的"设计专长"作为一种特有技能是一般人所不具备的。所以，从这个意义上又"并非人人都是设计师"[2]。而当下设计中比较认可的方式是"参与式的设计"，即人人都可以参与进设计过程，设计师不再是唯一的专家而是一个"促进者"，通过并肩合作可以找出最终的设计答案。[3]

著名的技术哲学教授艾伯特·伯格曼（Albert Borgmann）认为设计具有两种身份，"设计在客观上是一项优秀的物质文化，在实践意义上又是一门专业，将设计的双重身份加强协调是非常紧迫、非常必要的"[4]。而事实上，他们从两个不同的"时间"层面定义了设计的开始与结束：设计作为一个专业的实践，设计结束于"产品"[5]被设计、制造、销售给消费者；设计作为物质文化，设计开始于"产品"（空间）进入大众生活，或者开始塑造大众生活。这些争论的背后隐含了对"设计"深度的再认识与深度反省，艾伯特·伯格曼称其为"设计师身负创造有利于契合活动的物质世界的重任"[6]。（图4-27）

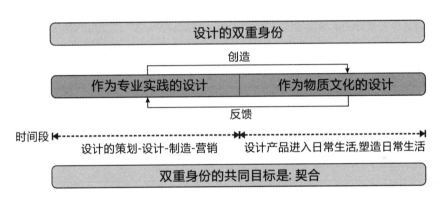

图4-27 设计的双重身份
（图片来源：整理自艾伯特·伯格曼，《设计的深度》，2010）

4.3.2.2 发现设计的深度："大设计"与"小设计"

德国建筑师托马斯·施密特认为，"建筑首先和思维发生关系，然后才和绘图有关"[7]。因此，如何认识设计将影响如何设计。随着中国经济发展的转型，我国必须摒弃靠自然资源和要素投入驱动的传统经济发展模式，把经济发展引导到更多地依靠提高资源配置效率和各类创新活动上来，而设计

1　[美]比尔·巴克斯顿.用户体验草图设计：正确的设计，设计得正确[M].黄峰，夏方昱，黄胜山，译.北京：电子工业出版社，2009:74.
2　[美]比尔·巴克斯顿.用户体验草图设计：正确的设计，设计得正确[M].黄峰，夏方昱，黄胜山，译.北京：电子工业出版社，2009:74.
3　[美]比尔·巴克斯顿.用户体验草图设计：正确的设计，设计得正确[M].黄峰，夏方昱，黄胜山，译.北京：电子工业出版社，2009:81.
4　艾伯特·伯格曼.设计的深度[A]//理查德·布坎南，维克多·马格林.发现设计：设计研究探讨[C].周丹丹，刘存，译.南京：江苏美术出版社，2010:30-38.
5　此处的产品泛指建筑设计、平面设计、工业设计、服装设计等的设计实现成果。
6　艾伯特·伯格曼.设计的深度[A]//理查德·布坎南，维克多·马格林.发现设计：设计研究探讨[C].周丹丹，刘存，译.南京：江苏美术出版社，2010:35.
7　[德]托马斯·施密特.建筑形式的逻辑概念[M].肖毅强，译.北京：中国建筑工业出版社，2003:10.

无疑将为新的经济转型与发展提供强大的动力。但是这种转型的实现首先要实现的就是从思想上的转变，从基于传统经济模式的"小设计"走向"大设计"。

"大设计"这一概念在近几年越发受到国内设计界的重视，很多学者都在不同场合表达自己的观点。当然，正如前文所分析，"大设计"与"小设计"只是一种对设计认知的发展，也是对设计实践中解决设计困境的策略。尽管对"大设计"有不同的定义，但它们都是用"大"与"小"对比，主要体现在"深度"（程度）与"广度"（范围）上拓展设计。

早在 1989 年张承谦在《大设计观和技术经济设计》中就提出了"大设计观"。张承谦根据大系统（large scale system）理论将每一个工业技术方案视为一个大设计系统，该系统是由人员、设备和过程组成的"人－机系统"，各个系统的组成部分相互作用以完成整体目标；他还举出了传统设计与大设计的不同之处。[1]（表 4-4）

1999 年，著名学者徐恒醇在《生态文化与大设计观》一文中就提出了"大设计观"的概念，他认为："大设计的基本概念是以人为主体，从人与环境的和谐共生关系中去规划和安排各项具体任务。传统意义上的设计活动在于创造视觉可见的具体人与物，而大设计的着眼点在于建立科学的、健康的和文明的生活方式以及充分挖掘科学技术的功能意义和人文价值。"[2]徐恒醇将"大设计"视为设计任务提升到更高层次的"综合设计"，是各种不同文化要素的整合。

表 4-4 传统设计与大设计的区别

	传统设计	大设计
优化范围	结构设计方案或工艺设计方案	大设计系统的整体
思考范围	技术方面	技术、经济、社会诸方面综合考虑
设计决策	产品或工艺的功能方面	大设计系统本身的经济效益及该系统为整个国民经济带来的效益
设计方法	设计过程是循环反复的，设计方法是静态的	动态计算方法，不确定性分析
知识要求	专业知识，先进设计方法和手段	专业知识，广度的经济科学、管理科学的方面的知识
组织形式	独立个人	集体组织

贵州大学艺术学院的冯悦在《谈服装设计中的"大设计观"》中，从设计的规模、设计的内涵以及对时代或历史的影响力三个层面较为系统地阐述了"大设计观"。（图 4-28）她认为，之所以舍"小"取"大"，是因为"大设计"与"小设计"的区别在于："广"与"窄"，"深"与"浅"。从规模上看，"小设计"由于将不同设计领域或设计学科割裂开来，不同学科互不往来，甚至相互排斥，不能适应今天"设计整合"的要求，因此需要增强不同设计学科的互动、整合、交叉合作的"大设计"；从内涵上看，"小设计"由于以单项产品设计为中心，更关心"物与物"的关系而失去了单项设计与其他政治、经济、文化、社会的关联，因此需要更加综合的设计，"以人为中心"的设计，更加关注"人与物""人与环境生态"关系的"大设计"；从更高层面上看，"大设计"还要具有较强的时代影响力，是一种里程碑式的设计，"大设计"能够成为经典的范例，并对后世具有持续的影响力。[3]冯

---

1 张承谦.大设计观和技术经济设计 [J].科研管理，1989（3）:1-5.
2 徐恒醇.生态文化与大设计观 [N].科技日报，1999-4-13（7）.
3 冯悦.谈服装设计的"大设计观"[J].贵州大学学报（艺术版），2004，18（41）：52-59.

悦关于"大设计观"的探讨在服装设计领域引起了一些回应。张丹在《大设计视角下的皮革服装设计》[1]中，采用了这种"大设计观"的视角，探讨了皮革服装设计除了服装本身，还要考虑展示空间的设计、服装品牌的设计、文化内涵的设计；在2009年的深圳商报上，记者刘琼发表了《深圳服装设计应引入"大设计"概念》一文，文中提出"服装设计与平面设计、建筑等设计门类其实是相通的"，"应该提倡'大设计'概念，让设计行业进行跨界合作，以更好地交流设计理念，促进产业发展"，并倡导校企合作，使学生从学校阶段就对"服装品牌的运作有一个系统的了解和把握"[2]；很多服装企业如培罗蒙设计创意中心也提出了"大设计"理念，"中心要完成品牌定位、形象策划、市

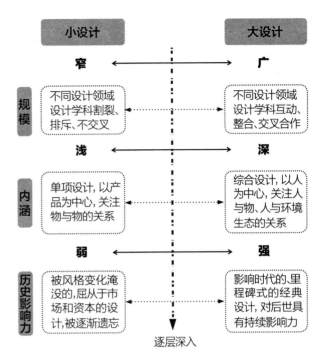

图 4-28 "小设计"与"大设计"的区别
（图片来源：整理自冯悦，《谈服装设计中的"大设计观"》，2004）

场营销、产品上市、款式设计、结构工艺设计、产品宣传设计等构筑服装品牌产品的文化环境的内容，甚至会影响到全人类可持续发展和生态环境"[3]。但是需要注意的是，"大设计"是根源于设计实践的需求对设计的一种"再认识"，或者是通过扩大设计的内涵与外延建构的一种新的设计视角，并不是设计可以分为"大设计"与"小设计"，它们只是一种相对的关系，可以从很多角度理解。（图4-29）

此外，在其他设计领域也有很多设计师提出了"大设计"的概念。沸点品牌设计公司首席设计师刘革认为："大设计概念是设计的战略思想，包括企业形象设计、产品设计、包装设计、管理视觉化设计、企业环境设计、销售终端视觉设计等，涵盖了品牌设计的每一个层面。"[4]他倡导深度地了解企业，并通过"大设计"理念帮助企业塑造品牌，设计不再是企业服务者，而是企业的战略伙伴。

广州美术学院院长童慧明将满足视觉美的设计理解为设计的"小概念"，但他认为这只是设计创造的一部分，他"更希望把'工业设计'称作'创新设计'，工业设计必须是一个开放的学科，它站在科技与人文的交叉口，更需要商业模式的创

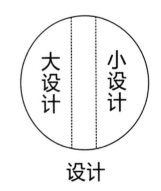

图 4-29 外延关系图：
设计 ≠ 大设计 + 小设计（作者自绘）

新……设计如果只有人文的美学感受，就缺乏科技带来的使用性能上的突破；设计如果只有科技突

1 张丹. 大设计视角下的皮革服装设计 [J]. 饰，2005（3）：12-14.
2 刘琼. 深圳服装设计应引入"大设计"概念 [N]. 深圳商报，2009-02-18（C03）.
3 大设计理念：培罗蒙设计创意中心 [J]. 上海商业，2005（12）：39-41.
4 容姿. "大设计"概念，帮助中国企业塑造品牌 [N]. 民营经济报，2006-12-05（A07）.

破，又很难直击心灵；如果只是有了好的产品，不能在营销和商业模式上有所创新，还是难有大的建树。所以，设计必须围绕着用户体验，在多方面进行创新性的提升，改善人们的生活品质"[1]。

　　著名平面设计师陈绍华将"大设计"又分为广义和狭义。广义上的"大设计"就是"人的现代化"的问题，具体体现为"审美素养和创造能力，或者说，在审美修养控制下的创新精神和创造能力"；狭义上的"大设计"是指"设计这一概念是跨行业、跨门类的一个综合性的特殊行业，如果说将社会和企业比喻为硬件的话，那么设计就是几乎涉及所有行业的最重要的软件之一"[2]。

　　随着社会发展与设计行业的深刻变革，不同身份的设计实践者和研究者都对"大设计"不断地进行着诠释。尽管这些诠释都是从更加整体的视角，试图更加系统的整合设计，但又有具体的角度，如管理学、系统科学、企业品牌设计、教育、社会系统等不同视角都能产生新的"大设计"的释义。作为一种观念取向，"大设计"是一种开放性的概念，也是动态发展的，很难限定为一种模式或一种唯一的定义。这种对设计视角（接触点[3]）的拓展，充分体现了由于以往狭隘的设计观念和学科文化阻碍了设计实践和设计教育的发展，整个设计行业都需要从更高的视角，动态地重新定位设计、发现设计，从重视设计的"量"到重视设计的"质"。而不论是以何种角度或者何种研究框架介入"大设计"观念的建构，都是以某一学科为中心或者以某一设计问题为中心，将基本设计问题与更多的设计因素或专项设计建立起联结的"网络"。（图4-30）而基本上可以将这些建构方式分为两类：一类是以某种设计专业为中心的（如以服装设计为中心、产品设计为中心等），这类"大设计"的组织方式"深化"和"扩展"的是该专业设计的"内涵"与"外延"，也可以称为"大服装设计""大工业设计"等；另一类设计是基于某种共同的问题，忽略不同的专业或者学科，根据现实问题的需求，寻找与具体的空间设计、平面设计、服装设计等的接触点，梳理出适宜的设计任务，组织设计开展，或者展开设计研究。尽管这两种模式都试图在完成基本设计或者解决基本问题的基础上，更加系统的处理问题，也更具有整体意识，但是"基本设计"和"基本问题"不是因为简单而被忽略的，反而处于中心的位置。（图4-31、图4-32、图4-33）

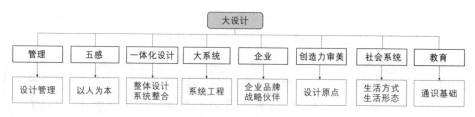

图4-30　"大设计"的多维释义（作者自绘）

　　"大设计"并不是一个口号，也不是一个很"玄"的概念，它是思考设计的一种方式。"大设计"来自对设计对象及背景或问题情境的思考，通过从原点上分析任务需求和梳理问题框架，经过设计者（研究者）的思考和概念整合，建构出不同的"大设计"概念。在设计思考的过程中，设计者（研究者）只能参考现有的设计知识（经验）或设计接触点，当新的"大设计"概念产生，随着设计实践（设计研究）的推进，又会产生新的设计知识与新的设计接触点。例如随着企业品牌设计的发展，企业的建筑也成为企业的形象设计之一。德国的苏珊娜·克尼特尔·阿默斯库伯博士提出，企业建筑与企业

1　冯秋瑜，李光焱.童慧明：大设计·大未来 [N].2011-12-23（AIII10）.
2　杨青.陈绍华：我强调的是"大设计观"[N].深圳商报，2004-12-21.
3　接触点：与什么交叉，与什么关联。

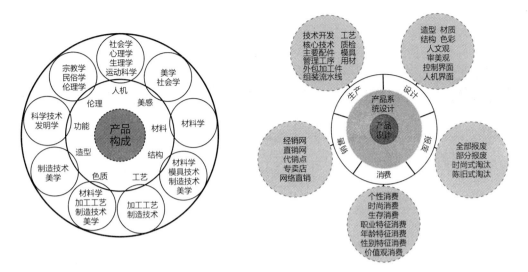

图4-31 产品设计中的"大设计"：产品结构与各个学科的结构关系（左图），产品系统设
计与其交叉关联的各种因素（右图）

（图片来源：整理自张同，《产品系统设计》，2008: 48, 91）

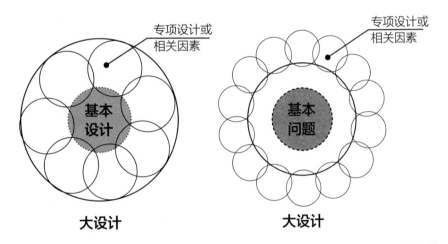

图4-32 "大设计"的组成关系：（左图）一个"大设计"可能由几个单项设计（"小设计"）构
成或者涉及相关因素；（右图）一个"大设计"也可能由与主要设计问题相关联的一些单项设计群
组成或者要考虑到种种关联因素。但是共同点是都以"基本设计"或"基本问题"为中心，进行"网
络"的建构（作者自绘）

形象是一种不可分割的关系，企业建筑不能仅仅设计一个外壳。借助"用建筑管理企业"的新方法，
"建筑设计和实现企业目标之间存在着直接而密切的关系……建筑可以作为转换和支持企业文化的工
具"[1]。邓肯·B.萨瑟兰也认为："工业建筑不仅仅是个容器。它是组织战略中非常重要的组成部分。
它将成为实现公司目标的强有力的工具，而不仅仅是用来遮风避雨，或者确保人们真的都'在'里面。"[2]
在具体操作上，苏珊娜·克尼特尔·阿默斯库伯将源于管理方法的设计范畴（人员、结构、系统和风

1 ［德］苏珊娜·克尼特尔·阿默斯库伯.建筑：成功之道：企业的建筑形象设计 [M].苏怡，译.北京：中国建筑工业出版社，
2008:7-8.
2 ［德］苏珊娜·克尼特尔·阿默斯库伯.建筑：成功之道：企业的建筑形象设计 [M].苏怡，译.北京：中国建筑工业出版社，
2008:11.

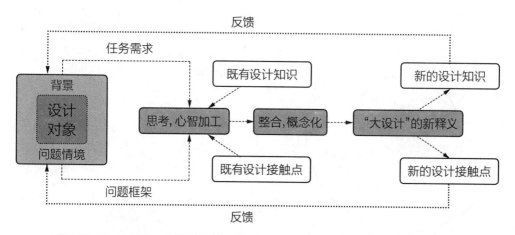

图4-33　"大设计"是一种"设计思考"，是一个对设计深度的、循环思考的过程（作者自绘）

格）与相关的设计元素结合起来考虑，通过量化分析，以此作为设计方向的指引，推进建筑设计的发展，从而实现企业文化与建筑设计的有机结合。[1] 而随着我国企业对塑造企业文化需求的不断提升，这种设计方法无疑将改变以往据个人喜好来决策建筑设计的传统方式，通过"大设计"的观念，经过量化分析，为企业"量身定做"出适宜塑造企业文化发展和企业管理的建筑。（图4-34）

4.3.2.3　广义设计

从字面上理解，"广义"具有两种含义：一个层面是指范围，"事物定义适用的范围有大有小，大者为广义，小者为狭义"；另一个层面类似于将"个别"推论到"一般"，"由本义而推广原意，趋向于一般化"。[2] 在以往的设计研究和设计实践中对"广义设计"的释义从未停止过，很多学者和设计师都从以上两个层面重新定义过"设计"，"广义设计"与"大设计"也具有重合之处。（表4-5）

图4-34　德国北德州银行（Nrod LB）管理大楼（展示出银行的组织结构）

不同学者提出的"广义设计"都是对"设计"的"深度"与"广度"的拓展，即强调设计的"整体观""系统观"与设计学科的交叉合作或互动对话；与"大设计"不同的是，"广义"还有一个层面指的是"一般化"，例如将"设计"定义为一种问题解决，这种理论不但适用于作为专业实践的设计，还适用于管理学、经济学等其他领域，而这些领域从更抽象的角度而言，又具有"设计"的特征，即"研究事物应该为何"，所以也被西蒙称为"广义上的设计"。从实际的意义上而言，这些"广义设计"对设计研究与设计实践的贡献是：一方面扩展了关于"设计"的多元化的思考，这种思考不仅仅是从理论

1　[德]苏珊娜·克尼特尔·阿默斯库伯.建筑：成功之道：企业的建筑形象设计[M].苏怡，译.北京：中国建筑工业出版社，2008:27.

2　参见汉语词网络词典，http://www.zdic.net/cd/ci/3/ZdicE5ZdicB9ZdicBF284909.htm.

上给予"设计"一种新的定义，而是可以融合在设计实践中（图4-35）；另一方面可以增进设计门类中共有问题的研究，这些共有问题的研究可以采用多学科的方式集中解决，从而避免某一问题在单一领域（学科）被重复研究或已成古典问题，而却在另一领域（学科）尚待开拓。但是，不可忽视的问题是，"广义"与"狭义"，"抽象"与"具体"在设计中是同时存在的，这些"广义设计"不可避免地会在实践中被进一步的重新"框定"，从"抽象的"变成"具体的"可执行的设计。

表4-5 不同学者对"广义设计"的理解

时间	学 者	概 念
1938	拉兹洛·莫霍利·纳吉	·设计并不是对制品表面的装饰，而是以某一目的为基础，将社会的、人类的、经济的、技术的、艺术的、心理的多种因素综合起来，使其能纳入工业生产的轨道，对制品的这种构思和计划技术即设计。 ——*Vorwort zum Ausstellungskatalog*
1965	布鲁斯·阿彻	·设计是"一种针对目标问题的求解活动"。 ——《设计运用的系统方法》
1973	维克多·帕帕奈克	·设计是赋予有意义的秩序所做的有意识的以及直觉的努力。（1984） ·所有人都是设计师。我们几乎在任何时候都在做设计，因为设计对所有人类活动来说都是基本的。（1973） ·设计必须成为一项创造性的、高度创新的、多学科交叉的，并且服务于人们真实需求的工具。并且设计最终的工作是改变人们的生存环境和工具，扩展开来说，其实是改变人自身。（1973） ——《为真实的世界而设计》
1979	赫伯特·西蒙	·设计是"人为事物的科学"。 所谓设计，就是试图找到一个能够改善现状的途径。 ——《人工科学》
1981	布鲁斯·阿彻	·设计像科学那样，与其说是一门学科，不如说是以共同的学术途径、共同的语言体系和共同的程序，予以统一的一类学科。设计像科学那样，是观察世界和使世界结构化的一种方法。因此，设计可以应用到我们希望以设计者身份去注意的一切现象，正像科学可以应用到我们希望给以科学研究的一切现象那样。 ——《设计研究的本质评述》
1981	迪尔诺特	·设计是一种社会文化活动，一方面设计是创造性的、类似于艺术的活动；另一方面它又是理性的、类似于条理性科学的活动。 ——《超越"科学"和"反科学"的设计哲理》
1984	克劳斯·克利班多夫，莱因哈特·布特	·在最宽泛的意义上，设计是为了人的需要而进行的一种有意识的形式创造。 ——《产品语义学：探索形式的象征性》
1987	戚昌滋	·通过传统经验的吸取、现代科学的运用、方法学的指导与方法学的实现，解决各种疑难问题，设计真善美的系统或事物，这门学问就称作"现代广义设计科学方法学"，简称"现代设计法"或"广义设计学"，是跨学科、跨专业纵横渗透移植的综合性、定量性、多元性交叉学科。 ——《现代广义设计科学方法学》

时间	学者	概　念
1988	杨砾，徐立	·从广度上说，设计领域几乎涉及了人类一切有目的活动。从深度上看，设计领域里的任何活动都离不开人的判断、直觉、思考、决策和创造性技能。 ·设计是人们为满足一定需要，精心寻找和选择满意的备选方案的活动；这种活动在很大程度上是一种心智活动、问题求解活动、创新和发明活动。 ——《人类理性与设计技能的探索》
2002	莫里森，特怀福德	·设计是一种赋予生活某种意义的行为模式，尤其是增进人们福祉或对自然世界有所助益时更有意义。但是当设计被用来控制或欺骗目的时，它是最不具价值的。 ——《设计能力与设计意识》
2006	原研哉	·我们无意识的生活在设计的海洋中。生活本身，就是设计的起源地。而设计，归根结底就是我们对生活的发言。 ·设计绝不仅仅是一种制造技术。 ·设计是从生活中发现新问题的行为。 ——《设计中的设计》
2008	尹定邦	·设计其实就是人类把自己的意志加在自然界之上，用以创造人类文明的一种广泛活动。或者更为简单来说：设计是一种文明。 ·设计就是设想、运筹、计划与预算，它是人类为实现某种特定的目的进行的创造性活动。设计的终极目的就是改善人的环境、工具以及人自身。 ——《设计学概论》
2009	约翰·赫斯特	·设计应该成为一个全面塑造和构建人类环境的关键性平台，它能改善人们的生活，增加生活的乐趣。 ·设计从本质上可以被定义为人类塑造自身环境的能力。我们通过各种非自然存在的方式改造环境，以满足我们的需要，并赋予生活以意义。 ——《设计无处不在》
2011	约翰·沃克，朱迪·阿特菲尔德	·设计是一种政治形式：人类为了满足需要而进行的环境塑造以及与社会形态进行的斗争。 ——《设计史与设计的历史》

　　"广义设计"作为对设计实践的一种批判诠释，同社会理论一样，它还必须能够将"抽象的理论转化成较具体的架构，给研究者提供指引，把他要研究的对象概念化"[1]。因而需要对"广义设计"进行深入的探讨，从而建构出对"广义设计"的研究，即"广义设计学"。

　　"广义设计"的出现与"大设计"的出现具有同样的背景，都是源自设计理论的发展与设计实践的矛盾性。作为一个学科，设计发展到一个阶段必然可能会产生一些"教条"和"历史包袱"，从而阻碍设计的发展；作为一门实践，设计中的"师承关系"也势必造成一种类似于宗教中的"宗规"，从而束缚设计的视野和宽容度。"广义设计"的出现，无疑会产生新的视角和多元化的视野以及更加包容的和更加平等的且互动性的对话平台。但是正如爱因斯坦所言，我们不能用制造危机的办法去解决危机，"广义设计"的发展需要一种全新的思维和世界观。就像罗伯特·文丘里（Robert Venturi）

1　阮新邦.批判诠释论与社会研究 [M].上海：上海人民出版社，1998:6.

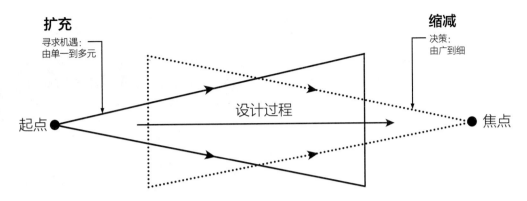

图 4-35　相互重叠的漏斗形设计过程：虽然有些想法的探索被终止，但新想法和创造力的加入保证了设计过程的持续性，一直都有新的机会来提高设计

（图片来源：Laseau1980；第 91 页，转引自比尔·巴克斯顿，《用户体验草图设计：正确的设计，设计得正确》，2009：122）

在《建筑的矛盾性与复杂性》（*Complexity and Contradiction in Architecture*）一书改变了建筑理论在现代主义理论的泥沼中不能自拔，并指出了多样性与新议题的出口。台湾交通大学建筑研究所教授曾成德认为，建筑中的"多样与歧义"似乎更适合文丘里《建筑的矛盾性与复杂性》一书的中译，我们需要警惕的是"广义设计"的发展不能像文丘里的"多样与歧义"被口号化为"矛盾与复杂"，理论的探索不能让位给"个人意识形态的偏执"，"知识体系的联结与开放"不能被政治所"裁决"，不能被"自我检测"（self-censorship）所"过滤"。[1] "广义设计"可以促使多元化的"设计"思考，但是也不能解决所有的问题，"广义设计"可以消解"圣经般的"设计学科中的"清规戒律"与"教条"，而只有始终保持"他者"的视角才能避免某一类型的"广义设计"定义成为新的教条。"广义设计"可以促进不同设计门类中共有的问题，但也可能为了获得更大的适用范围而使得这些共有问题的研究变得更加抽象化，如符号学、语言学、问题解决理论等。这些抽象化的研究尽管符合传统观念中越是抽象的理论越容易获得学术地位的学科文化，但是设计作为一种实践性强的专业，如果失去了理论与实践的联系，这种理论就是去了实际意义。

美国《连线》（*Wired*）杂志创始主编凯文·凯利（Kevin Kelly）在《失控：全人类的最终命运和结局》中提出了"原子是 20 世纪科学的图标，网络是 21 世纪的图标"；"蜂群思维"更有利于了解复杂事物的群体本质，并且需要"放下一切固有和确信的执念"。[2] "蜂群思维"来自蜜蜂群体的启示，它具有非线性、分布式管理和自适应的特质，"没有一只蜜蜂在控制它，但是有一只看不见的手，一只从大量愚钝的成员中涌现出来的手，控制着整个群体。它的神奇还在于，量变引起质变。要想从单只蜜蜂的机体过渡到集群机体，只要增加蜜蜂的数量，使大量蜜蜂聚集在一起，使它们能够相互交流。等到某一阶段，当复杂度达到某一程度时，'集群'就会从蜜蜂中涌现出来"。"蜂群思维"具有以下特征：没有强制的中心控制；次级单位具有自治能力；次级单位之间彼此高度连接；点对点间的影响通过网络形成非线性因果关系。[3]（图 4-36）

1　[日]五十岚太郎 . 关于现代建筑的 16 章：空间、时间以及世界 [M]. 谢宗哲，译 . 台北：田园城市文化事业有限公司，2011:12-21.
2　[美]凯文·凯利 . 失控：全人类的最终命运和结局 [M]. 东西网，编译 . 北京：新星出版社，2011:38.
3　[美]凯文·凯利 . 失控：全人类的最终命运和结局 [M]. 东西网，编译 . 北京：新星出版社，2011:9-38.

出于对复杂性的新理解，凯文·凯利认为"网络是群体的象征"[1]，这一点有别于西蒙在《人工科学》中倡导的"层级系统"。西蒙认为："联结论（connectionism）迄今还未能表明，复杂的思维和解决问题的过程也可以用并行联结结构来建模，并且也未证明，实验观察到的同时进行的认知活动面临的极限也能用联结模型来表征，在此之前，感官功能之外发生着大量并行处理过程的说法是令人怀疑的。"[2] 在西蒙写作《人工科学》一书之时，"联结主义"（connectionism）[3] 的研究的确陷入了困境，但是到了20世纪80年代，"以'并行分布加工'研究组（1986）为代表的连通

图4-36　《失控：全人类的最终命运和结局》，凯文·凯利（Kevin Kelly）

主义神经网络研究再度兴起，在算法上和认知模型及其应用方面都取得了令人满意的效果"[4]。 2005年，加拿大学者乔治·西蒙斯（George Siemens）提出了"联通主义"（connectivism）的学习观，这种学习观是一种非线性的、非结构化的，它将学习置于网络的视野中，认为"学习是建立网络的过程"[5]。而凯文·凯利认为"群突出了真实世界复杂的一面"，网络作为群体的象征是"使分布式存在成为学习、适应和进化的沃土"，并且网络结构与其他群的拓扑结构相比，更具有包容性和多样性。（图4-37）

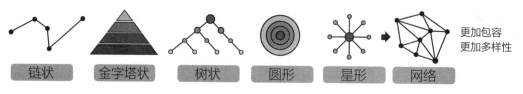

链状　　金字塔状　　树状　　圆形　　星形　　网络　　更加包容 更加多样性

图4-37　群的拓扑结构：网络结构更加包容，更加多样性（作者自绘）

4.3.3　小结

通过以上分析，"网络"无疑更适合于"广义设计"的研究。"设计"作为实践性极强的特殊领域，从总体上而言，的确具有非线性、非结构化、分布式管理、自适应等特征。并且随着社会网络结构的变革，设计实践和设计研究都已经扩散到社会的每一个领域，我们很难预测"设计"在未来还会与什么学科或什么领域交叉创造出新的学科或新的设计领域。"设计"的发展就像凯文·凯利对群系统的分析一样，它是一个"人造活系统"，具有"可适应""可进化""弹性""无限性""新颖性"等优点，但也有"非最优""不可控""不可测""不可知""非即刻"等缺陷。[6] 但是"网络"思维

1　[美] 凯文·凯利.失控：全人类的最终命运和结局 [M].东西网，编译.北京：新星出版社，2011:39.
2　[美] 司马贺.人工科学：复杂性面面观 [M].武夷山，译.上海：上海科技教育出版社，2004:77.
3　"联结主义"（connectionism）：简单而言就是"通过计算机模拟人的神经网络，对信息进行并行加工的理论体系。在联结网络系统内，数量巨大的神经元似的单位平行运作，把激活传递到联结的单位"。转引自：彭建成.国外认知连通主义研究纵观 [J].外语教学与研究，2002，34（4）：263-320.文中修改了 connectionism 的中译，为了与乔治·西蒙斯提出的"联通主义"（connectivism）区别，故将 connectionism 译为"联结主义"。
4　彭建成.国外认知连通主义研究纵观 [J].外语教学与研究，2002，34（4）：264.
5　[加拿大] 乔治·西蒙斯.网络时代的知识和学习：走向连通 [M].詹青龙，译.上海：华东师范大学出版社，2009:28.
6　[美] 凯文·凯利.失控：全人类的最终命运和结局 [M].东西网，编译.北京：新星出版社，2011:34-37.

并不能取代以往的思维框架：对于"线性的、可预知的、具有因果关系属性的机械装置"，我们必须控制它们，仍可以采用"可靠的老式钟控系统"；对于"纵横交错、不可预测、具有模糊属性的生命系统"，我们追求的是"终极适应性"，所以需要"失控的群件"。[1] 因此，为了面对真实世界中的复杂和生命中的杂乱，我们需要借鉴"网络"理论，重构"广义设计"，将"广义设计"的探索置于复杂的社会网络中，将它视为一种网络的形成，在形成过程中，会增加新的设计知识节点，也会创造出新的设计接触点。（图4-38）在网络的建立中，不同节点之间的联结方式仍然可以按照"中心""密切相关""边缘"等关联程度动态的组织。随着时间和情境的改变，在变动的世界中，这种非结构、非线性的模式，更有利于解释和研究来自不同领域、不同学者、不同声音的探索，也更有利于在实践中保持设计知识的活化。

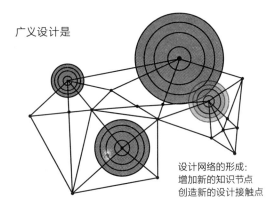

图4-38　"广义设计"是设计网络的形成
（图形参考：[加拿大]乔治·西蒙斯，《网络时代的知识和学习：走向连通》，
詹青龙译，华东师范大学出版社，2009:28，有改动）

4.4　重构"广义设计学"

　　"广义设计学"是对"广义设计"的研究，而无论称为"大设计"还是"广义设计"都是一种"设计"的观念，它们有共同的努力方向，却有着不同的具体目标。由于"设计"会受到"战争、变革、经济繁荣和衰退、技术创新等因素的影响"[2]，加之对"广义设计"的不同诠释同样具有不确定性，致使"广义设计学"的研究具有更加多元的研究目的和研究路径。显然"设计问题"与笛卡儿认可的"研究对象就应该定义精确"这一点并不相同，"设计"这一词汇具有多种实践形式：平面设计、时装设计、产品设计、工程设计、建筑设计、环境设计、服务设计……"这些不同的用法中存在着共同的本质，但这种共同的本质并非显而易见。与其说它们是一种本质的思想，不如说它们更接近路德维希·维特根斯坦(Ludwig Wittgenstein)的家族相似性（family resemblance）[3] 概念。"[4] 而随着科学实践从现代范式向后现代范式的转移，设计研究也必然从一种"独白式的"单一知识体系走向各种文化多元

1　[美]凯文·凯利.失控：全人类的最终命运和结局 [M].东西网，编译.北京：新星出版社，2011:37.
2　[英]约翰·沃克，朱迪·阿特菲尔德.设计史与设计的历史 [M].周丹丹，易菲，译.南京：江苏美术出版社，2011:28.
3　维特根斯坦在《哲学研究》（Philosophische Untersuchungen）中提出了"家族相似性"问题，否定了语言和世界具有本质结构。
　　对于设计哲学而言，"家族相似性"的观点解构了设计具有普遍性的观点，即不同设计不一定具有相同的步态、相貌、眼神、禀性等，尽管它们可能交叉重叠，但也只是相似而不是相同。
4　[英]约翰·沃克，朱迪·阿特菲尔德.设计史与设计的历史 [M].周丹丹，易菲，译.南京：江苏美术出版社，2011:22.

对话的探索之路。

4.4.1　广义设计学的概念诠释

　　"广义设计学"这一术语，从研究的角度而言始于赫伯特·西蒙的《人工科学》，但是很多研究学者和实践设计师也曾经提出过很多关于"广义设计"的理解。尽管这些对"广义设计"的诠释可能并非是系统化的研究，但是却可以为我们深化理解"设计"起到一定的帮助，并且可以促使我们拓宽设计的视野。经过上文的探讨，我们发现西蒙的"设计的科学"只是框定出人类创造人工物的"设计行为"具有某种普遍意义。按照汉语的语言习惯，"某某学"一般是指"分门别类的有系统的知识"，而"广义设计学"从字面上解释为"关于广义设计的系统化的知识"。即使是从字面上看，"广义设计学"应该是系统化的研究"广义设计"的问题群或者学科群，而西蒙的"设计科学"应该只是"广义设计学"研究的一个部分而不是全部。

　　那么，既然"广义设计学"作为一个研究的问题群，可以扩展到什么范围？又有何意义？[1]除了西蒙的"设计科学"之外，美国学者维克多·马格林倡导的"设计研究"，我国学者吴良镛先生从"广义建筑学"到"人居环境科学"的研究，柳冠中先生关于"事理学"的研究，麻省理工学院的Nam Pyo. Suh教授主持的"公理设计"等也具有这一"广义"化研究设计的特征。尽管他们似乎都在试图积极拓展其理论的适用性，但是我们必须反思设计研究中"何谓理论"以及"理论何为"，因为由语言承载的设计思维尽管可以将设计研究的对象"广义化"，但是任何一个单一的理论却难以包罗整个世界。

4.4.2　设计研究中理论的意义与局限

4.4.2.1　设计理论的缺失与设计理论的"去神化"

　　设计实践与理论研究一直处于一种"矛盾之中"：一方面设计实践者需要理论研究而获得更多的设计知识来辅助设计实践，因而设计研究成为现代设计所必须的内容，但是不同的设计门类、不同的学科、不同国家设计理论的发展程度各不相同；另一方面一些"设计理论"又与设计实践断层严重，很多理论家的研究被设计实践者视而不见，理论对实践的影响可谓杯水车薪。因此，强调理论的作用与质疑理论存在的必要性是同时存在的，而对于理论的态度直接影响着我们如何认识"设计"并拓展"设计"。

　　某些对"设计理论"的批评直接指向设计理论家，认为他们似乎是在书房中"自说自话"，研究理论的目的仅仅是为了证明自己仍然能够提出新的设计理论而具有存在的价值。然而当代设计理论研究中的"过度知识精英主义"也遭到抨击："文字越来越华丽、句型越来越复杂、理论越来越晦涩，但完成的建筑却远没有理论所描述的玄而又玄"，这导致理论沦为"知识精英的思考游戏"，"图书馆成为他们的建筑工地"；实践沦为"开业建筑师的经济活动"，理论与实践无法相互联系；[2]还有一些批评的声音指向设计批评家，认为在欧美经济低迷的现状下，建筑评论家每几年就翻新一轮设计思潮只是为自己所在阵营的建筑师寻找更多项目的"噱头"而已。为了避免"为了理论而理论"的研究，

1　参阅《现代汉语词典》网络词典，http://www.zdic.net/cd/ci/3/ZdicE5ZdicB9ZdicBF284909.htm.
2　[美]雷泽，梅本.新兴建构图集 [M].李函，胡妍，译.北京：中国建筑工业出版社，2012:11.

通过设计实践来反观设计理论是十分必要的，并且需要不断反思"设计理论"自身。

传统设计研究中对"理论"的看法与社会研究一样同样受到自然科学的影响，认为理论是一种"所持有的作为对一组事实或现象的解释、说明的想法、陈述的安排或体系……一种关于已知或已观察事物所持有的一般性定律、原则或者原因的陈述（Shorter Oxford English Dictionary）"[1]。这种将理论理解为对研究对象的解释或描述的方式是一种基于传统自然科学研究的观点，但是却长久以来地影响到设计研究。正如布莱恩（Bryman）所言，"对理论一词占有统治地位的理解及其在研究中的使用一直受到实证主义研究传统和演绎主义深刻的影响"[2]。尽管实证主义被很多研究者视为一种最为"科学的方法"[3]，只有将设计研究向自然科学靠拢才能获得合法的学术地位，使设计研究变得更加"科学"。这种对自然科学的模仿忽视了实证主义的基本假设是："我们所看到的事物（现象）与事物实际上是怎样的（现实）之间并不存在分裂，而且世界是真实的，既不是由我们的认知调节，也不是社会建构的。"[4] 由于设计领域涉及自然、人、社会等多种维度，涉及事实、价值、意义等多种维度，用一种视角垄断所有的"设计问题"无疑是危险的。在设计研究中与自然科学交叉的领域如光学、材料学、热工等问题无疑更适合自然科学的研究方法，而涉及人的问题，如人类学、社会学、心理学等社会科学、人文学科的研究方法更适宜[5]。因此，设计研究的基础必然首先是对研究的设计，而不是毫无置疑地采用一种单一的、所谓的"科学方法"。另外一个不可忽视的问题是，科学哲学自身是发展的，当科学研究已经对科学"划界"问题和科学研究范式的典范转移有了新的认识，抛弃了本质主义并走向实践哲学的时候，设计研究还在捍卫传统的科学观似乎有些"一厢情愿"。恩格斯说："只要自然科学在思维着，它的发展形式就是假说。"同样的，在每一种情况下，理论的形式也都是"如果……，就……"。[6] 在实践哲学的视野下，设计理论应该是一种设计研究的实践，理论本身仅仅是一种用语言和文本表达的结果，更重要的它是对设计实践的一种思考与探索。所以，"设计理论"不能戴着一种"假面具"，不能将理论研究者自身隐藏在公众视野的背后，变为"真理"的化身宣读"上帝的旨意"。正如哲学家雅克·施兰格对笛卡儿的批评：（图4-39）

图4-39　"我戴着假面具出场"，1619年勒内·笛卡儿如此声明他进入哲学领域（转引自：雅克·施兰格，《哲学家和他的假面具》，1999：1）

在登上舞台时，无论是通过言语还是通过文字，都改变语调，提高嗓门。他不再说话，而是朗诵，有时甚至作出预言。他所带的假面具是用来掩盖面部表情的，尤其是用来改变语调的。

人们听到的确实是勒内·笛卡儿的声音，但是已被掩盖着他的假面具和他希望成为哲学家的假面具所改变、放大或变形……[7] 哲学家通过他的著作所表达的是他的思想观点、他的文化、他的

1　[美] 乔纳森·格里斯.研究方法的第一本书 [M].孙冰洁，王亮，译.大连：东北财经大学出版社，2011:97.
2　[美] 乔纳森·格里斯.研究方法的第一本书 [M].孙冰洁，王亮，译.大连：东北财经大学出版社，2011:94.
3　实证主义同样也被一些学者讽刺为"教徒众多的教派"。
4　[美] 乔纳森·格里斯.研究方法的第一本书 [M].孙冰洁，王亮，译.大连：东北财经大学出版社，2011:73.
5　乔纳森·格里斯认为："人类学是杂乱无章的，难以预测的人和导致时间难以被拆分和澄清的因素。"
6　[美] 克里斯·阿吉里斯，唐纳德·A.舍恩.实践理论：提高专业效能 [M].邢清清，赵宁宁，译.北京：教育科学出版社，2008:4.
7　[法] 雅克·施兰格.哲学家和他的假面具 [M].徐友渔，选编.辛未，等译.北京：社会科学出版社，1999:1.

天才和他的梦想，不是真理，而是他的真理——由于不能直接进入超验性，所以人们永远不能超出这种真理。[1]

当代建筑理论家迈克·斯皮克斯（Michael Speaks）提出了"设计情报"（design intelligence）一词，暗喻着"设计情报时代的来临，大师神话的时代已经终结；过去如《圣经》教条般的各种建筑理论也不过是各种伪科学而已"；"设计情报"说明了在信息社会中"建筑理论将被取代，系统性的知识轻量化为漂浮资讯的当前状态"[2]。当然，"设计情报"仅仅是对陷入理论泥潭的西方建筑理论的一种"解药"，而不是一种新的"时髦理论"。但是至少我们可以认识到：当代设计的多元性、开放性与"进行中"的特征。并且，文本仅仅是记录理论思维的载体之一，理论的书写作为西方自古希腊以来积累知识的传统途径，并不是知识和洞见的唯一途径。洛柯，斯波多索和斯尔弗曼（Locke, Spirduso,& Silverman,1993）指出，"在任何活跃的研究领域，当前知识基础不是在文献中（in the library）——它是在一群研究人员看不见的非正式联想中"；约瑟夫·A.马克斯威尔认为，这种知识不仅依据现已形成的"理论"，还存在于"未出版的学术论文、未完成的博士论文和授予的申请中以及工作在这个领域研究者的头脑中"[3]。设计研究和设计实践作为一种专业实践，"正式"（学习，研究）与"非正式"（学习，研究），理论与实践很难用二分法决然地割裂开来。设计实践中具有洞见的理论思维和设计知识往往具有情境性，存在于实践的工作场所之中。并且，就像设计方法不能代替设计者自己的创造性一样，任何文献和已有理论都不能代替研究者自己的经验、思考、洞见和想象力。

理论的书写中，我们将"设计"转换为语言，但是"语言的边界也构成了思维的边界"[4]，我们一方面不能将现实世界的复杂性完全还原，在"设计"与语言的"转译"中，不可避免地会有"意义流失"。正如曾成德教授所言，"也许，在文字与建筑的转换过程中永远难以避免量体失重、材料失真、形式失去意义、场所失去所在"[5]。另一方面，我们又不可能不受到已有知识和思维方式的影响，在问题的建构中难免会存有"执念"，或者原本重要的信息被过滤掉。并且，"理论"往往成为学术竞争的"竞技场"，"同一个领域的学者更容易曲解他人的研究：他们阵地分明，竞争激烈，只顾捍卫自己的观点，不顾理论与现实的冲突"[6]。况且，文字语言不一定能代替设计作品自身"说话"，"没有理论著述并不意味着没有思想与方法的建树"[7]。很多设计作品十分出色的大师，如勃拉孟特（Donato Bramante）、卡洛·斯卡帕（Carlo Scarpa）更愿意用作品自身"说话"，而罗伯特·文丘里的建筑作品相对于其理论而言又显得逊色很多。

另外一个问题就是，未必所有理论都是正确的，理论也不一定都会被人接受。"正式理论"（基于严谨研究的技术）与"非正式理论"（基于理论思维的探索）的划分同样受到不同"研究文化"的影响。由于近代科学观对人类认知的遮蔽，"叙述性知识"被视为落后的知识形态，不再具有合法性。而对于设计研究而言，"叙述性知识"仍然对理论思维是非常有效的。因为，理论表述的是概念之间

1　[法]雅克·施兰格.哲学家和他的假面具[M].徐友渔,选编.辛未,等译.北京:社会科学出版社,1999:18.

2　[日]五十岚太郎.关于现代建筑的16章:空间、时间以及世界[M].谢宗哲,译.台北:田园城市文化事业有限公司,2011:12-13.

3　[美]约瑟夫·A.马克斯威尔.质的研究设计:一种互动的取向[M].朱光明,译.重庆:重庆大学出版社,2007:26.

4　维特根斯坦说:"我的语言的边界就是我的世界的边界。"（《逻辑哲学论》5.6）在设计理论中可以理解为,尽管思维是没有边界的,但是语言承载的思维是有边界的.

5　[日]五十岚太郎.关于现代建筑的16章:空间、时间以及世界[M].谢宗哲,译.台北:田园城市文化事业有限公司,2011:20.

6　[美]克里斯·阿吉里斯,唐纳德·A.舍恩.实践理论:提高专业效能[M].刑清清,赵宁宁,译.北京:教育科学出版社,2008:3.

7　卢永毅.建筑理论的多维视野[C].北京:中国建筑工业出版社,2009:导言.

具体的关系，而从宽泛的意义上而言，叙述性的知识更有利于表达"概念"的"体验性"维度与"多义性"维度。例如，童寯先生在《江南园林志·造园》中提出了一组标准："大中见小，小中见大，虚中有实，实中有虚，或藏或露，或浅或深，不仅在周回曲折四字也。"而这组标准实际上是取自清代文人沈复的自传体散文《浮生六记》。[1] 在《孔子哲学思微》（*Thinking Through Confucius*）中，美国汉学家郝大维与安乐哲对孔子哲学中"述而不作"的创造性给予了高度评价。他们认为，"孔子并没有为'一般的存在理论'或者'普遍的原则科学'提供基础。他的看法是美学的、是情境主义的。按照他的看法，部分与整体——聚结和场——的相关性迫使一切事物都相互依赖……"[2] 从西方传统的视角看，理论根植于逻辑理性的法则，而郝大维与安乐哲通过对孔子的研究，非常赞赏孔子对思辨的保留态度，而孔子所代表的中国传统思维方式对世界文化的贡献，对设计理论的贡献尚待开发。而理论与科学、技术一样，同样需要"去神化"，才能通向"广义设计学"的研究。

4.4.2.2　设计理论与设计研究中理论的使用

在大的设计门类中，建筑学是学科历史最长，受到自然科学研究方法影响较深，也是理论研究较为成熟的。尽管很多学者也试图采用自然科学方法或者数学方法使设计更加向自然科学靠拢，但是由于丧失了设计自身的自主性，这些尝试都遭到不同学者的批评和怀疑。尽管在设计方法论研究中，对于"设计"与"科学"的差异的认识是十分深刻的，但是在实际的理论话语中，仍然存在两种不同的争论。一种观点认为理论研究是"以设计为研究"（research by design），强调"规则中心"；另一种观点认为理论研究是"进入研究中的设计"（research into the design），强调"模型中心"。[3] "规则"导向的理论研究是基于对启蒙理性的绝对信任，但却割裂了设计学科自身的自主性；而"模型"导向的理论研究则强调"设计是一个动态模型，设计总是在一定的主体间按照各自的规则进行对话的过程中进行"[4]。这种生成性的、互为主体性的研究取向，显然更利于设计与实践的联系。莫里森（Morrison）和特怀福德（Twyford）就对理论的"规则"性持怀疑态度，他们认为："就其本质而言，因为一旦设计被定义成一套固定的程序的时候，设计将被僵化。因此，形成过多的设计理论和设计方法是有危险性的。保持设计的知识活化是非常重要的。此外，设计师对于潜在的情境和机会应具有敏锐性。如此一来，他们所开发的最终产品才会具有价值和用途。"[5] 德国理论家汉诺－沃尔特·克鲁夫特也认为："每一个历史阶段的建筑理论，恐怕只适合于它自己所属的这个历史时期。而且，这样一个定义应该具有某种一般性特征……既然是建筑理论就应该应用于任何时间、任何地点……然而这样一个抽象的、绝对的定义，既不具有实践性，也不具有历史的无可争议性。"[6] 为了摆脱设计研究与设计实践的断层，我们必须走向设计实践自身，深入具体的情境，并且从脱离设计实践的抽象思辨中摆脱出来。

由于设计研究涵盖了非常广泛的领域，从广度上说涉及自然科学、社会科学和人文学科的方方面面，因而设计研究的多重探索体系是不足为奇的。英国社会学家乔纳森·格里斯认为，在社会研究中，"理论的含义和作用会根据个体学者的本体论和认识论立场而改变……正是由于研究人员拥有不同的

1　张翼.读《江南园林志》[A]// 童明，董豫赣，葛明.园林与建筑 [C].北京：中国水利水电出版社，知识产权出版社，2009:116.

2　[美] 郝大维，安乐哲.孔子哲学思微 [M].蒋戈为，李志林，译.南京：江苏人民出版社，2012:186-187.

3　杨健，戴志中.规则、模型、建筑学研究方法：构成性与生成性辨析 [J].河北工程大学学报（自然科学版），2008，25（3）：54.

4　杨健，戴志中.规则、模型、建筑学研究方法：构成性与生成性辨析 [J].河北工程大学学报（自然科学版），2008，25（3）：55.

5　Morrison，Twyford.设计能力与设计意识 [M].张建成，译.台北：六合出版社，2002:8.

6　[德] 汉诺-沃尔特·克鲁夫特.建筑理论史：从维特鲁威到现在 [M].王贵祥，译.北京：中国建筑工业出版社，2005:23.

本体论出发点，所以对于在研究中理论所扮演的角色这一问题并没有一个普遍的意见"；并且，他对于建立在传统自然科学基础上的理论观点提出了质疑，他认为，"第一，所有理论都必须建立在一些关于社会现实的本质和关于它我们能够知道什么的假设的基础上……第二，不同的研究传统对理论持有不同的理解这一事实意味着上面展示的狭隘的实证主义定义只是众多对理论的合理定义中的一个。第三，理论在研究中的不同应用为理论的定义问题增添了一个维度，它可以是大理论或扎根理论，也可以是超理论或中层理论。"[1]尽管乔纳森·格里斯阐述的是社会研究中的理论问题，但是随着设计研究范式的社会学转向，社会研究中的研究方法论对于设计而言（社会学与设计学都面临人的信仰、行为等不确定性因素），将更加具有解释上的包容性和操作上的可行性。

　　乔纳森·格里斯的观点提醒我们，在设计研究中，"研究设计"（research design）的基础是绝对不可以忽视和隐匿的。乔纳森·格里斯通过"构成研究的基石之间的相互关系"的示意图（图4-40）展示了研究中重要基石之间存在的方向性关系。对于设计研究的意义，这种"问题导向"的研究将改变"方法导向"的研究引起的研究问题与方法的不适应。如《设计研究方法》（*Design Research Methods*）一书将科学界定为："以系统性的实证研究方法，所获得的一种有系统、组织的知识"；并强调"无论研究的题材是什么，只要采用系统性的实证研究方法，就算是科学。否则，便不能算是科学"。[2]该书将设计研究仅限于实证研究的框架内，并在提出研究问题之前就限定了研究方法的选择，而不是"在以问题为导向的指引下研究问题指向最适合的研究方法"[3]。"方法导向"的研究完全忽视了特定的世界观对整个研究的极为重要的影响，并忽视了构成研究重要基石之间相互关联的逻辑性。

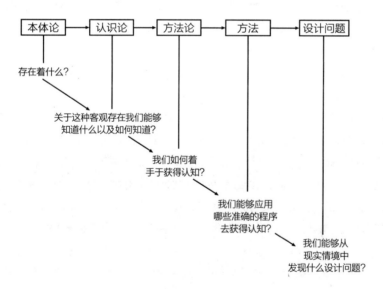

图4-40　构成研究的基石之间的相互关系
（图片参考：乔纳森·格里斯，《研究方法的第一本书》，2011：59，有改动）

　　在设计研究中，对于设计本体论和认识论的立场往往决定了研究者从哪个角度框定设计问题，又提出什么样的问题。（表4-6）针对特定的问题和情境才会有适宜的解决方法和研究方案，正如乔

1　[美]乔纳森·格里斯.研究方法的第一本书[M].孙冰洁，王亮，译.大连：东北财经大学出版社，2011:98.
2　管幸生.设计研究方法[M].台北：图书股份有限公司，2009:2.
3　[美]乔纳森·格里斯.研究方法的第一本书[M].孙冰洁，王亮，译.大连：东北财经大学出版社，2011:60.

纳森·格里斯所强调的，"研究应该由所提出的研究问题或假说所驱动和指引"[1]。在设计研究中，必然要选择适宜设计问题的研究范式，建立概念框架[2]。尽管在一些理论表述中，这些研究的基石可能是隐含的，但是我们不能忽视它们的存在，即使不信任理论的人，也会受到世界观的潜在影响。而按照前文倡导的"网络思维"，设计研究者如何展开理论探索活动，如何选择和建构"设计问题"的网络，如何定义他认为的"广义设计"以及预期达到什么样的目标，又该如何评价成果，同样是由互相关联的基石构成的。

表 4-6　研究范式的三分结构

基本信念	实证主义 / 后实证主义	解释性 / 结构主义	解放性的
存在论 （真实的性质）	一个真实本体，有可能认识	多重的、有社会性的建构真实	取决于社会、政治、文化、经济、种族、性别和残疾等价值观的多重现实
认识论 （知识的性质；认识者和认识世界的关系）	客观现实是重要的，研究者用完全客观、冷静的方法来观察和掌握它	研究者和参与者之间有交互性的联系；价值判断在研究中非常清楚，结果是被创造出来的	研究者和参与者之间有交互性的联系；认识是建立在社会和历史的环境之中的

在研究路径的选择上，设计研究可以选择"量的研究""质的研究"和"混合研究"等多种方式。但在质的研究中，理论的概念要宽泛得多，约瑟夫·A.马克斯威尔认为：

> 理论的主要作用是为世界为什么是其所是提供了一种解释模式或图示（Strauss, 1995）。理论只是世界的简化形式，但简化的目的是澄清和说明世界的某些方面是如何运作的。理论是对你想要理解的现象的一种解释。它不仅仅是一个"框架"，尽管它可以提供一个框架；理论还是你眼中所发生的事情及其原因的一个故事。一个实用的理论就是讲述一个关于某个现象的具有启示意义的故事，它给予你新的洞察力并加深你对这个现象的理解。[3]

在研究中将会使用已有理论，约瑟夫·A.马克斯威尔用"衣柜"和"探照灯"来隐喻已有理论。他认为，已有理论就像一个"衣柜"，里面的概念就像衣柜里的"衣钩"（coat hooks），"它们为'挂'资料提供了空间，揭示出它们与其他资料的关系"；此外，已有理论还像一个"探照灯"，它可以照亮你所看到的一切。但是，"探照灯"是有角度的，它会吸引你照向一些地方，以防止你忽略一些关系；但是没有任何理论可以照亮所有的区域，未被照射的区域将被留在黑暗中。[4]（图 4-41）所以，理论作为一种分析架构不是简单地"反映了"现象，"即使是同一个客观世界的同一个面相，也可以从不同的认知意向的角度去关照它。每次不同的关照，都会使它获得一种新的关联、一种新的意义"[5]。"分析框架"的有限性同样是设计研究边界的有限性，无论从何种角度出发的"广义设计学"研究，都不可能关照到所有问题的方方面面。"广义化"不能为了求"大"、求"全"而"广义化"。尽管"边界"具有临时性，但是承载于语言的思维是有极限的，人类的认知能力是有极限的。"广义化"的意义在于打破固有的边界，创造新的知识节点；或者在多元视角和多重边界中"交锋"，创造新的思维火花；

1　[美]乔纳森·格里斯.研究方法的第一本书[M].孙冰洁，王亮，译.大连：东北财经大学出版社，2011:59.
2　研究的"概念框架"，又称"理论框架"或"思想框架"，是指"支持和丰富研究的概念、假设、期望、信念和理论体系"。参见：约瑟夫·A.马克斯威尔.质的研究设计：一种互动的取向[M].朱光明，译.重庆：重庆大学出版社，2007：25
3　[美]约瑟夫·A.马克斯威尔.质的研究设计：一种互动的取向[M].朱光明，译.重庆：重庆大学出版社，2007:32.
4　[美]约瑟夫·A.马克斯威尔.质的研究设计：一种互动的取向[M].朱光明，译.重庆：重庆大学出版社，2007:33.
5　孙隆基.中国文化的深层结构[M].桂林：广西师范大学出版社，2011:16.

或者寻找共同的交集，集中不同领域的研究成果实现平台共享……

 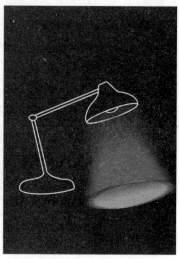

图 4-41　约瑟夫 · A. 马克斯威尔用"衣柜"和"探照灯"来隐喻"质的研究"中的已有理论（作者自绘）

4.4.3　"广义设计学"研究的多重策略

"广义设计学"并非是对传统设计学的否定，也不是简单地将"设计学"的研究范围扩大化而沦为泛泛的空谈。"广义设计学"不仅仅是一种人文理想，它是具体的、可操作的。在很多设计领域都有"广义"和"狭义"的定义，如"广义的建筑学"重在宏观层面，关注于整个社会的、文化的、政治的和组织方式的问题；"狭义的建筑学"重在微观层面，关注风格、技术等问题。随着设计实践和设计教育的发展，"专业本位"的设计观越来越体现出局限性，这也促使国内的设计教育和设计研究开始走向基于"大设计观"的，关于"广义设计学"的探索。

由于"设计"的实践活动具有多元性和异质性，使得任何一种单一的模式和理论很难定义每一个具体的设计过程和设计类型。所以，从设计研究的角度而言，应该根据不同的具体设计问题选择适宜的研究方法。基于前文对"表象主义"科学观的反思以及对"设计"中的概念和理论的再思考，本书并不认为"广义设计"的定义和理论具有唯一性和普遍性，它们应该是情境化的、动态发展的、处于网络关系中的。本书将"广义设计学"理解为基于"广义设计观"的，对"广义设计"的研究，它具有多元性、开放性、生成性、整体性、实践性与可争议性等特征。尽管"广义设计学"这一术语起源于西蒙提出的"设计科学"，但是"广义设计"作为一种"复数"，需要更多元的理解；"科学"作为一种实践，为了增进"科学""社会"与"设计"的关系，法国当代著名科学哲学家、人类学家和社会学家布鲁诺·拉图尔（Bruno Latour）倡导的"研究"（research）则更有利于将"设计"从古老科学主张的"真理性"与"确定性"的禁锢中解放出来，走向一种"广义设计的建构"[1]。正如布鲁诺·拉图尔（图 4-42）在《我们从未现代过：对称性人类学论集》中所宣称的：

　　我们已经从科学转向了研究。科学意味着确定性；而研究则充满不确定性。科学是冰冷的、

1　[法]布鲁诺·拉图尔. 我们从未现代过：对称性人类学论集 [M]. 刘鹏，安涅思，译. 苏州：苏州大学出版社，2010:6.

图 4-42 布鲁诺·拉图尔

直线型的、中立的；研究则是热烈的、复杂的、充满冒险的。科学意欲终结人们反复无常的争论；研究则只能为争论平添更多的争论。科学总是试图尽可能地摆脱意识形态、激情和感情的桎梏，从而产生出客观性；研究则以此为平台，以便使得其考察对象通行于世。[1]

计算机科学大师弗雷德里克·P. 布鲁克斯 (Frederick P. Brooks) 也对设计研究领域视野的狭隘和思想的僵化表示担忧：

对于设计过程的研究已经成熟，这是好事，但并不是一切都好。已发表的研究成果越来越关注狭窄的主题，大问题讨论的越来越少。对精确的期望和对"设计科学"的期望可能使得科学研究之外的出版物受阻。我建议设计思考者和研究者重新关注这些大问题。[2]

出于更大包容性的考虑，本书试图将分散于不同领域的"广义设计学"的探讨纳入到设计研究的框架内，以此将"广义设计"研究中的共性问题在一个公共平台上讨论。早在 1984 年，美国学者维克多·马格林和理查德·布坎南、法国学者马克·蒂亚尼等学者就曾在《设计问题：历史·理论·批评》的论文集中积极倡导过。本书吸纳了这些学者观点，但又作出了发展。维克多·马格林等学者采用的方法是将来自不同学科的学者集中起来，各自表达自己的观点，而本书则从设计研究方法论的角度对"广义设计学"进行了进一步探讨。设计研究方法论关注的是设计研究过程的"逻辑关系"和"哲学基础"。[3]从设计研究的角度，本书将当下不同领域对"广义设计学"的研究划分为四种"研究策略"。由于每一种研究策略中对"广义设计"的研究基石（本体论、认识论、方法论、方法）各不相同，我们可以将其划分为"文化导向"的研究、"科学导向"的研究、"学科导向"的研究和"问题导向"的研究。（图 4-43）这些不同导向的研究尽管切入设计问题的角度不同，但是却并非相互竞争的"范式"，并且在现实的"广义设计"研究中能够形成有力的相互补充。

4.4.3.1 "文化导向"的"广义设计学"研究：一种"设计语义网络的建构"

1."文化导向"的"广义设计学"研究释义及意义

"文化导向"的研究将"广义设计学"理解为人类特有的一种文化实践活动。从研究策略上而言，我们可以将这种研究与文学领域的"文化研究"(cultural studies)相类比。文化研究作为一种"后学科"，是一种"开放的、适应当代多元范式的时代要求并与之配伍的超学科、超学术、超理论的研究方式；是一种'学科大联合'与'历史大联合'的事业"[4]。"设计"的文化研究不是"设计文化"的研究，它是打破学科概念的界限，强调"关系"的深度探讨。中国人民大学的文学教授金元浦认为："文化研究传统上主要涉及社会心理、文化批评、历史、哲学分析，特定的政治干预等领域……它通过超越学术专业化，避免了研究定义标准的划分,文化研究在跨学科的范畴之内运行,涉及社会理论、经济学、哲学、

1 [法] 布鲁诺·拉图尔. 我们从未现代过：对称性人类学论集 [M]. 刘鹏，安涅思，译. 苏州：苏州大学出版社，2010:1.
2 [美] Frederick P. Brooks. 设计原本 [M]. 高博，朱磊，王海鹏，译. 北京：机械工业出版社，2011: 前言.
3 李立新. 设计艺术学研究方法 [M]. 南京：江苏美术出版社，2010:11.
4 金元浦. 文化研究：学科大联合的事业 [J]. 社会科学战线，2005（1）：246-253.

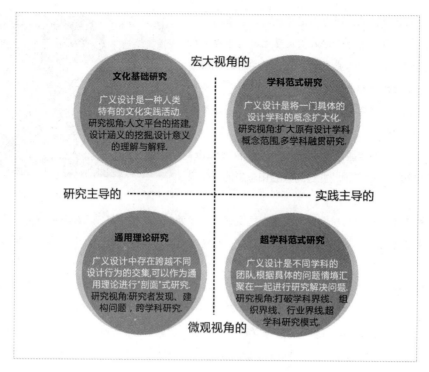

图 4-43　"广义设计学"研究的不同研究策略的地图（作者自绘）

政治学、历史学、传媒研究、文学和文化理论、哲学以及其他理论话语。"[1] 由于"文学"同"设计"一样，与自然科学研究对象所不同的是，它们的研究对象和研究边界会随着外部环境的变化而调整。"广义设计"的研究将"设计"活动的参与者不仅仅局限于"设计师"，还包括来自不同学科的"设计研究者"以及用户等"广义设计主体"的参与，例如中央美术学院的季倩博士就根据"设计—文化"的关系提出了"设计文化生成的场域研究"[2]；"广义设计"的研究还试图从"网络"的视角，发现新的知识节点和新的设计"接触点"，例如理查德·布坎南从修辞学的角度，提出"设计是一种构造的艺术，它是所有以实用目的的形式创造活动的共同之处"[3]。（图 4-44）同样在文化研究中，詹姆逊也提出了用"协同关系网"取代"单一作者"的观念，强化了对不同学科、不同主体、不同地域、不同话语之间关系的深入探析；文化研究中还强调对"主体间性"[4]的研究，突出了"文学—文化的公共场域"，强调不同话语在历史语境中的"约定性""相关性""相互理解性"和"联系与认同的可能性与合法性"。[5]中国人民大学的卢铁澎也认为："文化研究跨学科的开放性，有力挑战了现代学科体制的僵化与狭隘，是学科弊病的理想解毒剂。"[6]可见，文化导向的"广义设计学"的研究不仅仅发生于"设计"领域，在文学领域，甚至科学哲学等领域都有学者在"跨界"探索，从而"修复"由于社会专业分工、学科知识分类而导致的研究"碎片化"。正如理查德·布坎南和维克多·马格林所言，"如果不将设计实践与

1　金元浦.文化研究：学科大联合的事业 [J].社会科学战线，2005（1）：246-253.
2　季倩."设计之城"：一种文化生成的场域研究 [D].北京：中央美术学院，2009.
3　[美]维克多·马格林.设计问题：历史·理论·批评 [C].柳沙，张朵朵，等译.北京：中国建筑工业出版社，2010:1.
4　"主体间性"，指力图克服主客二分的近代哲学思想和思维模式，强调主体与客体的共在和主体间对话沟通、作用融合及不断生成的动态过程。
5　金元浦.文化研究：学科大联合的事业 [J].社会科学战线，2005 (1)：246-253.
6　卢铁澎.文化研究：大道与歧路 [J].首都师范大学学报 (社会科学版)，2004 (1)：75-83.

当代文化语境的问题结合起来思考，它的概念是得不到充分而恰当的理解的"[1]。而这些研究也回应了前文对设计"双重身份"的探讨，这些历史学、社会学、修辞学、批评理论、文化研究、社会心理学、技术哲学、政治理论等领域的学者不仅仅关心"作为专业实践的设计"，还关心"设计的社会身份"，即"设计"如何在社会中运作。当然，放大讨论的范围不会使"设计"的概念更加模糊，因为任何一种研究"视线"的调整，都会"修正"和"重构"设计本体，而不是消解设计本体。"跨界"的目的是在"网络"关系中重新发现"设计"和"跨界"与"固本"实质上是同一个过程。因为任何对设计边界的修正和探索都是为了"更好的设计"。

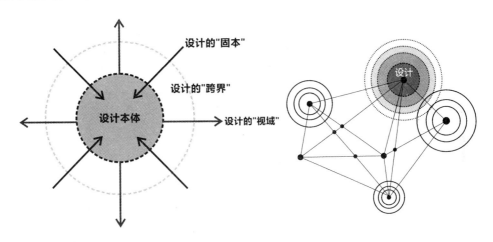

文化研究强调"语境"，在其视野下，"广义设计"的研究意在：
从不同的语境"建构设计"，"发现设计"，丰富设计的"语义网络"。

图4-44　"广义设计学"的文化研究导向（作者自绘）

维克多·马格林认为，对于设计实践而言，我们需要"界定相邻各个领域的新要点，使不同类型的设计师展开更多合作，同时使各位设计师有可能比当前大多数设计师所做的介入到更大范围的问题求解中"[2]。对于设计教育而言，我们需要一门设计研究的新学科来培养一种能够将理论、批评和历史带入设计问题的核心领域的学者。因为，当下按照各自专业分隔的设计教育已经导致了"设计"定义的支离破碎，设计的共性问题被严重忽视。这使得不同专业的设计师带着各自的思维模式加入设计团队，忽视他人的工作，误解他们的想法。"并且因此也阻碍了设计在社会中成为一门更加综合全面的学科的大胆构想。"[3]对于设计的社会性而言，狭义的设计研究将产品与技术和其他背景因素孤立起来，因而"如果我们将设计作为一门影响力更广泛、实践更重要的学科，那么关于它的知识对我们而言会更有价值"[4]。

诚如结构主义大师莫霍利·纳吉对"广义设计"的理解："设计不是一种职业，它是一种态度和观点。"广义设计学不是要总结一套静态的知识系统，因为知识系统需要不断更新与重构；它也不是一种模式化的设计科学方法论，而是以宏观的视野、系统的思维、整合的态度来看待设计，它是一种对待设计的态度、一种探索设计的方式和一种有机生成的理念。广义设计学的目的是将设计放到文化和日常生

1　[美]理查德·布坎南，维克多·马格林.发现设计：设计研究探讨[M].南京：江苏美术出版社，2010:1.
2　[美]维克多·马格林.设计问题：历史·理论·批评[C].柳沙，张朵朵，等译.北京：中国建筑工业出版社，2010:2.
3　[美]维克多·马格林.设计问题：历史·理论·批评[C].柳沙，张朵朵，等译.北京：中国建筑工业出版社，2010:3.
4　[美]维克多·马格林.设计问题：历史·理论·批评[C].柳沙，张朵朵，等译.北京：中国建筑工业出版社，2010:4.

活中理解，让大众和设计师通过敞开的视界理解外部世界、理解人类自身、选择生活的意义并通过设计塑造它们。

2."文化导向"的"广义设计学"研究的特征与方法

"文化导向"的"广义设计学"研究具有跨学科和开放性的特征，但也对研究者提出了新的要求。"设计"作为一门交叉学科，其自身已经涉及非常庞大的知识体系，如果想从其他学科的角度来探讨"设计"就需要有足够的知识储备。作为个体研究者而言，很难对所有学科都有所涉猎，因而更多采用团队合作的方式，通过跨学科合作的研究团队带来多元化的视角。多元化的视角可以打破对"设计"僵化的理解，但也受制于研究团队的水准，因为多元化在扩展设计边界的同时也可能导致"设计"本体的无限"泛化"，从而失去实际的意义。因而，文化导向的研究是"大道"与"歧路"同在，需要研究者在实践中具有批判诠释的能力。（图 4-45）

图 4-45　"文化导向"研究的利弊："大道"与"歧路"同在（作者自绘）

"文化导向"的"广义设计学"研究打破了设计研究方法论"一元论"与"多元论"的争论。"设计"既可以作为一门实践（设计的"艺术"），又可以作为"科学研究"的对象（设计的"科学"），因而设计研究既需要"科学解释"又需要"人文理解"。设计作为一种特殊的，"知"与"行"紧密结合的人类行为，不仅要基于"事实"，还要赋予"设计"意义和价值。（图 4-46）

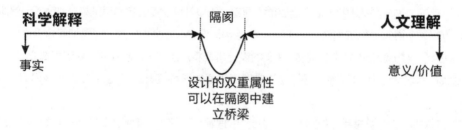

图 4-46　"广义设计学"研究方法的多元论（作者自绘）

"文化导向"的"广义设计学"研究扩大了"设计共同体"的范围，实现了不同主体间"视域的融合"。这种研究方法避免了传统设计研究中过于"主观"化的个人判断，将不同"设计主体"的视角参与进来。由于"设计"同"艺术"的差异在于"设计"不能超越时代，不能不顾及社会背景和使用者的需求，因此"设计"需要在"设计者（生产者）"与"使用者（消费者）"之间建立起一些"共有知识"，需要对话与交互。江南大学的张凌浩博士在《符号学产品设计方法》一书中将伽达默尔的"视域融合"理论（图4-47）与诺曼（Norman）的设计师与使用者的概念模式（图4-48）进行类比，从而强调设计师与使用者需要通过产品符号来沟通。而如果想要"理解"设计，就需要"接受者的先见（每一个接受者对将被理解之物已经具有的知识和意识）要与发送者（设计师）的知识范围相统一"[1]。而无论是何种对"广义设计"的诠释，都将在设计师的跨学科合作中或者设计师与社会大众的对话中，增加

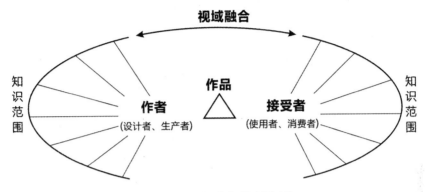

图4-47　伽达默尔的"视域融合"
（图片来源：张凌浩，《符号学产品设计方法》，2011）

他们的"共识"，关注对"设计"中的共同问题的探讨，从而实现"设计语义网络的建构"。

　　"文化导向"的研究认为，用对"设计"的广义的、开放的理解来进行研究是极为重要的，主要是因为我们很难将"设计研究－设计思考"，"严谨研究中的设计日常生活中的设计"完全割裂开来。在实际的"设计"活动中，它们往往交叉在一起，与其一劳永逸的"定义"，不如在实践中考察不同语境中设计语义网络的生产和设计与其他问题的联系和互动。

　　日内瓦大学科学认识论与教学实验室(LDES)的安德烈·焦尔当（André Giordan）认为，在当今社会每一个个人和组织都应该成为一个"学习者"[2]。对于"广义设计"的探讨而言，

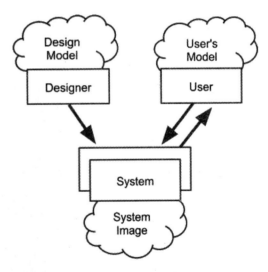

图4-48　诺曼（Norman）的设计师与使用者的概念模式
（图片来源：诺曼，《情感化设计》）

来自不同领域和不同学科的研究者和思考者也都可以说是"广义设计"的学习者。在"设计"实践的过程中，任何对于"设计"的实践和研究都是在实践的具体情境中对"设计"进行学习，在这种心智过程中，旧有的"设计概念"被新的"设计概念"取代，进而形成了对"广义设计"的研究或思考。"学习者"的概念认为，"知识来自一系列建立联系的过程或建立'认知桥'的过程，但更来自解

1　张凌浩.符号学产品设计方法 [M].北京：中国建筑工业出版社，2011:95.
2　安德烈·焦尔当教授将学习定义为知识的炼制、储存，并在日后的运用中进行调用的过程。所谓学习者，是指任何一个处于学习情境中的人。

构的过程，在这些解构过程中，学习者的思维让信息及其所调用的概念进行对质以生产出更加适合回答他对自己提出的问题和疑问的新含义。一个新概念只能以一种悖论的方式，在补充先有结构的同时替换掉旧概念。学习的变构模型明确指出，在学习者头脑中发生的主要变化，不是直接的信息变化，而是连接各种输入、生产，用以回答问题的新含义的网络的改变"[1]。（图4-49）基于这种视角，可以有力地反思以往对"设计理论"狭隘的观点，由于以往研究中"本质主义"的认识论立场，理论总被认为是对"设计本质"的探索，因而可以预测设计行为，每一种新理论的产生，总是被期待可以直接用来"指导实践"，解决眼前的问题。而事实上，任何理论的产生和应用都需要"学习者"积极介入，而不是机械地接受然后直接使用。或者说，任何对"广义设计"的研究都是在改变学习者的"分析网络"，而不是一个可以直接用于"设计演算"的数学公式。并且，个体概念是非常复杂的，往往还涉及"学习者"的家庭、社会、文化、信仰等，因而可以用"冰山"隐喻这一现象。（图4-50）

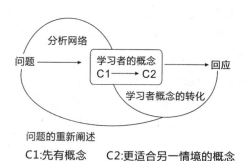

图 4-49　学习者头脑中的概念运行
（图片来源：安德烈·焦尔当，《变构模型：学习研究的新路径》，2010：39）

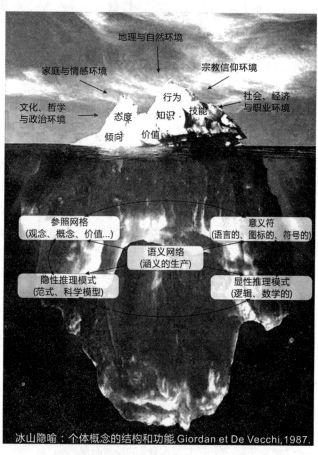

图 4-50　用冰山隐喻个体概念的结构和功能
（图片来源：安德烈·焦尔当，《变构模型：学习研究的新路径》，2010：40）

4.4.3.2　"科学导向"的"广义设计学"研究："通用"理论的探索

1."科学导向"的"广义设计学"研究释义

从研究的视角看，任何理论都有其研究的边界、例外情况、适用范围等定界与局限。[2]理论作为对现实的抽象，根据不同的抽象水平和研究对象的复杂水平，我们可以将理论的适应程度划分为从"通用""一般""特定""完全特定"到"终极特定"不同的等级。（图4-51）尽管不同的设计门类根据其具体的设计需求

1　[瑞士]安德烈·焦尔当,[法]裴新宁.变构模型：学习研究的新路径[M].杭零,译.北京：教育科学出版社,2010：39.
2　[美]约翰·W.克雷斯威克.研究设计与写作指导：定性、定量与混合研究[M].崔延强,译.重庆：重庆大学出版社,2010：117.

会有不同的侧重，不同设计门类（如建筑学、工程学、平面设计、服装设计）对设计研究的依赖（或科学技术的支持，艺术灵感对设计的推动作用）具有不同的评价，不同思维方式、不同知识结构的设计师也各有差异（图4-52），但是这些具有"家族相似性"的设计门类也有其共同的一些"共有问题"。基于对这些"共有问题"的探讨可以发展出"通用理论"，当然这些理论的"通用性"（根据图4-51的不同等级）和"可迁移性"需要在实践中更具体地诠释。

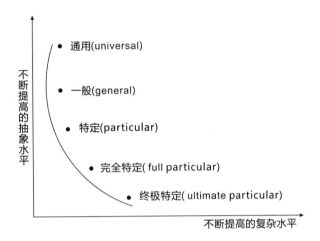

图 4-51　理论的"层级"：从通用到终极特定（Nelson & Stolterman, 2003）
（图片来源：乔纳森·格里斯，《研究方法的第一本书》，2011）

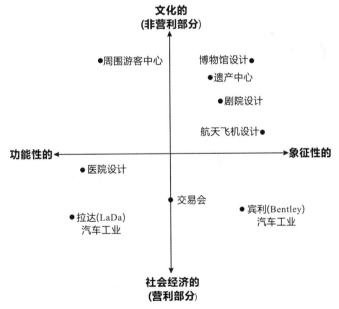

图 4-52　定位于不同设计需求的感知地图
（图片来源：格里夫·泊伊尔，《设计项目管理》，2009：7）

"广义设计学"的"通用理论"研究不是为了将研究问题无限抽象，获得更加广泛的适用性，而是为了避免不同设计门类在各自的专有领域研究中忽视了"共性问题"的研究。正如控制论创始人维纳（L. Navier）所言：

> 从那时候起，科学日益成为专门家在愈来愈狭窄领域内进行着的事业。……科学家满嘴都是他那个领域的行话，知道那个领域的全部文献，那个领域的全部分支，但是，他往往会把邻近的科学问题看作与己无关的事情，而且认为如果自己对这种问题发生任何兴趣，那是不允许的侵犯人家地盘的行为……在这样的领域内，每一个简单的概念从各个方面得到不同的名称；在这样的领域里，一些重要的工作被各个方面重复地做了三四遍；可是却有另一些重要的工作，它们在一个领域里由于得不到结果而拖延下来，但在邻近的领域里却早已成为古典的工作。[1]

"基础理论"（或者原理性的理论）、历史、批评在设计学的研究框架内同样可以视为这种"通用基础"的研究，但是这些研究都是以某一学科与设计学交叉的形式出现的，如设计社会学、设计心理学、设计史、设计批评……但是"广义设计学"的这些探讨不是来自学科的视角，而是基于"共性问题"的问题导向的研究，以目标一致的问题为中心促使学科汇聚。对"通用理论"的探索与本书反对"本质主义"的立场并不对立，通用理论只是基于对"问题的共性"和"相对可迁移性"的探讨，并通过不同的层级的理论建构而获得。乔纳森·格里斯将社会学研究中的理论从抽象到具体划分为"超理论""大/正规理论""中层理论"和"小理论"。（图4-53）对于设计研究而言，不同的理论同样具有不同的应用。从实践观的角度而言，这些理论是"我们投掷于捕捉我们称为'世界'的网：去理性化，去解释，并去掌握它。我们尽力使网眼越来越密实[2]"。但是在不同的文化体系中，对于"共有问题"的探索又表现为不同的"研究策略"。

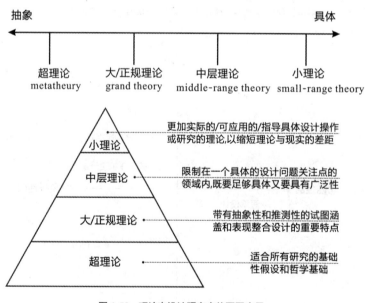

图4-53 理论在设计研究中的不同应用
（图片来源：参照乔纳森·格里斯，《研究方法的第一本书》，2011：102）

2. 基于理性模型的"通用理论"研究

在现代交叉学科的研究中，横断学科通过"截取纵向分立万物的某一共享的范畴或概念，在抽

1　[法]N. 维纳. 控制论 [M]. 郝季仁，译. 北京：科学出版社，1985:2.
2　[美]乔纳森·格里斯. 研究方法的第一本书 [M]. 孙冰洁，王亮，译. 大连：东北财经大学出版社，2011:96.

象化、模式化基础上，对其存在运动的规律和方法进行研究"[1]；"横断学科"还具有"概念、原理、科学方法"上的普适性，通过数学建模实现量化（数学化）研究，能够提供"新的世界观、新的思维方式、新的科学方法"等工具性的特征。[2]一般认为信息论、控制论、系统论、协同论、突变论、耗散论等都属于横断科学。而在早期的"广义设计学"研究中，西蒙的《人工科学》、戚昌滋等学者编著的《现代广义设计科学方法学》以及当下美国麻省理工学院的 Nam Pyo. Suh. 教授组织的"公理设计"研究都借鉴了"横断学科"的研究方法，有的研究还直接应用了横断科学的研究成果。

西蒙将工程学、管理学、经济学、心理学等领域的共享的范畴——"人工物""事物应该为何（设计）""问题解决"等概念提炼出来，再将已有的"层级系统""人工性""复杂性理论""有限理性"和"问题解决理论"等已有研究成果与提炼出来的概念融会贯通，从而实现了其理论的循环和学科的汇聚。（图 4-54）西蒙将"人工（人造）"抽象成横断学科研究中的"系统""控制"等类似的范畴，他将"人类行为和行为世界（组织）视为人造"，因此"经济系统、人类理性行为、思考、问题解决和学习"都是"人造"的，而"工程、医药、商业、建筑和绘画"这些"人造"行为又具有目的的一致性——"事物应该为何（设计）"，在这些层层的推论中，西蒙构造出了"人造科学（设计科学）"。[3]

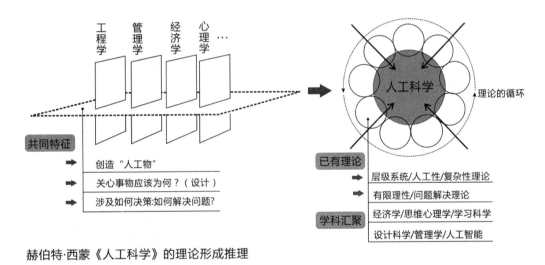

赫伯特·西蒙《人工科学》的理论形成推理

图 4-54　赫伯特·西蒙的《人工科学》的研究进路具有"横断科学"研究的特征（作者自绘）

戚昌滋等学者研究的《现代广义设计科学方法学》则更加直接地建立在横断科学的理论成果的基础之上，并借鉴了老三论即系统论、信息论、控制论，新三论即突变论、智能论、模糊论等理论，发展出了广义"设计科学"的"十一论"[4]科学方法学。但又限于"设计本体"与"自然科学本体"的差异性和研究中数学的大量使用使得其适用的范围基本上集中于自然科学类、工程技术类领域。尽管我们可以将不同门类的设计纳入一个"大设计"的视野，但是由于不同的设计学科具有不

1　例如"系统""控制""反馈"等在物理学、化学、医学、工程学等都有运用。
2　刘仲林.交叉学科分类模式与管理沉思 [J]. 科学学研究，2003, 21（6）：561-566.
3　[美]克里斯·阿吉里斯，唐纳德·A.舍恩.实践理论：提高专业效能 [M].邢青青，赵宁宁，译.北京：教育科学出版社，2008:22.
4　"现代广义设计科学方法学"的"十一论"：信息论方法学、功能论方法学、系统论方法学、突变论方法学、智能论方法学、优化论方法学、对应论方法学、控制论方法学。

同的学科基础，尤其是"工程"与"设计"在学科知识基础、认识模式、专业语言上存有较大的差异。在各自阵营中，都会有"通用理论"的生成，并且很多创立该理论的学者都试图将自己的理论应用于更加广泛的领域，这种想法的确具有诱惑，但也要充分考虑具体设计门类的特殊性，以避免"误读"或者一种学术的霸权。当然，某些不可直接通用的理论仍然具有参考意义，法国学者（如 B. Mandelbrot）对概念流动就持乐观的态度，并认为这是"最有效和最通用的科学工具之一，可以打破学科的封闭状态和保守主义，促进思想的传播和移植"[1]。（图 4-55）

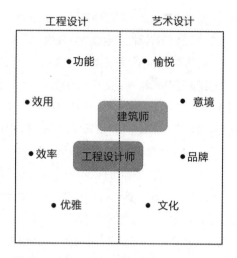

图 4-55　Brooks 将设计分类为"系统设计"（工程设计）与艺术设计，不同阵营对设计有不同的关注点，建筑师和工程设计师横跨了两大阵营（《设计原本》，2011: 7，作者自绘）

1990 年，Nam-Pyo. Suh 教授在 *The Principles of Design*（《公理设计：发展与应用》）中正式提出了"公理设计"（Axiomatic Design ,AD），并在工程设计领域得到了广泛的认可和应用。《公理设计》一书的译者谢友柏认为："设计学存在若干如牛顿定律一样的公理，它们控制着设计活动的诸多方面而没有例外。遵循这些公理和由之而产生的定理和推理，在设计中就可以理性地思维并导向正确的结果。"[2]而 Suh 教授认为，公理设计理论的最终目标是"为设计建立一种科学基础，通过为设计人员提供基于逻辑和理性思维过程及工具的理论基础来改进设计活动，使得原来从经验甚至直觉而来的设计准则有了科学依据"[3]。对于该理论的应用范围，Suh 教授认为："公理设计的基本思想可以用于软件设计、组织机构设计、系统设计、材料设计、制造系统和过程的设计。"[4]可见建立在工程学基础上的公理设计，只是将其适用范围局限于相邻设计领域而没有像"广义设计科学方法学"那样无限放大。（图 4-56）

图 4-56 Nam-Pyo. Suh 教授

由于工程科学是建立在"将自然科学原理与严密的数学工具应用于各种工程问题和系统的工程学科"[5]，因而"公理设计"的理论语言也都是数学化的。它将设计定义为"'我们要达到什么'与'我们如何达到它'之间的映射[6][7]。（图 4-57）这一定义意味着"我们要达到什么"会有唯一的"如何达到它的方法"，而对与工程设计相对的艺术设计领域而言，并不存在"唯一解"，而这也是"公理设计"很难应用于艺术设计的逻辑起点。

1　江小平.法国的跨学科性研究与模式 [J].国外社会科学，2002（6）:21-27.

2　[美]Nam-Pyo.Suh.公理设计：发展与应用 [M].谢友柏，袁小阳，徐华，等译.北京：机械工业出版社，2004: 译序.

3　肖人彬，蔡池兰，刘勇.公理设计的研究现状与问题分析 [J].机械工程学报，2008,44（12）: 1-11.

4　[美]Nam-Pyo.Suh.公理设计：发展与应用 [M].谢友柏，袁小阳，徐华，等译.北京：机械工业出版社，2004:1.

5　[美]Nam-Pyo.Suh.公理设计：发展与应用 [M].谢友柏，袁小阳，徐华，等译.北京：机械工业出版社，2004: 前言.

6　映射（数学术语）：设 A 和 B 是两个非空集合，如果按照某种对应关系 f，对于集合 A 中的任何一个元素 a，在集合 B 中都存在唯一对应的一个元素 b，那么这样的对应称为集合 A 到集合 B 的映射（Mapping），记作 f: A → B。（百度百科词条）

7　[美]Nam-Pyo.Suh.公理设计：发展与应用 [M].谢友柏，袁小阳，徐华，等译.北京：机械工业出版社，2004:3.

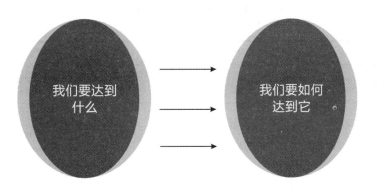

设计的一种定义:设计是"我们要达到什么"与"我们如何达到它"
之间的映射.Nam Pyo.Suh,《公理设计：发展与应用》

图 4-57　Nam-Pyo.Suh 教授在《公理设计：发展与应用》中对"设计"的定义

　　由于数学的世界是理想的、简化的世界,因此在该理论中将设计世界定义为"用户域""功能域""物理域"和"过程域"。（图 4-58、表 4-7）"域的概念是在四个不同类型的设计活动之间画出界限,为公理设计奠定基石。"[1] 尽管"公理设计"在理论架构的完整性、实际设计问题解决的实用性以及对复杂性问题的解决能力尚待完善,但也在"产品设计""评价设计与决策""制造系统设计""材料及材料加工"等领域得到了广泛的运用和学者的重视。[2] 而对于基于理性逻辑建立的模型在设计实践中的应用,很多学者持谨慎的态度,即使在工程学领域, "理性主义者"和"经验主义者"也会有各自的立场。

设计世界的四个"域"

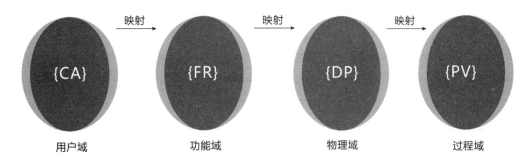

| 用户域 | 功能域 | 物理域 | 过程域 |

(X)是每一个域的特征向量,在设计过程从左边的域走向右边的域。过程在某种意义上是迭代的,即设计师根据再右边域中产生的主意可以返回到左边的域.

图 4-58　Nam-Pyo.Suh 教授在《公理设计：发展与应用》中对"设计世界"的定义

　　计算机科学大师弗雷德里克·P. 布鲁克斯（图 4-59）自称为"经验主义者", 并对"理性主义者"的理性模型进行了批判性的剖析。布鲁克斯认为, 在理性主义者看来, "设计方法学的任务就是学习如何达到完美无瑕的程度"; 而在经验主义者看来, "设计方法学的任务就是学习如何根据实验找出

1　[美]Nam-Pyo.Suh. 公理设计：发展与应用 [M]. 谢友柏, 袁小阳, 徐华, 等译 . 北京: 机械工业出版社, 2004:10.
2　肖人彬, 蔡池兰, 刘勇 . 公理设计的研究现状与问题分析 [J]. 机械工程学报, 2008,44. (12)：1-11.

表 4-7　设计界中对不同设计的四个域的特征：
制造、材料、软件、组织、系统和公司[1]

	用户域｛CA｝	功能域｛FR｝	物理域｛DP｝	过程域｛PV｝
制造	用户所希望的属性	为产品描述的功能需求	能满足功能需求的物理变量	能控制设计参数的过程变量
材料	希望的性能	需要的性质	微结构	处理过程
软件	希望在软件中具有的性能	程序代码的输出说明书	输入变量、代码、模块、程序代码	子程序、机器代码、编译器、模块
组织	用户满意	组织的功能	计划、办公室、活动	人们和其他支持计划的资源
系统	所希望的整个系统的属性	系统的功能需求	机器、部件、子部件	资源（人、经费等）
公司	投资回收率	公司目标	公司结构	人和经济资源

瑕疵，这样就可以对设计进行不断的迭代了"。[2]具体而言，抱有以上两种不同哲学观念的人，对理性模型的态度迥异。赫伯特·西蒙作为逻辑理性主义的信奉者，"乐观地认为设计过程就是搜索人工智能意义下的合适标的（只要有足够处理能力到位），他也投身于严格化理性设计模型的筹划"，他甚至在《人工科学》中将设计理论定义为"一般的搜索理论……对象是巨大的组合空间"。[3]当然，任何人的思考都是可能随着时间产生变化的，2000 年 11 月布

图 4-59　弗雷德里克·P．布鲁克斯

鲁克斯在与西蒙的私人交谈中，西蒙表达了自己对模型的认知有了新的变化，但是他还没有机会[4]再重新思考或改写《人工科学》一书。[5]布鲁克斯认为，"理性模型"的长处是"在项目早期就给出目标的显示陈述、相关必要条件以及约束说明"，这有利于"扩宽设计师的眼界，并把他们的视界提升到远远超过其先前的个人经验的程度"。[6]而理性模型还有很多缺陷，作为理想化的产物，理论模型太过简单化，有脱离现实的一面，而最重要的缺陷还在于"设计师们往往只有一个模糊不清的、不完整的既定目标，或者说是主要目的"。[7]对于工程师最常用的思维工具"设计树"而言，"我们通常不知晓设计树（图 4-60）的样子，而是一边设计一边思索"，并且"（设计树上的）节点实际上不是设计方案，而是设计暂定方案"。[8]西蒙作为"树形结构"模型的倡导者，他认为"设计就是精心挑选备选方案"[9]，而布鲁克斯则提出了疑问，他认为"设计师所面对的不仅仅是单独一个设计决策准备的若干简单的备选方案，而是多个设计暂定方案准备的备选方案"；另一个困境还在于，当我们以

1　[美]Nam-Pyo. Suh. 公理设计：发展与应用 [M]. 谢友柏，袁小阳，徐华，等译 . 北京：机械工业出版社，2004:11.

2　[美] Frederick P. Brooks. 设计原本 [M]. 高博，朱磊，王海鹏，译 . 北京：机械工业出版社，2011:71.

3　[美] Frederick P. Brooks. 设计原本 [M]. 高博，朱磊，王海鹏，译 . 北京：机械工业出版社，2011:12.

4　在两位学者交谈之后，2001 年 2 月 9 日西蒙就不幸去世。

5　[美] Frederick P. Brooks. 设计原本 [M]. 高博，朱磊，王海鹏，译 . 北京：机械工业出版社，2011:26.

6　[美] Frederick P. Brooks. 设计原本 [M]. 高博，朱磊，王海鹏，译 . 北京：机械工业出版社，2011:14.

7　[美] Frederick P. Brooks. 设计原本 [M]. 高博，朱磊，王海鹏，译 . 北京：机械工业出版社，2011:17.

8　[美] Frederick P. Brooks. 设计原本 [M]. 高博，朱磊，王海鹏，译 . 北京：机械工业出版社，2011:17-19.

9　杨砾，徐立 . 人类理性与设计科学：人类设计技能探索 [M]. 沈阳：辽宁人民出版社，1988:14.

树形结构表示设计模型时，其复杂性带来的组合爆炸是一般人的思维所不能承受的。[1] 并且，当设计者被提出一个设计问题之后，他不可能马上列出全部的"备选方案"，有些是明显的或有以前的范例存在的，还有一些是需要创新和发现的[2]，而这些方面都是西蒙的树形设计模型所欠缺的。

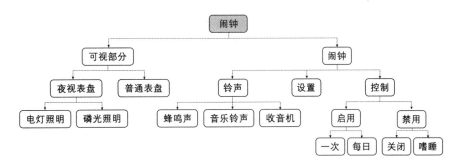

图 4-60　闹钟的设计树（部分）
（图片来源：Frederick P. Brooks，《设计原本》，2011：13）

　　理性模型有多种形式，很多学者都曾对理性模型进行了批判，奈杰尔·克罗斯认为："我们必须在从其他领域引入设计行为模型时倍加小心。对于设计活动的实证研究经常发现，'有直觉力的'设计能力乃是最有成果的，也是和设计的内在禀性最密切相关的。不过，设计理论有的时候就是企图针对设计行为开发出反直觉的模型和处方来。"[3] 尽管，理性模型以及西蒙所提倡的在理性范围内问题求解的范式在设计教育体系中仍占有不可忽视的地位和影响力，但是这种范式也可能造成"思想的僵化""应用的偏差"和"过分的简化"。[4] 而更大的讽刺是过度的信赖理性模型，并将其应用于教育的后果就是，设计教师交给学生一种连自己都不遵循的工作模式，而学生只是在现实的工作模式中采用自己的工作模式，那么如此一来就等于，教师就没有为学生提供任何有用的帮助。[5]

　　3. 基于类比思维的"模式"的"通用理论"研究

　　对于"通用理论"的探索，不仅可以来自逻辑思维，同样可以来自类比思维。目前很多学者就已经指出，西方人擅长严密、精确的逻辑思维，而东方人擅长由此及彼、触类旁通的类比思维，如中国古代思维会从自然运行的规律推测出人、社会的规律或从人、社会的规律推测出自然运行的规律。[6] 事实上，类比形式起源于原始巫术，原始人很早就注意到事物之间的关联与相似性，随着知识的进步类比思维去除了"因果联系"的宗教内涵，成为中国古代科学思维的重要形式之一。[7] 尽管这种划分有些简单，但是却可以反映出东方人对类比思维的专长。近代以来，自然科学也越来越重视类比思维，匈牙利科学家贝拉·弗格拉希在《逻辑学》一书中就指出："我特喜欢这些类比——我的最可靠的老师，因为它们给我揭开了自然界的各种秘密。" 而在古代的中国，比较成熟的类比思维在春秋之后就出现了，《黄帝内经》就给予类比思维极大的兴趣，如"夫圣人之治病，循法守度，援物比类，化之冥冥"（《素

1　[美] Frederick P. Brooks. 设计原本 [M]. 高博，朱磊，王海鹏，译. 北京：机械工业出版社，2011:19.
2　[美] Frederick P. Brooks. 设计原本 [M]. 高博，朱磊，王海鹏，译. 北京：机械工业出版社，2011:131.
3　[美] Frederick P. Brooks. 设计原本 [M]. 高博，朱磊，王海鹏，译. 北京：机械工业出版社，2011:23.
4　[美] Frederick P. Brooks. 设计原本 [M]. 高博，朱磊，王海鹏，译. 北京：机械工业出版社，2011:24.
5　[美] Frederick P. Brooks. 设计原本 [M]. 高博，朱磊，王海鹏，译. 北京：机械工业出版社，2011:25.
6　罗翠莲. 中国传统类比思维与创造性思维的相关知识链接论 [A]// 周山. 中国传统思维方法研究. 上海：学林出版社，2010:113-122.
7　吾淳. 古代中国科学范型 [M]. 北京：中华书局，2002:213.

问·示从容论》），具体例如"六经为川，肠胃为海"（《素问·阴阳应象大论》），"心者，君之官也"，"肺者，相傅之官"，"脾胃者，仓廪之官"，"大肠者，传道之官"（《素问·灵兰秘典论》）。[1]当然，这种类比是经验的，逻辑因素是比较薄弱的，但是对于"设计"而言却有独特的意义，因为设计过程中设计师更关注的是"关系"。（表 4-8）

表 4-8　在设计中设计师应该具有的基本的关系化意识 [2]

与设计有关的要素	从关系的角度对设计要素进行理解
设计思维	认识关系、分析关系
设计方式	调节关系
设计元	关系
设计目的	关系和谐
设计对象	关系的集合
功能	产生于关系、满足于关系
价值	来源于关系的满足
……	……

日本汉学家山田庆儿认为，中国古代的画论[3]、建筑著作[4]都是一种"以技术为模式的思想"；他发现，画论的思维是"把对象当作模式来掌握、来表现，也就意味着在这里存在着认识的场"；画论超越了技法层面，是在讲述"中国人观察对象世界的眼睛的'构造'"，"其他的一些画法，都不过是变通后的一种适用方法而已"；《营造法式》也正是"关于建筑技术的标准模式"的意思，建立这种模式的意图是为了建立"共同理解的场"，而以"模式"的观点去把握世界就是要建立一种"画家的眼睛、建筑家的眼睛"；而归根结底，与柏拉图的理念论所不同的是，中国人认为"理"即是"模式"，它为人所见，为心所了解。[5]可见，对于"模式"而言，中西方是存在差异的，这些哲学与思维方式的差异也产生了不同的设计文化。

2006 年，清华大学的柳冠中教授在《事理学论纲》（Science of Human Affairs）中正式提出了"设计事理学"，该理论将中国古代思维方式、西蒙的"人工科学"和复杂性科学结合起来，试图探索出以工业设计为中心，涵盖一切"广义设计"的设计方法论。柳冠中认为："设计研究是设计的科学，设计实践是科学的设计，两者相互促进、同步发展。"（图 4-61）[6]但是柳冠中所谓的"设计科学"是"关于设计的体系化的、规律性的知识"，而不再是西蒙的"人工科学"。在西蒙的"人工物"概念的基础上，他还将"人工"的概念进一步细分为"事"与"物"，"'物'泛指材料、设备、工具，包括物理学、地理学、生物学等；'事'则是上述'物'与'人'的中介关系"；并提出，"设计是研究人工物和人为事的科学，即研究人为事物的科学"[7]。事理学的基本理论框架延续了西蒙在《人工科学》中对"内部环境"与"外部环境"的划分，他将"设计问题化约为外因（人、时、地、事）与内因（技术、材料、工艺）等共同作用下的一个'关联性'系统（目标系统）"；将"设计科学转化为'对目标系统

1　吾淳 . 古代中国科学范型 [M]. 北京：中华书局，2002:214.
2　柴英杰 . 设计思维：设计师思维体系解构 [M]. 北京：机械工业出版社，2011:49.
3　如王维的《山水诀》、石涛的《话语录》、郭熙的《林泉志远》等。
4　如《营造法式》。
5　[日] 山田庆儿 . 山田庆儿论文集：古代东亚哲学与科技文化 [C]. 廖育群，译 . 沈阳：辽宁教育出版社，1996:92-101.
6　柳冠中 . 事理学论纲 [M]. 长沙：中南大学出版社，2006:12.
7　柳冠中 . 工业设计学概论 [M]. 哈尔滨 . 黑龙江科学技术出版社，1997:2.

的确定'与'重建解决问题的办法'，两个侧面可进一化约为'目的的手段'"。（图 4-62）祝帅认为，这种理性模型建立在"内部环境"与"外部环境"对立的基础之上，与西蒙的"人工科学"并无二致，只是将功能主义的主张"升格"为一种"广义化"的一般性方法；"事理学"的思维模式和操作程序仅仅是一个设计过程的片段而并非全部；从研究方法上，"事理学"使用的都是"质性研究"，带有"先入为主"的色彩，中国古代的物质文化实例仅仅是作为一种"印证"，因此不能作为一种"普遍适用"的设计方法论，其理论的适用范围并非"广义设计"。[1] 中央美术学院的许平教授认为，"事理学"一说至少有三点值得肯定，其一是"设计理论的本土化努力"；其二是"理论系统与思维方式的本土取向"；其三是"力图跳出设计方法而进入思维层面，并广泛吸收了社会学、经济学、符号学等相关学科成果，丰富了艺术方法论与哲学方法的理论探索"。[2] 但事实上，"事理学"只是从概念上引入了"五行"相生相克的关系来解释古代的设计文化，但是核心理论系统仍然建立在系统科学的基础上[3]；尽管它强调"关系思维"而非"实体思维"，也强调了"事"与"理"的"模式"，但与山田庆儿分析的"理""模式"并不相同，它不是试图建立一种"观看设计和世界"的"场"，而是借用了中国哲学的思维方式，并与工程师擅长的理性建模结合在一起，事实上它是基于西方研究方法论基础之上与中国哲学思维的一种"混合"。许平教授同样提出了，对于"事理学"的理论框架的质疑：第一，"事理学"的理论框架仍然建立在"理性主义"的基础之上，但理性主义方法并不适用于设计创作中的"不确定性因素"；第二，"事理学"并非是"设计方法论"而是"设计研究方法论"，它更接近于"设计哲学"的研究；第三，"事理学"强调了"事"与"理"而弱化了"物"的中介形态，可能会使设计丧失作为一个学科的根本理由。[4]

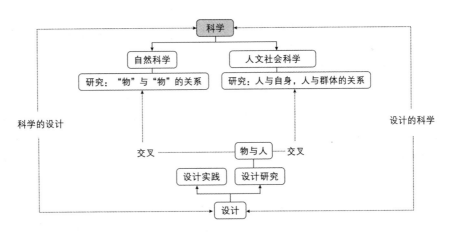

图 4-61　设计与科学的关系（作者自绘）

　　尽管设计事理学还有种种的不完善之处，但是从前文的分析来看，任何理论都不能包罗所有的问题，也不可能成为解决所有问题的"特效药"。对于一个理论而言，对其适用范围的不断探讨事实上是有益的，因为只有在实践中反思才能促使其进一步的完善。而事理学的研究也反映了当下"广义

1　祝帅 . 艺术设计视野中的"人工科学"：以赫伯特 · 西蒙在中国设计学界的主要反响为中心 [J] . 设计艺术，2008（1）：15-17.
2　许平 . 青山见我 [M]. 重庆：重庆大学出版社，2009:19-20.
3　唐林涛 . 设计事理学理论、方法与实践 [D]. 北京：清华大学美术学院，2004:28.
4　许平 . 青山见我 [M]. 重庆：重庆大学出版社，2009:19-20.

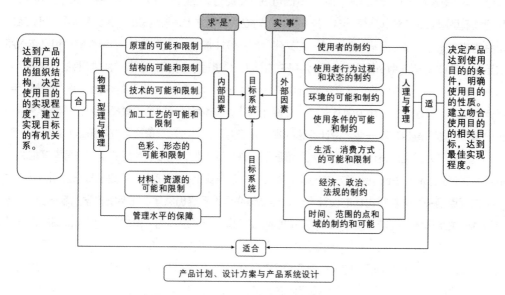

图 4-62　概念设计定位方法：目标系统的确定过程
（图片来源：柳冠中，《事理学论纲》中南大学出版社，2006）

设计"研究中发掘本土化理论的困境，如何能够更加深入地研究古代设计文化，如何实现传统思维方式的"现代化"的"创造性"转变将是设计者和研究者共同面临的挑战。

4.4.3.3　"学科范式"的"广义设计学"研究：从单学科到"融贯的综合研究"

1. "学科范式"的"广义设计学"研究释义

所谓"学科范式"的"广义设计学"研究与"超学科范式"的"广义设计学"研究，是受到迈克尔·吉本斯等6位学者提出的新的知识生产[1]模式——"模式2"理论的启示。在《知识生产的新模式：当代社会科学与研究的动力学》一书中，几位学者发展了芬托维茨和拉韦茨（Funtowicz & Ravetz）关于"后常规学科"（post-normal-science）的概念，并区分了以学科为中心的、制度化的知识生产模式——"模式1"和超越学科合作的、以现实情境中的问题解决为导向的知识生产模式——"模式2"。（表4-9）尽管在"广义设计学"的研究中，这两种模式都具有跨学科的特征，但是从"知识生产"的角度而言，又的确不同。为了方便讨论，论文将"事理学""广义建筑学""人居环境科学"划分到"学科范式"的"广义设计学"研究中。因为，无论是柳冠中先生的"事理学"还是吴良镛先生的"广义建筑学"和"人居环境科学"都是由二位学者的研究兴趣所主导，基于社会发展的需求和学科理论建设的视角，扩大了所在"学科"的研究范围，在相关的学科中寻找结合点，并以融贯的综合研究方法创立新的研究领域和一门新科学，而不太符合"模式2"的特征。[2]

1　知识生产是指"人们在物质生产的过程中发明、发现、创造各种为物质运动的转化提供条件与能量来源的思想、观点、方法、技巧等的过程。其目的与物质生产相同，都是为了认识自然、改造自然；两者同是人类分工合作的社会活动，而且同是在一定的社会关系中进行的生产活动，都要借助于一定的物质条件和资料，遵循生产过程的自然规律和社会规律。但知识生产与物质生产相比是更高层次的生产力。它具有信息性、探索性、创造性与非重复性、低可比性和继承性。它的产品具有扩散性、延续性和累积性"。引自：王绍平、陈兆山、陈钟鸣，等.图书情报词典 [Z]. 上海：汉语大词典出版社，1990:556.

2　尽管吉本斯等人关于"模式2"理论源于对自然科学和人文科学中知识生产的研究，但是"设计研究"作为科学研究的对象，假设这种研究知识生产模式的方法同样具有一定的解释能力。并且，分类是为了比较的方便，区分出基于"学科"的研究和基于"问题"的研究，可以体现出论文对"广义设计"的"严谨研究"和实践中"思考"的区别。

表4-9 "模式1"与"模式2"的区别

	模式1	模式2
设置和解决问题的情境	特定共同体的学术兴趣主导	社会应用情境（context）中进行
知识生产模式和解决问题办法	基于学科，需要科学资源	超学科（transdisciplinarity），跨学科情境下整合各种资源
特征	同质性，通过制度化组织架构来运作	异质性，生产者的经验和工作场所都是异质性的
组织形式	等级制的，维持等级组织	非等级制的，异质性的，多变的
质量控制方式	"科学共同体"的同行评议	"科学–社会共同体"，综合的、多维的质量控制，担负社会责任，具有反思性，受到智力、社会、商业和政治利益等影响

2. 研究方法论：融贯的综合研究

"设计"是随着社会的发展而不断变化的，也会随着自然科学、社会科学与人文学科等大的知识门类的变化而调整自己的位置。尽管"设计""科学""学科"自身的定义和边界都具有不确定性的一面，只有不同的学术共同体有相对"共识"的一些讨论。但是可以确定的是，广义上的"设计"是一门跨学科、跨专业、跨组织的实践活动。

"学科"一词在维基百科上的定义是在大学教授和研究的知识分科学科是被发表研究和学术杂志、学会和系所定义及承认的。研究领域通常有子领域或分科，而其间的分界是随便且模糊的。[1]我国学者陆军从三个层面上来理解学科的内涵，"学科是一种学术分类"，"学科是教学的科目"，"学科是学术的组织"。[2]可见，"学科"作为"人造物"同样不具有唯一本质，它与"知识生产和科学研究"有关，与知识的传播有关，与大学的学术组织有关。英国学者托尼·比彻（Tony Becher）认为："学科的概念具有不确定性的一面；一门学科的独立性取决于"起主导作用的学术机构在多大程度上承认它们以组织结构形式进行的分化，也取决于国际共同体的独立程度，如是否有自己的专业协会和专业期刊。"[3]因此，在全球化的视野下，我国的"设计"学科探索必须从自己的国情出发，从本土文化的继承与现代文化的研究同步发展，打破封闭的学科思想，防止机械地模仿西方。当然，这离不开学术共同体的集体努力，正如诺尔·赛廷纳所言，"我认为学术部落与学术研究活动是不能截然分开的，忽视学术活动中的学术部落与忽视学术部落中的学术实践一样都是片面的"[4]。Andrew Sayer 对于学科提出了尖锐的评论，他指出："学科的狭隘性（parochialism）以及它的近亲——学科帝国主义（imperialism），成了简化论（reductionism）、思路狭窄的诠释、错误的因果关系的配方。"[5]

科布尔认为，学科分类法"确实无法描述研究过程的复杂性和多变性，也无法描述不同学科里的知识结构"，但它们却"为描述（学科）的变化指明了有效的维度"。[6]托尼·比彻和保罗·特罗

1　http://zh.wikipedia.org/wiki/%E5%AD%A6%E7%A7%91.
2　刘春惠.论"学科"与"专业"的关系[J].北京邮电大学学报（社会科学版），2006，8（2）：66-71.
3　[英]托尼·比彻，保罗·特罗勒尔.学术部落与学术领地：知识探索与学科文化[M].唐跃勤，蒲茂华，陈洪捷，译.北京：北京大学出版社，2008:43.
4　[英]托尼·比彻，保罗·特罗勒尔.学术部落与学术领地：知识探索与学科文化[M].唐跃勤，蒲茂华，陈洪捷，等译.北京：北京大学出版社，2008:45.
5　[英]托尼·比彻，保罗·特罗勒尔.学术部落与学术领地：知识探索与学科文化[M].唐跃勤，蒲茂华，陈洪捷，等译.北京：北京大学出版社，2008:45.
6　[英]托尼·比彻，保罗·特罗勒尔.学术部落与学术领地：知识探索与学科文化[M].唐跃勤，蒲茂华，陈洪捷，等译.北京：北京大学出版社，2008:42.

勒尔参考了比彻的观点，根据不同学科群体的特征，将大的知识门类划分为"纯硬科学""纯软科学""应用硬科学"和"应用软科学"四个类型（表4-10）。但是即便是在这种更具包容性的分类下，"设计"仍然不只属于任何一类，"设计"是"复合性的"，它兼备"应用硬科学"和"应用软科学"的双重特征，"设计"的"跨学科性"是无可置疑的。英国学者奈杰尔·克罗斯根据大量"设计行为"的实证研究，直接提出"设计"不隶属于任何知识门类，"设计"自身就是一个特殊的知识门类。

表4-10　学科群体及知识特征（改编自托尼·比彻，1994）[1]

学科群体	知识特征
纯科学（如物理学）："纯硬科学"	积累的；原子论的（晶体状／树形的）；与普遍、数量、简化相联系；客观性，价值中立的；对知识的验证和知识的陈旧有明确原则；对于现在和将来所需解决的重大问题达成一致意见；研究成果为某种发现或对某种现象进行解释
人文学科（如历史）和纯社会科学（如人类学）："纯软科学"	反复的；有组织的（有机的／与河流相似）；注重细节、质量与复杂性；主观性，受个人价值观的影响；对知识的确认标准和知识的陈旧标准存在争议；就所需解决的重大问题缺乏一致意见；研究成果对某种现象进行理解或鉴赏
技术（如机械工程学、临床医学）："应用硬科学"	目的明确性；实用性（通过硬科学知识获得）；注重与物质环境相联系；应用启发方式；采用定量研究和定性研究两种方法；判断标准具有目的性与功能性；研究成果为产品或技术
应用社会科学（如教育学、法学、行政管理学）："应用软科学"	实用性；功能性（通过软科学知识获得）；注重专业（或半专业）实践；在很大程度上使用个案研究和判例法；研究成果为规约或程序的形成

在《广义建筑学》的研究中，吴良镛就受到"多专业和跨专业"以及"系统方法在教育和革新中的运用"的启发，提出了"以建筑学为中心，有目的地向外围展开，在有关科学中寻找结合点，以解决有关具体问题。这样既可扩大我们的知识领域，又比在目的不明确的情况下，一般地从多学科交叉来探索要集中"[2]。在《广义建筑学》中吴良镛提出了"融贯的综合研究"的研究方法，所谓"融贯学科"，"即从外围学科中有重点地抓住与建筑学**有关部分**（请注意限于有关部分），加以融会贯通（即要求理解深透一些）"[3]。（图4-63）这种"融贯的综合研究方法"还影响了"事理学"的研究。青年学者胡飞在《问道设计》一书"设计的复杂性"一节再次充分肯定并借鉴了吴良镛在《人居环境科学导论》中的研究方法，并且早在《事理学论纲》一书中就将吴良镛先生提出的"人居环境科学"与柳冠中先生提出的"设计事理学"进行比较，试图从中管窥设计的复杂性问题。[4]胡飞认为，吴良镛先生是在建筑学和城市规划的基础上提出"广义建筑学"，而后借鉴了萨迪尔亚斯的"人类聚居学"提出了"人居环境科学"；柳冠中先生是在工业设计的基础上引入了"设计学"，将西蒙的"人工科学"发展为"人为事物科学"；他还认为尽管两位学者的研究领域不同，但是在"认识论、方法论直

1　这个观点已经由韦伯（1977）在历史学领域给予了适当的发展："本质上……研究历史就是重新解读过去……起初是因为人们想亲自发现历史、理解历史，后来是因为人们在熟悉的领域里寻找（后来找到了）的事物可能与人们先前所认识的或从他人那里学来的截然不同。"　贝克（1982）对不同的学科进行研究比较时观察到，通常"社会学没有揭示人们以前不知道的事物，在这方面，不同于自然科学。然而，社会科学的贡献就是对人们已知的事物给予更深刻的阐释"。
2　吴良镛.人居环境科学导论 [M].北京：中国建筑工业出版社，2011:106.
3　吴良镛.人居环境科学导论 [M].北京：中国建筑工业出版社，2011:106.
4　胡飞.问道设计 [M].北京：中国建筑工业出版社，2011:15.

至本体论上，二者具有异曲同工之妙。[1]

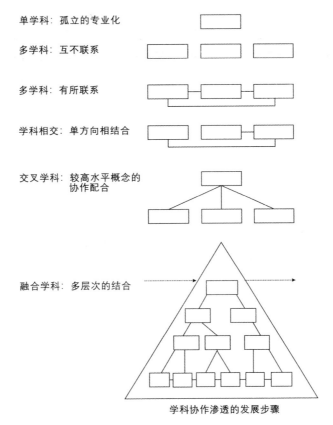

单学科：孤立的专业化

多学科：互不联系

多学科：有所联系

学科相交：单方向相结合

交叉学科：较高水平概念的协作配合

融合学科：多层次的结合

学科协作渗透的发展步骤

图 4-63　概念设计定位方法：目标系统的确定过程
（图片来源：柳冠中，《事理学论纲》，中南大学出版社，2006）

"融贯的综合研究"符合学科综合、开放学科的发展趋势。正如法国学者莫兰所言，整个科学史都表明学科自身没有繁殖能力，因为我们一方面"锁定了专业范围"，以防止学科知识变得"不固定和过于宽泛"；另一方面我们认为，"每一个学科揭示、发掘和建立一个重要、独特的研究对象"。[2]但是这种"超专业化"却造成了研究人员一方面将自己的研究对象视为一种"自在事物"，忽略了研究对象与其他学科和其他事物的"关联性和连带性"；另一方面"专业术语和特有理论"在各个专业之间难以交流和沟通，最终导致一种"所有权精神——禁止任何外部学科涉足本知识领域"。[3]为此，开放学科已经成为大势所趋。

3. 柳冠中：从"工业设计"到"人为事物科学"

柳冠中作为中国工业设计的奠基人之一，一直积极地倡导"大工业设计"的理念。自 20 世纪 80 年代起，柳冠中就在《苹果集：设计文化论》中倡导"设计文化"，并试图将当时停留在"产品造型"的"工业美术"等概念予以修正和拓展。随着"生活方式说""共生美学观"和"事理学"的提出，柳冠中逐步构建起以"工业设计"为中心，"事理学"为基础理论框架的"广义工业设计学"（广义设计学）。（图 4-64、表 4-11）但无论如何拓展"设计"的概念，柳冠中始终是以"工业设计"为

1　胡飞.问道设计 [M]. 北京：中国建筑工业出版社，2011：15.
2　江小平.法国的跨学科性研究与模式 [J]. 国外社会科学，2002（6）：21-27.
3　江小平.法国的跨学科性研究与模式 [J]. 国外社会科学，2002（6）：21-27.

核心视角，通过将"工业设计"的"触角"无限地延长至社会、生活、经济、研究、设计等各种领域，建立起更加"深"和"广"的"大工业设计"的理论体系。并且，该理论的主要研究人员除了柳冠中，以他的研究生为主，都具有工业设计背景，他们的研究也是从不同的方面在验证"事理学"的适用性和完善"事理学"的理论体系建设。尽管"事理学"的理论体系还有待完善，但是该理论同时兼顾了"设计"的"专业实践"与"社会责任"的双重责任，并且将"设计"的内涵与范围进行了有益的拓展。在2012年2月26日，中国人居环境奖办公室对他的采访中，柳冠中还提出了："'大社会''大人文'背景下，设计艺术对人类社会具有促进其良性发展的作用。"[1]

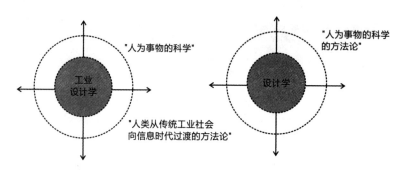

图 4-64　柳冠中对"工业设计学"和"设计学"的"广义化"研究（作者自绘）
（参考：柳冠中，《工业设计概念》，1997；《设计"设计学""人为事物"的科学》，2000）

4. 吴良镛：从"广义建筑学"到"人居环境科学"

1989 年，吴良镛先生曾经提出了"广义建筑学"，他认为新时代要求我们扩大建筑专业的视野与职业范围，强调"整体的观念"分析与综合辩证统一，将传统建筑学扩展为全面发展的、兼容并包的、开放的"广义建筑学"。[2]（图 4-65）吴良镛先生认为提出"广义建筑学"具有三个前提："首先，建筑学总是随着时代发展；其次，建筑学专业的综合性不能因专业分工而削弱；最后，建筑学任务的扩展——人居（Habitat）提出之后的挑战。"[3] 从整体观的角度看，"人类的居住环境是包括社会环境、自然环境和人工环境（建筑的内部和外部）的整体……从微观环境到宏观环境，即从个体建筑到建筑群，以至城镇、城镇群，从小庭园到大的风景区的规划设计，都是属于广义环境设计的范畴"[4]。为了打破专业细分的局限，吴良镛认为，建筑学不能局限在设计建筑单体的视角，"建筑学的概念必须扩大"，必须"从更大的范围内和更高的层次上提供一个理论骨架，进一步的认识建筑学科的重要性和科学性，解释它的内容之广泛性和错综复杂性"[5]。于是，吴良镛以"'良好的居住环境的创造'为核心，'向各个方面汲取营养的融贯学科'为模式"[6]，提出了"广义建筑学"的"九论"：聚居论、地区论、文化论、科技论、政法论、业务论、教育论、艺术论和方法论。《广义建筑学》的学说得到了业界的广泛关注和好评，吴良镛认为，至于"广义建筑学"这一名词是否恰当不是最关键的问题，其核心的目的是"要从建筑天地走向大千世界，要展拓建筑学的学术事业"[7]。

1　清华美术学院教授兼博士生导师柳冠中关于"事理学"的访谈，http://www.chinahabitat.gov.cn/show.aspx?id=10396&cid=5.2012-6-26.
2　吴良镛. 广义建筑学 [M]. 北京：清华大学出版社，1989.
3　吴良镛. 世纪之交的凝思：建筑学的未来 [M]. 北京：清华大学出版社，1999:56.
4　吴良镛. 广义建筑学 [M]. 北京：清华大学出版社，1989:1.
5　吴良镛. 广义建筑学 [M]. 北京：清华大学出版社，1989:2.
6　吴良镛. 广义建筑学 [M]. 北京：清华大学出版社，1989:212.
7　吴良镛. 从"广义建筑学"与"人居环境科学"起步 [J]. 城市规划，2010，34（2）：9-12.

表 4-11 柳冠中的"工业设计""设计学"和"广义设计学"

设计	·设计正是人类生活方式设计的一种表达方式，是阶段性、地域性的信息载体的系统表达。[1] ·设计是人类的第三种智慧系统，它的子系统包含科学和技术这两个要素。设计是人类为主动适应生存环境等外部系统而进化形成的一个新的"知识结构系统"，是人类在重组生存结构过程中的智慧型的创造。[2]
设计学	·将"设计"视作一门科学的、系统的、完整的体系，即研究"设计学"和"人为事物科学的方法论"。[3]
设计科学	·设计科学是"关于设计的体系化的、规律性的知识"。[4]
设计研究	·设计研究是设计的科学，设计实践是科学的设计，二者互相促进、同步发展。[5]
工业设计	·将"工业设计"提升到"人为事物设计"的高度，从根本上调节人与自然的联系，重组资源，以求生存。[6] ·"工业设计"是知识经济社会的设计方法论，也是人类总体文化对工业文明的思想和修正；从设计"物"到设计"事"，知识经济赋予创新以灵魂。[7] ·工业设计的目的是为人类创造更合理、更健康的生存方式，思考、研究的起点是从"事"即生活中观察、发现问题，进而分析、归纳、判断问题的本质，以提出系统解决问题的概念、方案、方法及组织、管理机制方案。[8]
工业设计学	·工业设计学的研究方向是以系统论为主导，强调方法论的研究。[9]
设计事理学	·"设计事理学"是将设计行为理解为协调内外因素关系，并将外在资源最优化利用及创造性发挥的过程。[10] ·事理学是探求设计的"外部因素"的方法论体系，是人为事物科学的理论基础。这种观念将"设计"视作一门科学的、系统的、完整的体系和方法论。[11]

2001年，吴良镛出版了《人居环境科学导论》，以此作为"人居环境科学"这一学科群的理论支撑。由于理论是不断发展的，吴良镛认为，"人居环境科学"的核心"不仅仅是过去讲的三位一体或四位一体，而已经涉及热环境、声环境等其他种种方面。学科在发展，理论也在发展，要面对低碳等种种新课题，它已经进入了一个大科学、大人文、大艺术的范畴"[12]。"人居环境科学"的研究发展了"广义建筑学"的思考，将"人居环境科学"视为一个开放性的学科体系，这个学科体系是围绕城乡发展中诸多问题进行研究的学科群（图 4-66）；从研究方法上，延续了"融贯的综合研究"方法，并倡导以"问题意识"为导向的研究，即"提出问题，努力求解"。[13]

---

1 柳冠中.论重组资源、知识结构创新的系统设计方法：事理学 [J].湖北美术学院学报，2004(2):3-4.
2 [美]约翰·赫斯科特.设计，无处不在 [M].丁珏，译.南京：译林出版社，2013：序言.
3 柳冠中.论重组资源、知识结构创新的系统设计方法：事理学 [J].湖北美术学院学报，2004(2):3-4.
4 柳冠中.事理学论纲 [M].长沙：中南大学出版社，2006.
5 柳冠中.事理学论纲 [M].长沙：中南大学出版社，2006.
6 柳冠中.设计"设计学"："人为事物"的科学 [J].南京艺术学院学报（美术与设计版），2000（1）：52-57.
7 柳冠中.论重组资源、知识结构创新的系统设计方法：事理学 [J].湖北美术学院学报，2004(2):3-4.
8 柳冠中.事理学论纲 [M].长沙：中南大学出版社，2006.
9 柳冠中.论重组资源、知识结构创新的系统设计方法：事理学 [J].湖北美术学院学报，2004(2):3-4.
10 柳冠中.事理学论纲 [M].长沙：中南大学出版社，2006.
11 柳冠中.事理学论纲 [M].长沙：中南大学出版社，2006.
12 吴良镛.从"广义建筑学"与"人居环境科学"起步 [J].城市规划，2010，34（2）：9-12.
13 吴良镛.人居环境科学导论 [M].北京：中国建筑工业出版社，2011:8，108.

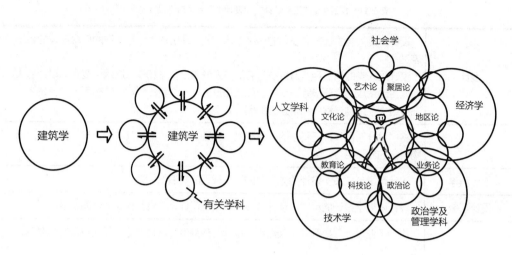

图 4-65　吴良镛的从传统建筑学走向广义建筑学
（图片来源：吴良镛，《广义建筑学》，清华大学出版社，1989）

在道萨迪亚斯的"人类聚居学"的基础上，吴良镛将"人居环境科学"定义为"涉及人居环境有关的多学科交叉的学科组群"，在这一理论框架下，"广义建筑学"也只是"人居环境科学群"之内的一个组成部分，可见在"人居环境科学"的研究中，"建筑学"这一传统学科已经被放置到"人居环境"这一巨大的网络系统之中，不再是孤立的单体设计问题，而是"以建筑、地景、城市规划三位一体，构成人居环境科学的大系统中的'主导专业'"[1]。

从"广义建筑学"到"人居环境科学"的探索，可以看出吴良镛先生对"建筑学"的"广义化"研究。在研究中，他始终保持了整体观、系统观的哲学思想，以建筑学的基本原理和基本问题为中心，将与建筑学相关的知识体系连接起来，形成了以"人"为中心的"人居环境科学"的研究。这种综合融贯的研究方法，极大地拓展了"设计"的视野，已经将"设计"与整个自然系统、社会系统等联结起来。他是在一个"开放的巨复杂"大系统中思考问题、解决问题，这在设计实践专业分割严重和研究题目日益狭窄的当下是十分值得借鉴的。

事实上，设计实践中，最大的问题是如何定义"设计问题"，最可怕的是"工具技术发达而目标混乱"（爱因斯坦）。吴良镛通过对"建筑学"的广义化探索，不但没有消解传统建筑学，反而为更好的建筑实践提供了方向。因为，对这些设计中"大问题"的思考构成了具体的"小问题"的前提，设计任何一个小的单体甚至局部和微小的细节，都离不开整体上如何把握大局与整体。

4.4.3.4　"问题导向"的研究

奈杰尔·克罗斯认为，设计是人类的特殊智能，从美国哈佛大学教育研究院的心理发展学家加德纳提出的"多元智能"[2]来看，"设计"的确包含了它们的全部。"设计"涵盖了众多的具体门类，尽管每一个门类都有共同的特征，但是每一个门类又非常的特殊，不同的设计门类更像是维特根斯坦所谓的"家族相似性"。（图 4-68）对"设计"学科的分析和研究是非常棘手的，就像托尼·比彻

1　吴良镛.人居环境科学导论 [M]. 北京：中国建筑工业出版社，2011:70.
2　多元智能：语文 (Verbal/Linguistic)、逻辑 (Logical/Mathematical)、空间 (Visual/Spatial)、肢体运作 (Bodily/Kinesthetic)、音乐 (Musical/Rhythmic)、人际 (Inter-personal/Social)、内省 (Intra-personal/Introspective)、自然探索 (Naturalist，加德纳在 1999 年补充)。

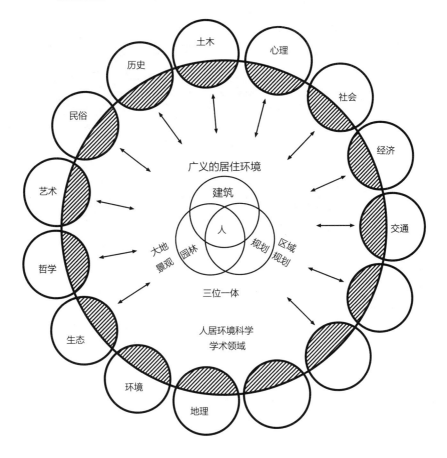

开放的人居环境科学创造系统示意
——人居环境科学的学术框架

（1）各学科的选取以示意为主；
（2）为示意方便，涉及的学科未作一二级区分；
（3）没有特别考虑外围学科之间的联系与区分；
（4）箭头表示学科间相互提出要求与相互渗透；
（5）空白圈为有待发展的相关学科。

图 4-66　吴良镛的开放的人居环境科学创造系统示意
（图片来源：吴良镛，《人居环境科学导论》，中国建筑工业出版社，2011：82）

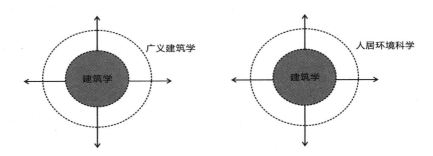

图 4-67　吴良镛的从"广义建筑学"到"人居环境科学"（作者自绘）
（参考：吴良镛，《广义建筑学》，1989；《人居环境科学导论》，2011）

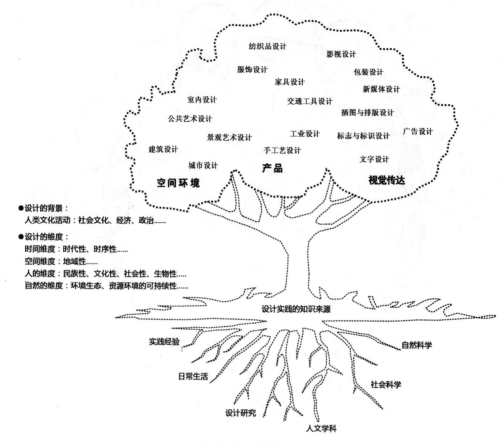

纺织品设计　影视设计
服饰设计　　　包装设计
家具设计　　　新媒体设计
室内设计　交通工具设计
公共艺术设计　　　插图与排版设计
景观艺术设计　工业设计　标志与标识设计　广告设计
建筑设计　　手工艺设计　　文字设计
城市设计　　**产品**
空间环境　　　　　　　　**视觉传达**

●设计的背景：
　人类文化活动：社会文化、经济、政治……
●设计的维度：
　时间维度：时代性、时序性……
　空间维度：地域性……
　人的维度：民族性、文化性、社会性、生物性……
　自然的维度：环境生态、资源环境的可持续性……

设计实践的知识来源

实践经验　　　　　　　　　　　自然科学
日常生活　　　　　　　　　社会科学
设计研究　　　　人文学科

图 4-68　设计家族树与大的知识门类的关系（作者自绘）

对学科的洞见：“绝大多数学科都包含广泛的子专攻领域，一些子领域体现出一系列特征，别的则有不同的特征。在对每一个特定学科进行单独描述时还没有单一的调查方法，没有标准的验证程序，也没有明确的相关概念。在一个或另一个学科领域的从属领域中探讨那些可辨别的一致性、连贯性的特征则在某些情况下更有意义。”[1] 前文我们探讨了以学科为中心的学科交叉研究，而事实上在设计实践和设计研究中，还存在以解决问题为目标的学科汇聚。在这种“问题导向”的知识生产模式下，相关共同体对实际问题的解决集合在一起共同解决问题。

克兰（1972）的观点对“设计”同样适用，他认为：“社会不应当被看作是被明确界定的利益群体的集合，（它）必须被重新定义为一种复杂的、由各个相互作用的个体组成的群体网络，而个体的成员身份和交流模式则很少局限在某一个群体内。”[2] 当我们以静态的知识系统分析“设计家族”的时候，不论是“空间环境设计”“产品设计”还是“平面设计”，它们的知识都来源于各种学科和日常生活。而在动态的设计实践与设计研究的行动中，则是不同学科背景、专业背景、知识背景的各种“实践主体”由“设计问题”而汇聚成的新的“实践共同体”。在“设计”的“超学科”研究过程中，设计实践

1 ［英］托尼·比彻，保罗·特罗勒尔.学术部落与学术领地：知识探索与学科文化 [M].唐跃勤，蒲茂华，陈洪捷，译.北京：北京大学出版社，2008：70.
2 ［英］托尼·比彻，保罗·特罗勒尔.学术部落与学术领地：知识探索与学科文化 [M].唐跃勤，蒲茂华，陈洪捷，译.北京：北京大学出版社，2008:71.

本身就是一种"广义化"的设计研究，它不但完成实践，也生产新的设计知识。但是，多元化的团队也不一定就是实现"广义设计"的"良方"，约翰·沃克和朱迪·阿特菲尔德提醒道：

> 来自不同科学的观点很可能会相互矛盾。跨学科的倡导者轻率的认为多元化的角度越大越好，却忽略了如何调和不同角度之间存在的基本意识形态问题。批评多元论的人认为，并非所有角度的描述都具有等同价值；他们坚持认为，其中一些比另一些更胜一筹，也更加真实。仅仅将各种不同的观点进行叠加往往会造成混乱；……进行辨别是至关重要的。[1]

跨学科团队的价值观问题使得"文化导向"的"广义设计学"的意义凸显出来，可见这些不同研究导向的设计研究策略实际上是互补的。在"问题导向"的研究中，研究团队除了专业的认知模式的差异和价值观的差异，其他也是需要逐渐磨合的。

2000 年，张永和回国后成立了北京大学建筑学中心，从他起草的建筑学研究生教学提纲中也可以看出设计教育思想的某种转向。张永和将教学分为两个方向：一个是"建造的研究：基本的，物质的，微观的，纯建筑学的"，另一个是"城市的研究：宏观的，社会性的建筑学"。[2] 尽管这个框架代表了张永和个人对建筑的理解，但是目标明确，可操作性强，同时还与其成立的"非常建筑"工作室的实践态度相对应，构成了一个完整的系统。在《第三种态度》一文中，张永和将这种研究方式与"立场""策略"和"概念思维"有机契合在一起，成为他的"第三种态度"——批判性的建筑实践。假如借用他的思考方式，我们可以认为，在"广义设计"的研究中，对待"广义设计"的态度决定了立场，在立场的基础上才会有工作时的方向和方式上的决策。在设计实践中，立场和策略把设计的沟通放在讨论问题或思想的基础上，明确立场是试图回答为什么做设计的问题，制定策略是试图宏观地回答如何做好设计的问题，设计师在立场和策略的基础上做具体的设计决定的过程，即试图微观地回答如何做设计的问题。在设计实践中，设计与研究的关系不是线性的，可能是同时进行，并互为工具，也就是说，研究是连续的，如同概念思维，也贯穿设计的每个阶段。[3] 张永和正是通过整套系统的建立，实现了他作为设计师在各种错综复杂的关系网络中如何批判性的实践。（表 4-12）

表 4-12　北京大学建筑学院建筑学研究中心研究生教学提纲

方向		具体内容		备注
纯建筑学	建造的研究（微观）	形式的研究	材料、建造、结构与形式的关系	在房屋技术的支持下，探索建筑设计的规律，人与自然的关系
		形态的研究	空间、材料等	
		建构的研究	建筑语言、真实性	
		建造传统的研究	传统营建方法的当代应用	
		生态因素的研究	材料的再利用、传统的生态技术	
		结构体系的研究	混凝土砌块承重墙、夯土承重墙等	
		围护体系的研究	保温隔热、采光遮阳等	

1　[英] 约翰·沃克，朱迪·阿特菲尔德.设计史与设计的历史 [M].周丹丹，易菲，译.南京：江苏美术出版社 2011：30.
2　谢天.当代中国建筑师的职业角色与自我认同危机：基于文化研究视野的批判性分析 [D].上海：同济大学，2008：48.
3　张永和.建筑名词：张永和的作文本 [M].台北：田园城市文化事业有限公司，2006：257-264.

方向			具体内容	备注
社会性的建筑学	城市的研究（宏观）	密度	建筑、街道、商业的密度	是具体的而非抽象的城市生活与城市空间，关注人与社会的关系
		步行与生活质量的关系	作为城市空间的街道与漫游的关系	
		城市交通与商业的关系	作为城市景观的商业	
		住宅	包括大院、小区的性质与城市的关系	
		城市形态	当代和传统的城市形态，环状城市、带状城市等	
		垂直城市	城市空间的竖向分层以及层与层之间的关系	
		城市生态环境	城市与自然地貌的关系	
		全球化城市	城市秩序对都市建筑的影响	
		中国城市的个案研究	北京、上海、深圳、广州等城市	
		东南亚城市的个案研究	新加坡、曼谷、东京等	

来源：张永和，《北京大学建筑学研究方向（提纲）》。

"学科导向"与"超学科导向"（问题导向）之间也并不是对立的，它们同样具有互补性。"超学科研究"不是一般意义上的方法，它是本体意义上的一种态度和世界观。"超学科"研究有四个重点：关注生活世界的问题；关注学科范式的整合；强调参与性研究；寻求学科外的知识统一。[1]"设计"作为实践性的专业，"超学科"范式具有新的研究意义。并且，在超学科的研究过程中，通过打破知识壁垒，往往也能促成新学科的生成，从而促进学科的发展。（图4-69）

4.4.3.5 实践中反思的"广义设计学"

尽管"广义设计学"作为一个专门的概念进入国内设计学界的视野始于赫伯特·西蒙，但是随着设计研究的进展，采用多学科的视角扩大设计研究的范畴已经得到了以下共识。

第一，设计是作为文化和日常生活的核心而存在于这个世界上的，设计在个体、社会、文化、生活中广泛存在。

第二，设计含义解读的可能性引发了关于设计的众多不同概念与阐释。关于设计定义与含义的争论，逐步扩大了学科的范畴，展现出设计产品的新面貌，并且为设计实践及其作用的研究提供了可供选择的研究方法。

第三，尽管对于设计的具体学科问题还未有定论，但认识到设计是一门跨学科、跨方法论的学科是进行这方面研究的认知基础。

第四，设计是一个具有争议性原理与价值的学科领域。

对以上问题的研究影响了对设计潜力的整体理解，影响了公共意识、设计观念、设计教育的发展以及设计专业化的发展，也影响了设计研究新兴领域的设计研究调查。[2]

而基于这种认知与国内设计发展的现实问题，我们也可以对应地得出以下新的认知。

---

1 蒋逸民.作为一种新的研究形式的超学科研究 [J].浙江社会科学，2009（1）：8-15.
2 ［美］理查德·布坎南，维克多·马格林.发现设计：设计研究探讨 [M].周丹丹，刘存，译.南京：江苏美术出版社，2010：4-6.

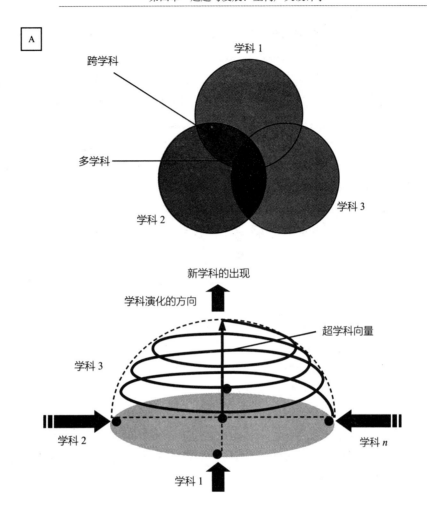

注：这一模型对比了跨学科、多学科与超学科的研究工作。跨学科和多学科交叉包括两门（跨学科）或者多门（多学科）成熟的学科，而超学科融合了许多学科的知识和技能，产生了一种新的子学科。教育神经科学最终一定会成为一个超学科的领域。

图 4-69　超学科研究与知识发展
（图片来源：经济合作与发展组织编，《理解脑：新的学习科学的诞生》，2010：139）

　　第一，在思维方式上，一种新的"广义设计学"应该体现出生成性、关系性和批判性，而不是本质主义的思维或实体主义的思维。基于设计的复杂性和变动性，使得解释设计本身都异常的困难。设计作为一种用变化的眼光看待世界的方法，在人类文化多样性与设计多样性的视野下，它应该超越学术情境与经验领域，去主动发现文化与设计中新的连接方式或交叉领域，它还应该具有反思的能力，甚至是跳出自身来反思自身。

　　第二，在整体观念上，一种新的"广义设计学"应该体现出整体性和开放性。它应该从人类文化的"整体"角度理解设计，以更敞开的视角审视设计。通过建立一种"广义设计"的文化平台，将更多不同的设计专业乃至社会大众联结起来，从整体上提高社会大众对"设计概念"和"设计价值"的认知。

第三，在文化观念上，一种新的"广义设计学"不能仅仅停留在对西方设计文化中"形而下"的"有形之物"的模仿上，它必须走进设计文化的深层，去关注其"精神文化"，才能从整体上了解"设计表象"的生成机制，而简单的模仿只能使设计成为"无魂之器物，无根之浮萍"。

第四，在世界观上，一种新的"广义设计学"，应该从"客观的对象化世界"回归到"生活世界"。也只有在生活世界中，在不同的社会和文化场域中才能更好地实现"人的观念和思维方式的现代化"，"人的行为方式的现代化"和"人的生活方式的现代化"。

第五，在知行观上，一种新的"广义设计学"应该是面向生活世界并介入设计实践的探究，它应该从宏观的"合力"角度调整各种元素和关系，使其处于动态的平衡状态。

同复杂性思想研究一样，在国外的设计研究历程中，很多研究尽管没有直接使用"广义设计学"这一称谓，但是实际上已经取得了很多的研究成果。"广义设计学"作为设计研究的一部分，是以"广义设计"为认知基础，在更深层次上发掘设计的潜力，以更多维度加深对设计的理解，以更包容的心态建立设计活动与其他学科的联系，以更开放的姿态建立设计与现实生活世界的联系。正如布迪厄的实践社会学一样，它是一种"做法"而非"作品"。"广义设计学"并不是试图抽象出一个简单性的关于所有设计的教条，而是基于对"广义设计观"的认知去解决复杂莫测的设计问题。"广义设计"作为一种设计活动和研究活动，其最终目的是从整体的高度，以"和而不同"的方式，实现更好的设计。正如吴良镛先生在《世纪之交的凝思：建筑学的未来》中所总结的，"一致百虑，殊途同归"。

一种新的"广义设计学"并非只关注"宏观层面"，或试图瓦解设计学科自身，它与传统设计学的区别在于研究的视角和对边界的认识。尽管设计学是一个交叉性、边缘性的学科，但设计仍然是有其特有的研究对象的，"体系"的存在是设计学的主要标志。所谓"体系"就是采用专门术语和规范的一套完整的研究框架和研究方法，但是这一"体系"只存在于设计学内核，设计学的外核则没有，这也造成了设计学内部的分裂。建筑理论家戴安娜·阿格雷丝特认为，"体系"的定义是涵盖了其包容与排斥或约束的对象，对"体系"的再定义可以解决存在的分裂与学科危机。[1]而一种新的"广义设计学"所关注的不仅仅是"实体性"的设计学的内核或外核，而是将设计理解为内在于社会、文化的人类实践活动，它的视野是在"微观"与"宏观"之间流动的，它所关注的是如何在整体的网络中把握总体的关系。

4.4.4 小结

随着人们对复杂性的认知不断深入，一切人、地、事、物都被紧密联系在一个复杂的"网络"之中，而一切设计也应该由"平面的"逻辑世界转向更加"立体的"生活世界。设计者与研究者也应该从原有的二元对立的"单向逻辑"转化为"双重逻辑"：一方面关注"外在"的、宏观视野中的设计；另一方面关注"内在"的、微观视野中的设计。"外在"的立场因为可以保持批判的距离而使设计获得一种开放性与鲜活性；"内在"的立场因为可以保持实践感而使设计获得一种具体性与现实性。只有从"大处着眼，小处着手"，才能去发现、去解决事关人类生存与发展的设计问题。而一种"双向的逻辑"应该以实践的方式和介入的姿态，在"宏观"与"微观"，"外在"与"内在"，"广义"与"狭义"之间"互动"和"游走"，在现实生活中整合。假如我们借用人类学家王铭铭对于中国"西

1　谢天. 当代中国建筑师的职业角色与自我认同危机：基于文化研究视野的批判性分析 [D]. 上海：同济大学，2008：50.

方学"的观点，我们就可以这样理解广义设计学和人类设计文化："无论在中国，还是在'非中国'，一个群体，一个民族，若要成其社会，成其文化"，成其设计，"则都必定有其超越'自我'且内在于'自我'的'他者'存在"。[1]

4.5 本章结语

我们的一切生活无一不被打上了"设计"的烙印，设计已经成为我们文化和日常生活的核心而存在于这个世界上。所以，我们需要"从设计实践的狭窄概念界定中跳出来，站在文化的与哲学的角度来审视……如果不将设计实践与当代文化语境的问题结合起来思考，它的概念是得不到充分而恰当的理解的"[2]。当然，从文化和哲学的角度审视设计，不是说游离于设计实践而自说自话，而是将设计理论和设计实践从整体的角度整合起来，探索一种新的"契合"方式。正如哲学家艾伯特·伯格曼所说，设计的职责是要将世界"契合"（engagement）在一起，即"维系人类与现实之间的对应关系"。并且只有从多学科的视角，才能使人们更好地理解从工业时代到后现代这一过渡期内设计的新发展。随着逻辑原则的失落和对多样性的认知，一种单一的声音和视角越来越难以包罗设计的方方面面，越来越受到人们的质疑。这些声音都表达了扩大设计的讨论范围，从不同学科、不同立场、不同角度来探讨设计的重要意义，从广义的角度研究设计成为当下设计研究的中心议题。

1 王铭铭.西方作为他者：论中国"西方学"的谱系与意义[M].北京：世界图书出版公司，2007：168-169.
2 ［美］理查德·布坎南，维克多·马格林.发现设计：设计研究探讨[M].周丹丹，刘存，译.南京：江苏美术出版社，2010：1.

第五章 "没有景框的风景"：
广义设计学的多维视角

> 我希望，建筑师成为整个社会之最杰出、精神之最富足（而非最贫乏、最平庸、最狭隘）。我希望，他们对任何事情都是开放的（而非像杂货铺的老板那样在自己的专业上故步自封）。建筑，是一种思维方式，而非是一门手艺。
>
> ——勒·柯布西耶

> 在共同分母的控制下，建筑师的责任是发明新技术的使用与新的表现语言，以充实人类视觉世界。
>
> ——华德·葛罗培

建筑师威廉·麦克多诺（William McDonough）曾经在 TED[1] 做过一次题名为"从摇篮到摇篮的智慧设计"的演讲，他指着一只塑料玩具鸭子的图片问道：加州政府将这只玩具贴上警告，他们认为"此类产品含有的化学物质可能导致癌症、先天性残疾或其他生育障碍"，问题是什么样的文化会制造出这样的产品，再贴上标签卖给小孩呢？而事实上，这正是当前文化危机与设计危机的一面镜子，很多设计实践往往是以局部的商业价值为准绳，但是对潜在的系统性危机却视而不见。尽管目前"广义设计"更多是在设计研究领域被正式探讨，当然也不乏原研哉、布鲁斯·莫、提姆·布朗等将"广义设计"作为设计思考原则的设计师，但是仍然有很多设计师仅仅是在"专业"范围内思考问题，设计产品的各种后果以及附带的环境、社会、文化责任并没有被纳入"设计问题"的范围。

由此，我们需要对"设计研究"和"广义设计学"作出一种反思：设计研究不能只是"生产知识"，设计实践不能只是"应用知识"；"广义设计学"不能只在逻辑空间上搭建，也不能满足于"普遍性、抽象性知识的汇总"，在种种新的关系网络中，"设计研究"与"广义设计学"需要一种新的界定。

---

1 TED（指 technology, entertainment, design 在英语中的缩写，即技术、娱乐、设计）是美国的一家私有非营利机构，该机构以它组织的 TED 大会著称。

事实上，正如维克多·马格林所言，设计的广泛作用在社会上没有得到承认与专业人士的自我定位、行业内部交流的成熟程度、考虑问题的眼界及行业人员进行合作的开放程度，都有密切关系。[1]由此看来，要建构一种新的"广义设计学"，首先应该以"广义设计"的视角去"重新发现设计"。只有重新反思"设计何为"，才能重建一种新的设计定位；只有重新反思"设计者何为"，才能获得一种新的身份认同。

5.1 实践者视域下设计位置与角色的反思

设计在大众心目中的位置如何，又在社会生活中扮演着什么样的角色？当下，设计作为一种对"人、境、事、物"的再安排，不断改变着万物的秩序和自己的存在状态。而实质上，设计不可小视，也并非万能，设计只是人与自然之间的"中介物"，我们不能生活在一个完全被设计淹没的世界。设计应该保持人、自然、社会、文化等的有机平衡，在实践中使之相互协调、和谐发展。设计作为人类的文化活动，设计者应当继承古人的精神理想："为天地立心，为生民立命，为往圣继绝学，为万世开太平。"这才是设计的角色和设计之本。

5.1.1 为什么安放——设计的隐忧

随着介入人类社会和自然界的活动范围越来越广泛，设计正日益成为全球使用频率极高的一个词语。在这个"设计时代"提问"设计应何处安放"似乎是可笑的，因为在大众心中：设计，改变了日常生活品的面貌；设计，挽救了国家的经济；设计，改善了人类的居住环境……然而，科技的昌明和设计能力的进步意义是否意味着设计"让生活更美好"呢？

在《为真实的世界而设计》（*Design for the Real World*,1971,1984）中维克多·帕帕奈克"强烈地批判商业社会中纯以盈利为目的消费设计，主张设计师应该担负起其对于社会和生态改变的责任"。加拿大设计师戴博曼也在其著作《做好设计：设计师可以改变世界》（*Do Good Design:How Designers Can Change the World*, 2009）中写道："设计师比他们自认为得更有力量，他们的创造力装备了人类骗术史上那些最有效（以及最具杀伤性）的工具。"并且试图"凭借设计去协助修补（或摧毁）我们的文明"。两位学者对设计的批评告诉我们：身处"设计时代"的我们，对设计仍然不甚了解。所以，我们应该重新认识设计，重新评估人类的设计行为，重新慎思设计在文化、生态和社会方面导致的后果。设计的社会性和复杂性意味着，世上有很多尽管我们未知，但却正在蔓延的由于不当设计而引起的"蝴蝶效应"[2]。

"人造世界"代表了以人为万物尺度所缔造的世界，它是西方文明的一个特色，一种用人力征服自然的梦想。西方文明的危机迫使人们反思这种掠夺性、扩张性的文明。伴随着科技的进步与经济的发展，设计与工业化大生产的结合，设计与科技的联姻，设计已经成为西方文明的一种强大的自信。然而今日的"人造世界"相对于维克多·帕帕奈克所批判的、充满"谋杀的"世界是否有所改变呢？美国著名女记者艾丽安·科恩发现："每天我们要接触上千种人造化学物质，某些甚至已经渗透到我

---

1 维克多·马格林. 人造世界的策略：设计与设计研究论文集 [C]. 金晓雯，熊嬿，译. 南京：江苏美术出版社，2009:42.
2 **蝴蝶效应**是说初始条件十分微小的变化经过不断放大，对其未来状态会造成极其巨大的差别。有些小事可以糊涂，有些小事如经系统放大，则对一个组织、一个国家来说是很重要的，就不能糊涂。

们的身体之中，并且还要在我们的体内待上数十年之久。"于是她试图通过一系列新型的血液监测手段，用自己的身体对这个"人造世界"做一个评估。经过全面的血液检查，结论是：她的体内充满了各种化学物质，还有很多化学物质的危害性尚不清楚。为了进一步说明，表 5-1 列举了普遍存在于大多数产品之中的毒素。

表 5-1　生活物品所含毒素及（或）导致的相关疾病

生活物品	所含毒素	或导致相关疾病
乳液	邻苯二甲酸酯	通常标签上都会标注为"芳香剂"的邻苯二甲酸酯会引起生殖能力障碍
咖啡机	十溴二苯醚.	存在于塑料中的这种有毒阻燃剂会渗入到你喝的咖啡中
洗发水	邻苯二甲酸酯、对羟基苯甲酸酯、对二恶烷	这些添加剂与雌激素紊乱有关
老式不粘锅	全氟辛酸铵	与睾丸、肝和胰腺癌相关
肥皂	邻苯二甲酸酯、Triclocarban（ 存在于抗菌香皂中 ）	在肥皂中找到某些化学物质与雌激素紊乱相关，可能增加出现生殖问题和癌症风险
防晒霜	二苯酮 - 3	通过皮肤吸收到体内之后，这种化合物可能造成激素紊乱

来源：艾丽安·科恩，《你身体里藏着多少毒》。

　　表 5-1 所列都是与我们朝夕相处的物品，而这些与我们接触的物品很多都是有毒的，尽管政府对有毒物质的监管力度越发严厉，但是"我们很难退回到一个没有化学污染的世界，我们走得太远了"[1]。

　　事实再一次证明维克多·帕帕奈克和戴博曼所言并非夸大其词，这些贴近每个人日常生活的例子比起宏观的环境污染统计数据更让人焦虑，我们与女记者一样都成了毒素的"寄生体"。而悖论是今日的很多设计活动，不正是在使用这些有毒材料进行设计吗？不正是为这些有毒的产品设计包装和广告吗？不正是用这些有毒的材料再造我们的居所吗？不正是用这些有毒的材料设计成服装包裹我们的身体吗？很多人追问"环境污染、办公室污染、汽车污染、大气污染、服装污染、用品污染……各种跟污染相关的新闻层出不穷，污染这么厉害，这个世界还能生活吗？"更严重的是环境问题、社会问题的日益紧迫越来越应验了维克多·帕帕奈克所讨伐的不良的设计所造成的"谋杀"，因为这些危机已经包围了我们赖以生存的一切，当然这些问题不能简单地归咎于设计师，事实上这是社会性的一种"合谋"。

　　值得反思的是：设计除了"经济、适用、美观"的基本法则之外是否还有更重要的东西？设计除了生产和消费之外是否还有更重要的责任？设计除了设计师和甲方之外是否还关涉每个人的生存利益？除非我们像"温水"中的"青蛙"一样[2]，把这种变化视为一种"新的正常状态"，然后像玛雅文明一样，直到多年以后，我们的遗迹被黄土和参天大树掩埋，以此来遮盖我们的过失。

1　[美] 科恩 . 你身体里藏着多少毒 [J]. 科技新时代 ,2010 (1)：64-71.
2　青蛙效应告诉我们，一些突发事件，往往容易引起人们的警觉，而易置人于死地的却是在自我感觉良好的情况下，对实际情况的逐渐恶化，没有清醒的察觉。

所以，对于设计应归何处有必要做一个全新的评估。

5.1.2 谁来安放——设计的版图

加拿大设计师布鲁斯·莫在 *Massive Change*（《非常巨大的变化》，2004）中重新构想了设计的版图（图5-1）。被誉为"设计师中的哲学家"的布鲁斯·莫非常注意社会的巨大变化给设计带来的影响。

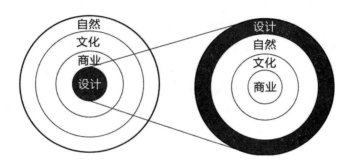

图5-1 布鲁斯·莫构想的设计位置与角色（Bruce Mau, *Massive Change*, 2004）
（图片来源：原研哉，阿部雅世，《为什么设计》，2009）

如图5-1所示，通常在大众的意识中，设计是一种商业活动，甚至是一种比商业还小的东西。而布鲁斯·莫改变了设计的位置，将关系反转，他认为设计的意义和能量远远超出了商业的范畴，设计的范围应该包括商业、文化、自然。从设计的对象和活动范围而言，布鲁斯·莫的修正符合设计的发展趋势，也改变了世俗对设计的小视，这一点非常值得称道。需要进一步思考的是"大设计圈"的观念是否需要对设计有更立体的理解：按照《易经》中阴、阳两极互补的整体观念，设计是否应该包括阳性的"有为的设计"（建设性的设计）和阴性的"无为的设计"（保护性的设计），或者理解为经过甄别，"不设计"其实是最好的"设计"，而好的"设计"应该是"不为设计的设计"。那么，我们除了强调设计可以改变世界，还应该追问：为什么改变，为谁改变，值不值得改变的问题；是不是应该也保留一份自然，而不仅仅是一味地求新求变；更不能为了达成心中的某种理想模型，忽略一切的真实，把所有问题只通过工程技术来解决。

在"2009深圳设计论坛"上，学者王列生就批评设计在我们这个时代已演绎成一个神话：设计是审美主义神话，设计是技术理性的神话，设计是消费主义神话……"我们在三个方面被卷入：第一，一切人都被卷入被信息化的社会；第二，我们被卷入一个被消费化的社会；第三，我们也越来越被卷入被设计的社会。我们一方面设计别人，另一方面每个人也被别人所设计，因此就产生了现在这个社会。人们认为设计与人类社会、城市生存、人类生存是无限性的关系。"但是我们必须看到，"人类的生存不能被信息化，人类不可能走向虚拟社会。人类也不能被消费化。人类的生活也不能全部被设计"[1]。

如果布鲁斯·莫的这种"大设计圈"还有继续发展和完善的余地，那么设计在人与自然之间到底应该扮演什么样的角色？人、境、事、物又是否必须统统归于设计的再安排？又是谁赋予了设计安排它们的权利？[2]

1 崔有斌."设计之都"与都市设计 [N]. 美术报，2010，2 (27)：34.
2 海军 . 现代设计的日常生活批判 [D]. 北京：中央美术学院，2007.

其实古代中国很早就注意到设计与人、设计与自然的关系问题，学者杭间认为庄子所说的"机心"就可以理解为今日的设计[1]。在《庄子·天地》中，庄子认为"机心"是有悖于自然，有悖于道的："有机械者必有机事，有机事者必有机心，机心存于胸中，则纯白不备，纯白不备，则神生不定，神生不定者，道之所不载。"庄子所表达的是他对于自然的理解，对于事物发展动力的理解，不同于西方的定义，亦不苟同西方人的造物理念。《齐物论》曰"若有真宰而特不得其朕"，郭象《齐物论注》曰"物皆自然，无物使然"。这表明庄子所认为的事物存在与运动的原因与结果、动机与目的都并不在于其自身之外，而在于其自身之内，是其本性使然。并且庄子的宇宙论也是一种自然生成论："道—太极（太虚、太初）—气—阴阳—天地—万物。"[2]正所谓"境由心造，意由心生"。我们的心境如何，取决于我们观看世界的方式；我们创造一个什么样的世界出来，取决于我们自己是一个什么样的人。即使我们在选择一个物品的时候，也总是试图跟它建立一种象征关系。人既是"编剧者"又是"剧中人"，二者之间的关系是互动的："我们先塑造了城市，然后城市又塑造了我们。"[3]由此可见，设计如何安放的前提，不是给设计从文本上予以定义，而要说明设计应于何处安放，应该回到设计的原点，要为设计正名，先为设计正"心"。

5.1.3 如何安放——为设计"正心"

设计的版图问题，表面上看是如何界定设计的活动范围，但这仅仅是一种立足设计专业本位实践性、行业性的理解。当然，设计版图的扩大，可以提高设计师的社会地位，可以使设计为更多领域服务，但这不能仅仅作为一种改造世界的英雄主义理想。对"大设计圈"这一理念的认知，需要暂时游离设计实务，尽管难以企及老庄所谓的"道"，但至少可以从更加宏观的视野看待设计。诚如结构主义大师莫霍利·纳吉所言："设计不是一种职业，它是一种态度和观点。"目前，国内很多学者已经在以更加宏观的视野来思考设计。

> 文化意义上的"设计"并非一种职业性的分工，它应该被解读为一种思维方式与人生态度，是一种将思考的起点与视觉的终点完美地结合在一起的一种意向与追求。（许平，2004）

> 设计是一种关系、格局与影响力的思考。如果全部的设计创造力都以这样的方式造物、行事、宜人、净心，那么设计或许在不远的未来将真的不成为一种职业，而是一种文化的存在。（许平，2007）

> 设计其实就是人类把自己的意志加在自然界之上，用以创造人类文明的一种广泛活动。或者用更为简单的话来说：设计是一种文明。（尹定邦，2008）

> 设计从本质上可以被定义为人类塑造自身环境的能力。我们通过各种非自然存在的方式改造环境，以满足我们的需要，并赋予生活以意义。（约翰·赫斯特，2009）

由此可见，设计作为人类的创造性的行为，除了造物以外，更是一种文化，一种关于人类自身发展的态度。当然，这也符合设计发生学的认识：设计是人特有的一种技能。而人类区别于动物的地方，恰恰就在于人是需要"文化"的。

其实广义上的文化即是"自然的人化"，"文化即是人与自然的关系"。"文化的实质性含义即是'人

1　杭间.设计道：中国设计的基本问题 [M].重庆：重庆大学出版社，2009.

2　孙邦金.《庄子》的"自然"概念及其意义 [J].温州师范学院学报（哲学社会科学版），2006，27（6）：49-55.

3　[丹麦] 扬·盖尔.人性化的城市 [M].欧阳文，徐哲文，译.北京：中国建筑工业出版社，2010.

类化'，它是人类价值观念在社会实践过程中的对象化，是人类创造的文化价值经由符号这一介质在传播中的实现过程，而这种实现过程包括外在的文化产品的创造和人自身心智的塑造。"[1]基于此，我们是否可以试探性地对设计的位置与角色做如下理解。(图 5-2)

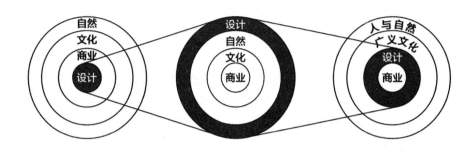

图 5-2 设计的位置与角色（作者自绘）

设计作为人类的文化活动是将自然"人化"，设计面对的首先是"人与自然的关系"。设计的实质性含义是人类价值观念在社会实践过程中的对象化。设计是人类创造的文化价值，经由符号这一介质在传播中的实现过程，而这种实现过程包括外在的文化产品的创造和人自身心智的塑造。而对于设计的位置与角色的理解，还可以从以下几个关系来分析。

第一，设计与商业的关系。设计不应该仅仅是商业的附庸，设计不仅仅是一种"活儿"，图纸也不仅仅是一种"货"。设计应该还有文化性、艺术性、社会性等多重维度，更何况经济活动本身也是文化活动。

如果仅仅是作为商业的附庸，设计必然成为消费主义的推手。这将导致严重的资源浪费和环境污染，并且将人性异化，过度消费的设计正是通过各种外观优良、功能良好、品位独特的设计品，侵蚀人类无限的、贪婪的占有欲望。我们鞋柜里有多少双鞋一年到头都不曾穿过？有多少件衣服上身一次就束之高阁？有多少件家用电器买来就没怎么用过？又有多少人几个月就想换一部最新款的手机？[2]

并且，在经济利益的驱动下，设计难以顾及广大民众尤其是弱势群体的利益，而本质上他们更需要通过好的设计改善他们的生活品质。随着设计伦理学在国内学界的兴起，"设计为人民服务""为国家身份及民生的设计"日益成为关注的焦点。中国台湾学者汉宝德在其《造反有理的建筑》一文中表示："无论是创新，或是革命，有一个共同的特点，就是以人的福祉为思考的主要原则，也就是要使人类的生活更美好。"

第二，设计与文化的关系。设计只是广义文化的一部分，但是不能将文化吞没。很多伟大的设计都不是设计师的功劳，民居和聚落就充满了"设计的智慧"。如果以一种所谓文明的、进步的视野，用一种"国际风格"的建筑，把他们全部剔除，这本身是反文化的。

1　冯天瑜，何晓明，周积明 . 中华文化史 [M]. 上海：上海人民出版社，2005.
2　[南斯拉夫] 德耶 · 萨德奇 . 被设计淹没的世界 [M]. 台北：漫游者文化事业股份有限公司，2009.

　　设计与文化永远都是唇齿相依的关系，而中国设计发展的瓶颈正是严重缺乏中国文化的支撑。最近国内旅游开发中，名人故里之争的"文化啃老现象"正是一种极端的表现形式。然而对中国文化的挖掘不应该仅仅是民族符号的简单拼贴，更应该渗入价值观念、思维方式等文化的深层内核。这需要对中国古代文化做深入的、系统性的理解，才能发现中国文化是如何达到人与人、人与物、物与物的和谐。穿越时空，我们可以这样比较：太师椅并不是没有人机工学的意识，除了礼仪的意义之外，儒家对"坐"有自己的要求，它规范了人坐的姿态，从身体生理上更有利于防止脊椎变形；古代女士的耳环也不仅仅是一个样式的设计，古代男士腰间的玉佩也不仅是身份或时尚的象征，它们都在规范一个人的行为，作为有教养的人要举止得体，不能让身上的配饰叮当作响。

　　其实古代的设计思想除了对"物"的"物质性"和对"人"的"动物性"的理解，还包含了一套礼仪制度，包含了一种从"人机和谐"到"人际和谐"[1]的价值取向，其实这不是更人性、更科学吗？面对西方强势的话语权，我们更需要对民族文化的认同和自信。这当然不是设计者的单方面责任，它需要整个社会对设计的认知与设计价值的认同。而当今文化中凸显地从"尚礼"到"尚力"的转变是非常背离中国传统文化的。[2]当然，这里并不是说要一味地继承传统，而是任何文化的所谓"创新"，起源点都是"传统"。

　　第三，文化与自然的关系。人与自然应该是既彼此独立又和谐共处的关系，人类的文化活动是对自然的改造，再造出一个"第二自然"。但是，人类的改造活动，人类的"主观能动性"是需要节制的，人类不能无限制地将自然全部改造。庄子认为人在自然界中的地位无非是："号物之数谓之万，人处一焉。"

　　生态哲学、环境美学的兴起，预示着人类的发展需要从根本上改变其世界观和价值观。现实中所谓的生态、低碳很多还只是政治口号，为了避免污染，发达国家的策略是把高污染工业转移到不发达国家，以此来实现自己国家的清洁能源。可是太阳能电池板、电力驱动汽车这些清洁能源，在其生产过程中所带来的更巨大的环境污染，又是否是其"生态理想"的悖论呢？这倒不如说比起改变地球的命运而言，很多国家更关注低碳科技所带来的巨大经济利益。

　　培根在机械时代就注意到这一难题："人类越来越年轻，而地球越来越老。"史蒂芬·霍金的解题方法是："人类不应该把所有的鸡蛋都放在一个篮子里，或一个星球上。如果能在未来百年里避开灾难的侵袭，人类应该就安全了，那时我们可以移居到太空。"可见生态文明并未真正到来，很多人还是不愿意从自身寻找问题。大科学家霍金也仍然是从科学技术的角度思考问题，比起思想的改变，他更愿意继续采用科技手段，寻找下一个地球的替代品。问题是到时候地球有多少亿人口，而他又能把所有地球人塞进"诺亚方舟"吗？

　　第四，设计与人、设计与自然的关系。学者王其亨从文化学的角度，对建筑的阐释或许有助于我们理解这一关系（图5-3）。通过比较，他认为"建筑是人和环境的中介"。中国古代就有强烈的环境意识，建筑并非是个体的艺术，作为人和环境的一种中介，建筑与环境的对话正是中国古代建筑文化的精髓。反观古代其他造物之法，古代先哲又何尝不是把"天人合一""中和为美"作为一种标准呢？这与今天西方倡导的"生态设计""场所精神""适度设计""最小介入"又何尝不是如出一辙甚至更为精妙呢？我们是否可以看到他们所理解的"设计的原点"以及比设计更重要的事呢？

1　吕品田.人际和谐：中国艺术设计价值取向冀望 [J]．饰，2009（2）：17-20.
2　王文元.人类的自我毁灭：现代化和传统的殊死较量 [M]．北京：华龄出版社，2010.

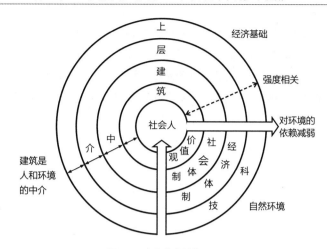

图 5-3 文化生态结构图，
（图片来源：王其亨，"中国建筑文化概论" 课程）

"天地无心，以生物为心。"（程明道）当然设计本身并不具有严格意义上的"人格"，本书所谓的为设计"正心"其实是为设计主体"正心"。北宋大儒张横渠有言："为天地立心，为生民立命，为往圣继绝学，为万世开太平。" 这四句话集中表现了儒者的襟怀，也最能凸显儒者的器识与宏愿，因而也可说是人类教育最高的向往。这四句话高度概括了，面对自然、面对人、面对传统、面对社会应该有的一种态度。而在物欲横流、文化断层的当今社会，期盼中国设计的崛起，期盼中国文化的复兴，需要的恰恰是这种人文精神，这才应是"设计之心"所在。

5.1.4　小结

通过以上讨论我们反思了设计与商业、文化、自然和人的关系。对这一系列关系的梳理有助于我们将设计放入一个具体的系统环境中来看待设计问题，而不是纠缠于文字上的理解与争辩。这有助于对设计本体论、设计伦理这些设计哲学问题进行反思。

首先，对设计本体论的反思。

尽管直到今天，关于设计的本质问题已经有太多的学者总结出无数的理解。而现实中的设计、在活动中的设计并非纯粹的、理想化的。法国社会学家亨利·勒菲伏尔尖锐地指出了设计的这一问题所在：设计在什么地方，呈现出何种面貌，又何以如此，不仅仅是一种资格、一门技术，它是一个"过滤器，对内容进行筛选，将某些'真实'去除，并用自己的方式来填补空白。一种严重的情况是：这种过滤行为，比那种意识形态的专业化或某一专业者的意识形态走得更远。它有抹去社会要求的危险"[1]。如果所言确凿，那么问题是什么才是"真实"，什么应该被"过滤掉"呢？这完全取决于公众对设计的认知和设计者的立场，取决于在人们心中，设计与商业、文化、自然、人处于何种关系，又该如何处理它们之间的利益抉择。

很多人认为，设计是一种静态的知识活动。设计者会本着良好的用意把"这个世界按他心目中的模型去裁剪它、修整它，让复杂多变的世界现实去接近，或者去配合自己心中的理想模型"[2]。但

1　[法] 亨利·勒菲伏尔. 空间与政治 [M]. 上海：上海人民出版社，2008.
2　[美] 詹姆斯·C.斯科特. 国家的视角：那些试图改善人类状况的项目是如何失败的 [M]. 王晓毅，译. 北京：社会科学文献出版社，2004.

是设计并非是知识的理想化形式，法国大思想家福柯就首先提出了知识与权利的一种互动与对应关系。在 1：1000 的蓝图上，规划者尽管有自己的经验和专业知识，但是否知道自己一笔下去涉及多少现实的"真实"，他是否有权力用"一种简单化和清晰化、军团化"的理想模型去破坏其中的"真实"呢？其结果必然是街道的死亡、邻里关系的消失、文化景观的破坏、生活情趣的瓦解和城市景观的同质化。这种"极端现代主义"的教条在西方社会已经遭到批评，对于后工业社会的设计，马克·第亚尼认为文明的转变应该引起设计的转变，在《非物质社会：后工业世界的设计、文化与技术》[1] 中，他对工业设计与后工业设计的性质做了比较。

所以，设计应该回归原点，寻找设计的本性。而庄子所谓的"道"，并不对应于西方哲学所谓的"本体性"，而是关于"真实的真实的真实"是什么。[2] 只有将设计回归为"以人为中心"而非"以物为中心"，回归为广义文化的一部分，才能处理好天人关系，处理好"人造世界"与自然的关系，才能有利于人类的长远发展，才能从对经济规模的崇拜、对科学技术的迷信、对感官刺激的享受中解放出来。这需要大众对设计、对设计者的身份，有一个新的认知和观念上的转变。因为文化的"真实性"和多样性需要对设计对象有深入的了解，这需要回归现实、回归生活，与现实生活对话，而不是回归某一理论或心中的理想模型或范本。因为设计者不能将自己化为上帝的化身，决定一个人的起居方式、生活方式、风俗习惯和信仰。现代的"战略策划""体验设计""交互设计""互动设计""服务设计""人本设计"……也正是对此的某种回应。总体而言，一国的设计应该反映一国的文明水平和人民生活质量。

其次，对设计本体论与设计伦理的关系反思。

学者张岱年认为："伦理学又称人生哲学，即关于人生意义、人生理想、人类生活的基本准则学说。伦理学亦可称为道德学，即研究道德的原则。"当今的设计伦理学也正是伦理学与设计学的结合。但是这还不够，在中国古代哲学中，伦理学与本体论是联系密切的："伦理学与本体论之间，存在着一定的联系。本体论为伦理学提供普遍性前提，伦理学为本体论提供具体性验证。"[3] 所以，设计伦理仅作为一门新的研究领域还是不够的，它必须注入到设计本体论之中。设计不仅仅是技术的实践、思想的实践，更是道德的实践。在这些实践过程中，需要设计主体不断反思自己的行为，反思设计的意义，才能不背离设计之道，不损害他人的利益，达到"己所不欲，勿施于人"，达到可持续发展。

《管子·正第》曰："守慎正名，伪诈自止。"为设计"正名"，可以体现出设计的"地位"和"明确设计的责任"。在西方所谓"后现代"的设计理论和设计实践的嘈杂声中，设计除了要平衡"甲方""设计师""受众"利益之外，是否还应该摆脱"狭隘民族主义""专业本位"的局限，从内心真正面对"人类继续生存下去"的责任和理想呢？

最后，对设计方法论的反思。

学者邱春林认为："考察一种文化的特质，一个重要的参数就是造物设计的理念和方法。"上文我们已经分析了设计回归文化的必要性，设计作为一种广义的文化活动，其设计方法必然受到其设计理念的影响。中国古代文化的阴性特征更注意和谐意识和永续意识，其视野也更具整体性。"天道与人道的相互作用，形成了造物之'理'，此理可用一个字概括，就是'宜'。"其中主要包括"与物性相宜、与人相宜、与时相宜、因地制宜、与礼相宜、文质相宜"[4]。今天看来，这些论述仍然是十分

1　[法] 马克·第亚尼. 非物质社会：后工业世界的设计、文化与技术 [C]. 滕守尧，译. 成都：四川人民出版社，2004.

2　[美] 安乐哲. 中国哲学问题 [M]. 台北：台湾商务印书馆，1973.

3　张岱年. 张岱年全集（第三卷）[M]. 石家庄：河北人民出版社，1996.

4　邱春林. 设计与文化 [C]. 重庆：重庆大学出版社，2009.

精辟的。值得注意的是，我们与国际设计接轨的同时，是否可以保留中国古代设计的精髓呢？在吸取国外新思潮的同时不忘记本土原有的文化优势呢？设计绝非"无根之浮萍、无魂之器物"，中国设计复兴是否该同中国文化复兴一道呢？

高更通过名作《我们从哪里来？我们是什么？我们往哪里去？》思考着哲学史上一直被关注的、人的根本问题。而在设计已经高度发达的今天，我们是否应该追问，设计从哪里来？设计是什么？设计往哪里去呢？

5.2 研究者视域下的"广义设计学"

5.2.1 重新理解"设计研究"

"设计研究"这一提法源于 1979 年在英国发行的一本杂志的标题，它也常常用来指代一个涉及内容广泛的、新的学术领域。在设计研究的发展过程中，研究者之间的分歧主要在于：设计研究应该属于自然科学，还是人文社会科学；设计研究的哲学基础应该是科学主义，还是人文主义；设计研究应该是以工程为导向，还是以社会文化为导向。由于设计的复杂性、人类认知能力的局限性和逻辑的不完备性等因素，我们不大可能用一种唯一的范式去垄断设计研究这一交叉性的学科领域。随着研究人员与设计人员的分工，研究与实践出现了"分离"，很多设计研究不但滞后于设计实践，并且对设计实践的作用也并非富有成效。由于过度的商业化和理论化，在设计高校还存在着"设计研究""设计教育"与"设计实践"严重脱离的现象。因而，我们有必要从整体的角度对设计研究作出新的解释。

5.2.1.1 设计研究的概念

"设计研究"从不同的角度有多种不同的解释。英国皇家艺术学院的布鲁斯·阿彻教授认为，设计研究就是系统性的调查，是关于人造物和人造系统中的结构、组成、用途、价值和意义的知识。[1]意大利米兰理工大学的曼奇尼教授（Ezio Manzini）认为：设计研究是使用设计工具、技能和感知能力所进行的研究活动；其中的"研究"是指知识的共享和积累，以作为研究和项目的新起点，"使用设计工具、技能和感知能力"意指设计师解决复杂的设计问题、发现新观点和解决方案的研究活动。[2]赫伯特·西蒙认为可以把设计研究活动称为"研究人工物的一门新型科学"。在《设计研究的多重使命》一文中，维克多·马格林对以往的"设计研究"定义进行了拓展，他认为设计研究是"一个涵盖所有与设计相关领域的研究，并为它定位一批概念性的术语，以成为设计领域中的'惯用词语'"[3]。后来他将这个定义扩展为："一项可以解释的实践，以人类科技和社会科学为基础而不限于自然科学。"[4]

国内学者杨砾和徐立认为："设计研究，简言之，无非是对广义设计的任务、结构、过程、行为、历史等方面进行研究。"[5]湖南大学的赵江洪教授认为，设计研究是指描述和解释设计的研究活动，包括解释或说明设计结果（名词性）和设计过程（动词性）的外延和内涵。设计研究可以明确归纳为

1 L. B. Archer，"A View of the Nature of the Design Research" in Design: Science:Method, R. Jacques, J. A. Powell, eds.(Guilford, Surrey: IPC Business Press Ltd.,1981), 30 – 47. L. Bruce Archer gave this definition at the Portsmouth DRS conference.
2 刘存．英美设计研究学派的兴起与发展 [D]．南京：南京艺术学院，2009:2.
3 维克多·马格林．人造世界的策略：设计与设计研究论文集 [C]．金晓雯，熊嬺，译．南京：江苏美术出版社，2009:289.
4 维克多·马格林．人造世界的策略：设计与设计研究论文集 [C]．金晓雯，熊嬺，译．南京：江苏美术出版社，2009: 302.
5 杨砾，徐立．人类理性与设计科学：人类设计技能探索 [M]．沈阳：辽宁人民出版社，1988:22.

两个领域：一个是将设计作为一个设计问题求解过程来进行研究，即设计"动词化"研究；另一个是将设计作为满足需求的一个对象物（产品）来研究，即设计"名词化"研究。设计研究包括设计行为、设计过程和设计中认知活动的分析和模型构建。[1]

对于"设计研究"的概念概括的较为全面的是美国维基百科（Wikipedia）中的解释：设计研究是把研究运用到设计过程中，也指在设计过程中进行研究，总体来讲都是为了更好地理解和改进设计过程。设计研究的研究对象涉及所有设计领域的设计过程，因此它与一般性的设计方法或特定学科的设计方法密切相关。[2]这一定义不但较好地涵盖了设计研究的内涵和外延，并且消除了设计研究与设计实践之间的对立。

5.2.1.2　设计研究关心的主要问题

自然科学代表了最理想的学术活动，生物学家爱德华·O. 威尔逊认为，自然科学"是收集世界的知识，并且将其浓缩成规律和法则的有组织的、系统化的事业"[3]。但是这种科学观从一开始就将科学简化为一种认知事业，却忽略了科学作为一种介入性的探索活动。这不但将文化、社会等维度统统排除在外，也割裂了科学与现实世界和日常生活的关联。倘若我们以实践的角度看，科学活动并不只是"为了知识而求知"，而是要探求何谓实在，如何认识实在，科学知识仅仅是对实在的理解和概念的凝结。

假如我们将设计研究与科学研究进行类比，那么设计研究作为一种实践，同样是在探求何谓设计以及如何更好地设计。设计研究输出的成果是设计知识，但是这种知识是指向实践的，并不是"为了研究而研究"。设计研究除了可以为设计实践贡献知识或分析工具之外，还是使设计实践概念化的必要途径。因为从设计教育的角度而言，只有将设计行为转化为系统化的设计知识、设计态度和设计方法，才能使设计教育超越个人经验层面而转向学术化的设计教育。另外，设计实践、设计研究和设计教育都是需要方法的，因为方法论研究的水平直接代表了一个学科的成熟和先进程度。设计学作为一个学科的存在，就要有基本的假设、概念、理论、方法和工具。而且孤立的、零散的求知行为并不能构成设计研究，只有遵循特定的认识论与方法论的体系化过程，才能被认可为学术化的设计研究行为。[4]

对于设计研究的基础仍然是存在争议的，一种是延续"科学的"路径，以自然、社会科学的基本准则为出发点；另一种是创造知识的"设计师式"的理论途径。"科学的"路径除了前文曾提到的"设计科学"和"科学化设计"之外，土耳其伊斯坦布尔科技大学的尼根·巴亚兹教授在《探究设计：设计研究四十年回顾》一文中认为，设计研究作为人文学科的一部分，它有义务去回答以下几个问题：

（1）设计研究关心人工物的物质内涵，它们是如何履行其职责的，又是如何运作的；

（2）设计研究还关心如何解释人类的设计行为，设计师如何工作、思考，如何开展设计活动；

（3）设计研究还关心在设计的最终，如何才能称得上完美地实现了既定的设计目标，人工物是如何实现的，并如何体现其内涵；

（4）设计研究还关心结构的具体化；

1　赵江洪. 设计和设计方法研究四十年 [J]. 装饰，2008（9）：44-47.

2　Design Research[EB]. http://en.wikipedia.org/wiki/Design_research.

3　[德] 克里斯蒂安·根斯希特. 创意工具：建筑设计初步 [M]. 马琴，万志斌，译. 北京：中国建筑工业出版社，2011:20.

4　郭湧. 当下设计研究的方法论概述 [J]. 风景园林，2011（2），68-71.

（5）设计研究是一个系统化的寻找和获得关于如何将设计计划与设计活动结合起来的知识。[1]

而事实上，设计研究是具有多重使命的，用任何一种唯一的视野判断所有问题都是危险的，用任何一种唯一的方式去解决所有问题也是力所不及的，故此将上述任何一种途径判断为唯一正确的立场似乎是不恰当的。作为相互补充的两种体系，它们有各自的研究目的和解决问题的侧重点，各自有其优势和不足，有时又服务于设计实践的不同阶段。

例如，"设计科学"在建构设计知识体系方面的积极意义是不容忽视的，同时也增强了设计分析的科学性。但是这些知识对设计行为的影响却是间接的，它不能被简单提取并直接应用，它需要设计师根据具体的问题情境来重构，这些"公共知识"必须内化为"个人知识"才能从设计过程中注入设计作品。因此，假使我们想要弥合实践、研究、教育之间的隔膜，就必须在一个平等对话的平台上创造一种跨学科、跨方法论的设计研究，以此来从多元化的视角解决当下的设计问题。

"通过设计做研究"（RTD）开辟了另一个设计研究的方向并试图架构设计学自身。它将设计理解为一种过程，强调设计行为本身在研究中的角色和意义，而研究者必须懂设计并且要亲自介入。奈杰尔·克罗斯教授提出：设计应当是并列于"科学"和"艺术"的第三种人类智力范畴，并在《设计师式的认知方式》一书中形成了独立于科学和艺术的"设计学科"这一思想基础，他主张设计应该有其独特的认知对象、认知方式以及解决问题的方式。这些方式与"科学家式的"或者"学者式的"认识方式并不相同，而是"设计师式的认知方式"。在他看来这三者是有区别的：方法体系方面，"科学主要采用受控的实验、分类和分析方法；人文则主要采用类推、比喻、批评和评价；设计采用建模和图示化等综合方法"；文化价值方面，"科学的价值主要是客观、理性、中立、关注'真实'，人文的价值为主观、想象、承诺、关注'公正'，设计的价值为实用、独创、共情、关注'适宜'"。[2] 2009年布莱恩·劳森教授出版了著作《设计专长》，对"设计"及所需要的"专长"进行了研究，并概括出一些设计专长的共性。通过这些新的探索，新的设计研究范式摆脱了僵化的科学方法论，从而将科学方法、人文方法都置于设计师特有的设计专长和设计师式的思维模式下进行跨学科的综合运用。

5.2.1.3　设计研究的途径与导向

清华大学的青年学者唐林涛认为，从研究的范畴上看，设计研究存在下列三种途径：

（1）Research about design，"关于"设计的研究；

（2）Research for design，"为了"设计而研究；

（3）Research through design，"通过"设计做研究。

具体而言，第一种研究主要是史论方面，再加上设计哲学或者设计教育等。尽管其输出的成果往往是文本，但是它应该是在实践的基础上进行分析、理解与思考，而不是书斋研究；第二种研究具有较强的针对性，主要是解决设计实践中提出的新问题，从设计实践的角度去生产新的设计知识，从而"以研究带动设计"；第三种研究具有一定的基础性和"实验性"，输出的成果大多是"物质性"的模型、原理形态或结构、节点等。假如套用工科的术语，这三种类型的研究可以分别叫作"理论研究""应用研究"和"基础研究"。而问题的关键在于，不论是何种研究都必须建立在与实践互动的

1　Nigan Bayazit.Investigating Design:A Review of Forty Years of Design Research[J].Design Issues,2004，20（1）:16-29.

2　郭湧. 当下设计研究的方法论概述 [J]. 风景园林，2011（2）:68-71.

基础之上，并不是研究生产知识和实践使用知识，二者不能割裂开来。事实上，研究不仅仅是提供知识，研究本身也是在解决问题，也是一种设计，而设计实践也往往融入研究的成分，二者并不存在明显的界限。不论是"理论研究""应用研究"还是"基础研究"，其研究的最终目的是一致的，都是为了更好的设计。[1]

随着设计的发展，尽管设计实践与设计研究的对象越来越精细化，设计实践与设计研究的人群开始出现了分化，然而两者不但在设计中需要互相依靠、相互合作，而且其工作性质还具有类似性。"设计师说 design as research（像做研究一样做设计），而设计研究者说 research as design（像做设计一样做研究）。"实际上，设计活动中的研究与实践实际是连续的，是一体两面的。[2]（图5-4）

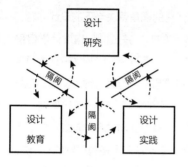
设计研究、设计教育、设计实践之间的隔阂

设计研究、设计教育、设计实践之间的整合

图5-4 设计研究、设计教育与设计实践的整合（作者自绘）

青年学者王效杰从设计研究管理的角度认为，"设计研究"是针对设计机构与设计项目，主要解决设计领域的现实问题与预测、准备未来问题。而设计研究的主体也不仅仅是高校与研究机构，更多更现实的问题是经由市场——企业这一管道涌现出来的，从而使企业也加入设计研究的行列。经过设计研究可以集中大家的智慧，针对现实与未来，使设计项目与设计经营更加畅通和方向明确。陈文龙的浩瀚设计正是通过设计研究协助企业提高竞争力。他们以开放的态度吸收多元领域的价值观、新信息的灵感刺激与丰富的人文精神内涵，激荡出了整体设计的创意火花，使浩瀚设计得以维持在设计创意与创新领域的顶尖地位。[3]

不同形式的设计研究具有不同的研究目的、研究方法、评价标准和研究策略。企业中的设计研究针对实效，以帮助企业解决问题为目的，通过研究指明行动方向。但是面对设计中的层层问题，需要认清问题的性质，有主次、有轻重、有缓急的整体把握，从方向、层次、体系方面有序地展开设计研究。[4]（图5-5、图5-6）而不同阶段、不同层级的设计研究的具体框架也是根据不同的问题属性、问题解决范围等具体条件动态建构并调整的。

由此可以看出，设计研究不应该被狭义化为理论的研究，设计研究的内涵和外延是随着设计的发展和研究者的需求和选择而不断被再建构的。随着设计概念的"广义化"，设计研究也应该呈现出多元化与开放性的特征：第一，设计研究的导向是多元化的，不论是以工程为导向，还是以社会文化

1 唐林涛 . 设计研究的三条途径 [A]// 袁熙旸 . 设计学论坛（第①卷）. 南京：南京大学出版社，2009:371-374.
2 唐林涛 . 设计研究的三条途径 [A]// 袁熙旸 . 设计学论坛（第①卷）. 南京：南京大学出版社，2009:374.
3 王效杰 . 工业设计：趋势与策略 [M]. 北京：中国轻工业出版社，2009:196-197.
4 王效杰 . 工业设计：趋势与策略 [M]. 北京：中国轻工业出版社，2009:198.

为导向，都只构成了设计研究的一个向度；第二，设计研究的途径是多角度的，不论是理论研究、应用研究还是基础研究，都是设计研究的一个重要方面，缺一不可，只有消除对立，增强互动与了解才能组成完整的设计研究体系，从而在深度和广度上取得新的发现；第三，设计研究的主体是多样化的，不论是设计机构、企业中的设计研发部门，还是高校、研究机构等都能构成设计研究的主体，甚至任何个人也能从事不同层次的设计研究；第四，设计研究输出的结果也是多层次的，它不但解决了现实设计问题，生产出新的设计知识，创造新的产品，还创造出一些思考设计的方式方法。

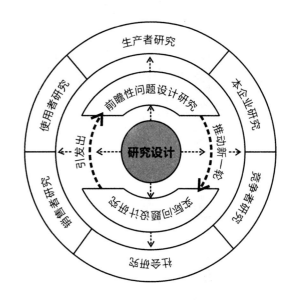

图 5-5 设计研究的框架
（图片来源：王效杰，《工业设计：趋势与策略》，2009）

不论从广义的角度还是从狭义的角度看，研究与设计的关系既是紧密的，又是有区别的。尽管设计是人类的一种特殊智能，由人设计又服务于人，但是研究终究是分析性的，而设计却是综合性的。建筑诗哲路易·康曾写道："人的一切没有一件是真正'可度量的'(measurable)。人绝对是'无可度量的'(unmeasurable)，人处于'不可度量的'位置，他运用'可度量的'事物让自己可以表达。"[1] 在设计过程中，设计师往往是将"不可度量"之物转化为"可度量的"，但最终还要回归到"不可度量的"整体性。是故不论设计研究如何发展，它都应该为设计服务、为人服务，而研究作为一种"手术刀式"的工具，如果用力过度或者使用不当，或许就有扼杀设计生命的危险。

5.2.2 重新连接"研究"与"现实世界"

早期的设计研究是按照机器时代的思维逻辑缔造的，所谓"研究"具体体现在需要从理论或者实际问题入手，系统地收集和分析数据，从而得到有意义的研究结论，而"科学"具体体现在"知识的规范化"和"形式化表达"。按照"逻辑实证主义"的科学观，设计研究被建立在可重复性、可学习的逻辑之上。设计研究需要去描述和解释设计，以解决"设计应该符合什么"的问题，并具有典型性和规范性。[2] 随着科学的发展与设计的发展，这种观念的悖论不断受到各种挑战与修正。

5.2.2.1 科学世界与生活世界的统一

"设计科学"与"设计方法运动"是将设计置身于"科学世界"，它们所理解的"广义设计学"也是透过"科学世界"看待"广义设计"的。而近代科学观视野下的"科学世界"是以简单性、普遍性、客观性和数学化为特征的，日常生活的丰富性、人类感情世界的多样性，都被精确的、可度量的数学性取而代之。自然科学的客观化和数学化的过程，正是一个不可避免的排除和否定主观性、差异

1 [美] 约翰·罗贝尔.静谧与光明：路易·康的建筑精神 [M].成寒，译.北京：清华大学出版社，2010:20.
2 赵江洪.设计和设计方法研究四十年 [J].装饰，2008 (9)：44-47.

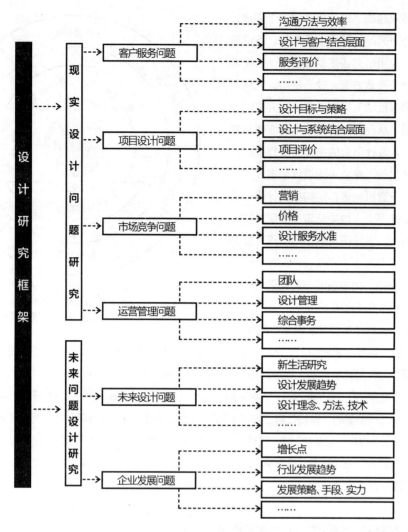

图 5-6　设计研究的框架
（图片来源：王效杰，《工业设计：趋势与策略》，2009）

性、情感性世界的过程。[1]

以往的"广义设计学"具有视野上的局限性是因为"科学世界"所探讨的"事实"仅仅是片段化的事实。"科学被分为若干部门是一种牵强的办法，各个不同学科，仿佛是我们对于自然界的概念上的模型的截面——更确切地说，是我们用以求得一个立体模型观念的平面图。一个现象，可以从各个不同的观点来观察。一根手杖，在小学生眼里是一根长而有弹性的棒杆；自植物学者看去，是一束纤维质及细胞膜；化学家认为是复杂分子的集体；而物理学家则认为是核和电子的集合体。神经冲动，可以从物理的、生理的或心理的观点来研究，而不能说某一观点更为真实"[2]。尽管科学知识的力量是惊人的，但是这些作用也表明，"从一个有限的视角获得的众多知识可能是一件十分危

1　李建盛. 艺术·科学·真理 [M]. 北京：北京大学出版社，2009：195.
2　[英]W.C. 丹皮尔. 科学史及其与哲学和宗教的关系 [M]. 李珩，译. 桂林：广西师范大学出版社，2007：449.

险的事情"[1]。面对复杂的、真实的世界，我们需要一种更加整体的认识论，也需要从更加多元的角度去处理问题。

5.2.2.2　自然世界、社会世界、人文世界的统一

无疑我们生活在一个高度复杂的世界，但是我们头脑中对这个复杂世界的认识却完全依赖于我们对它的"已有的认识"。抛弃掉已有的认识，我们将失去对世界起码的想象和认知能力。我们作为世界的"立法者"，我们所谈论、所栖居、所体验、所改造、所恨或所爱的世界本身只能是"人的"或"人文的"世界（整体世界的统称）。[2]而设计也正是存在于这个整体世界之中，而不应该存在于被简化的、被遮蔽的世界。

对于整体世界的认知与分析，中国古代曾经通过"天"和"人"的关系来建构中国思想的本体论。在西方也曾经对"自然世界""社会世界"与"人文世界"这种"三分"关系作出了长久的探讨。北京师范大学的石中英教授认为，所谓"自然世界"是由纯粹的自然事实和事件所构成的，在人的因素介入之前由"盲目的"自然力量所支配，在人的因素介入之后成为"人化的自然"，自然规律制约着人的主体性实践；所谓"社会世界"，是在"自然世界"基础上建立起来的新世界，由各种社会事实或事件所构成，社会价值规范作为"社会世界"的核心制约着人的社会实践；所谓"人文世界"，是在"社会世界"基础上所建立起来的一个新世界，或者说是在"社会世界"之中建立起来的一个新世界，它是由"社会价值"以及对这种价值进行总体反思和体验所形成的"意义"所构成的。在"人文世界"中，"意义"是核心的要素，"人文世界"还具有强烈的"历史性""个体性"和"主观性"。[3]

尽管"自然世界""社会世界"与"人文世界"之间的逻辑关系和现实关系还有待进一步论证，但是假使按照这种"三分"世界，以往的"广义设计学"所面对的世界仅仅是整体世界的一个方面，不但过度强调了"自然世界"，还与其他"世界"对立起来。赫伯特·西蒙的"设计的科学"、富勒的"设计科学"更多关照到经过简化的、平面化的、一维的"自然世界"。而悖论是西蒙曾经在《人工科学》中将设计定义为"恶性问题"，就意味着在设计中不能由局部的性质推论出整体的性质，并且旧问题的解决往往又带来有待进一步解决的新问题。那么只局限于"科学世界"来解决所有的设计问题本身就是值得怀疑的。对于西蒙所提出的严谨的"设计的科学"，马瑞佐·维塔认为，任何实践方法和目标都以其功能性领域之外的价值为条件。他认为，设计文化不仅包括了有用物的生产，也包括了它们的销售和消费。设计文化包含在了"在设计有用物时应该考虑的科学、现象、知识、分析手段和哲学的全部，因为这些物品是在更加复杂和难以琢磨的经济、社会模式的语境下生产、销售和使用的"。尽管赫伯特·西蒙通过《人工科学》将设计"广义化"并建立起不同类型的设计之间的联系，但是我们不能假定一种单一的模式能定义每一个人的设计过程。[4]对于地方性、个人性、情境化的设计问题同样是不可以忽视的。

维克多·帕帕奈克曾经呼吁设计师应该为真实的世界而设计，这需要我们走进现实世界、走进生活去发现设计的需求，去承担设计师的社会责任，而不是狭义的关注孤立的物品与技术。"广义的设计"作为一种连接"人""境""事""物"的方式，作为使"自然世界""社会世界"与"人文

1　[美]理查德·塔纳斯.西方思想史[M].吴象婴，晏可佳，张广勇，译.上海：上海社会科学院出版社，2007：482.

2　石中英.知识转型与教育改革[M].北京：教育科学出版社，2007：264.

3　石中英.知识转型与教育改革[M].北京：教育科学出版社，2007：273-274.

4　[美]维克多·马格林.设计问题：历史·理论·批评[M].柳沙，张朵朵，等译.北京：中国建筑工业出版社，2010：4-5.

世界"契合在一起的媒介，应该不仅仅是专业人员参与的一种实践，它还是一种以多种不同方式进行的基本人类行为。[1] 并且"广义设计"中意义的问题不能兑换为价值问题，意义需要的匮乏不能由价值需要弥补，而"人文世界"的危机也不可能通过"社会世界"的重建得以解决。因而，只有将"广义设计学"回归到整体的世界中，才能不仅仅关注设计的"事实"，而是将设计的"事实""价值"与"意义"统一起来。（图5-7、表5-2）

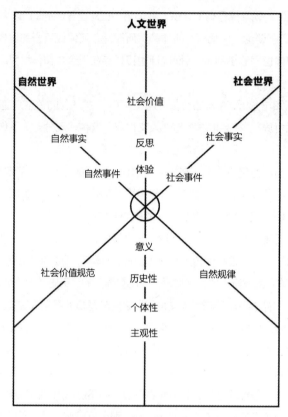

图5-7　自然世界、人文世界、社会世界的统一（作者自绘）

5.2.2.3　心之轴、感性轴、理性轴的统一

　　设计作为改造世界并改变人类自身的活动，不但要统合"外在世界"，还要统合"内在世界"，才能进一步实现"个人"与"世界"的契合。就像深泽直人所言，设计是我们感知和观看世界的方式，通过设计我们可以扩展既有的感知领域和观看方式。[2] "外在世界"可以理解为由"自然世界""社会世界"与"人文世界"契合在一起的"完整世界"；"内在世界"可以理解为由"心之轴""感性轴""理性轴"[3]三位一体的"完整世界"（图5-8）。[4]而设计行为必须要建立在人与物、人与环境的关系之上，亦即在"外在世界"与"内在世界"交互活动中不断创新。并且，"'设计'具有一种特性，只能借由实际经验才能理解；无论如何精确地掌握设计的理论，若无法在行为上开花结果，就不具有任何意

1　[美]维克多·马格林.设计问题：历史·理论·批评[M].柳沙，张朵朵，等译.北京：中国建筑工业出版社，2010:26.

2　[日]后藤武，佐佐木正人，深泽直人.不为设计而设计，最好的设计：生态学的设计论[M].黄友玫，译.台北：漫游者文化出版社，2008:281.

3　[日]后藤武，佐佐木正人，深泽直人.不为设计而设计，最好的设计：生态学的设计论[M].黄友玫，译.台北：漫游者文化出版社，2008:274.

4　当然，这里所阐释的"内在世界"和"外在世界"仅仅是一种关系模型，并不等同于真实世界的镜像。

义。因为，必须将身体感官的经验注入理论，才能够确实明了所谓设计这种行为"[1]。"广义设计学"为了实现新的整合，必须重新建构新的关系，在这些关系中重新思考设计。对于主观与客观、理论与感性、心灵与身体、人与环境、人与物等问题也必须摆脱非此即彼的二元哲学，去掉固有的成见与预设。

表 5-2　四种文化九个方面的比较 [2]

	自然科学家	社会科学家	人文学者	设计师
1. 主要兴趣	对所有自然现象进行预言和解释	对人类行为和心理状态进行预言和解释	理解人类对各种事件的反应和人们强加于经验的各种意义，这些意义是作为文化、历史时代和个人经历的一种功能	根据实践需求创造产品和服务，解决现实问题，并赋予生活以意义，塑造人类生活及人自身，不以追求认知为目的，更关心事物应该如何
2. 主要证据来源和对主要条件的控制	通过实验来控制物质实体的观察结果	各种行为、口头陈述和较少使用的各种生物措施，在并非总是能控制环境的条件下进行搜集	在最低控制的情况下搜集起来的各种已存的文本和各种人类行为	根据现实情境和需求发现问题，寻找与设计的接触点和相关知识系统，过滤信息程度与设计思考方式密切相关
3. 主要词汇	各种语义和数学概念，其所指事物是物理学、化学和生物学的物质实体，并假定为超越了特定的背景	涉及个体或群体的各种心理特征、状态和行为结构，接受观察背景施加于普遍性之上的各种限制	涉及人类行为及驱使这些行为产生的事件的各种概念，对这些事件的推断受种种严格的前后关系限制	·专有词汇：草图、模型、图纸…… ·其他词汇，来自其他学科和日常语言 ·词汇标准不唯一，主要是一种"约定"
4. 历史条件的影响	最小	中等	严重	严重
5. 对伦理的影响	最小	重要	重要	严重
6. 对外部支持的依赖	高度依赖	中等依赖	相对依赖	高度依赖
7. 工作条件	小规模或大规模合作	小规模合作或单独	单独	单独、小规模或大规模合作
8. 对国民经济的贡献	重要	中等	最小	重要
9. 完美的标准	结论涉及自然界中最基本的物质成分，是从机器所产生的证据中推断出来的，经得起数学描述的检验	结论能够经受人类行为的广阔理论视野的检查	采用文雅的散文来描述出语义上连贯的各个论点	·好看（美学、感性的） ·好用（经济性、实用性、理性的） ·感觉好（骄傲的、感性＋理性）

1　[日] 后藤武，佐佐木正人，深泽直人. 不为设计而设计，最好的设计：生态学的设计论 [M]. 黄友玫，译. 台北：漫游者文化出版社，2008：12-13.
2　本表格参照了 [美] 杰罗姆·凯根. 三种文化：21 世纪的自然科学、社会科学和人文学科 [M]. 王加丰，宋严萍，译. 上海：格致出版社，上海人民出版社，2010：3.

此外，之所以强调"内在世界"的整合，还在于辩证地看待"个人知识"与"公共知识"的关系。当设计被作为一个学科的时候，就势必会忽略其个人性与特殊性，转而强调普遍性。为了将设计的经验与理论的可表述、可解释、可传授，设计行为和设计研究会转化为"显性"的公共知识，而设计中却存在大量"隐性的"的波兰尼所谓的"个人知识"。路易·康"将能产生此个人之知的器官称为'心'(mind)，而让人获得知识的是脑(brain)"。他认为："心和脑大不相同，脑只是一件工具，而心是独一工具……心所带来的是'不可度量的'，而脑能做的是'可度量的'，两者的差异如昼夜之别，如黑白之分。"[1]故此，每个设计师不同于他者之处并不在于"可度量"、可沟通的"公共知识"，而是来自内心、来自直觉、来自顿悟的"个人知识"。故此，设计是存在于"规范"与"自由"之间的张力中，设计中只有"适宜"，而没有绝对的好与坏或高级与低级。

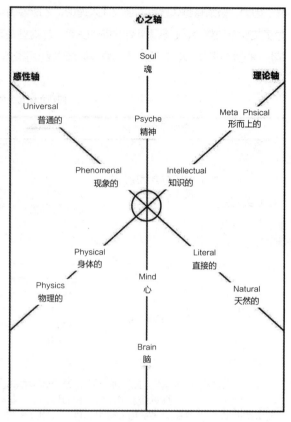

图 5-8　心之轴、感性轴、理论轴的统一
（图片来源：后藤武，佐佐木正人，深泽直人，《不为设计而设计，最好的设计》，2008）

5.2.3　小结

受到近代表象主义科学世界观的影响，以往的"广义设计学"都是建立在"设计科学"的框架内的，这种研究范式至今仍然有效，但是并不能解决当今涌现的难以解决的新问题。并且近代科学世界观导致的科学危机和文化危机已经迫使西方社会反思以往的哲学观，"现代西方哲学主张理性应回归人的生活世界，将人的生活世界视为科学世界的意义源泉，以此来重建人类的意义世界和精神家园"[2]。面对中国社会人文精神的缺失或萎靡，我们就更需要"自然世界""社会世界""人文世界"的新统一。"人文世界"作为总体世界的"灵魂"，由"意义问题"和"意义危机"所导致的"人文世界"的破碎和萎靡必然导致整个人类总体世界的分裂与塌陷。意义的失落已经成为个体与整个现代人类社会种种"病态"和"荒谬"的总根源。[3]作为人文学科的"设计研究"必须以"设计"为媒介介入到这种"人文世界"的重建中。

因而，必须重构一种新的"广义设计学"，它所面对的是"自然世界""社会世界"与"人文世界""三位一体"构成的人类总体世界，它通过设计将"事实""价值"与"意义"契合在一起，将人类行为与现实世界契合在一起。

1　王维洁．路康建筑设计哲学论文集[C]．台北：田园文化事业有限公司，2010:77.
2　王攀峰．走向生活世界的课堂教学[M]．北京：教育科学出版社，2007:4.
3　石中英．知识转型与教育改革[M]．北京：教育科学出版社，2007:278.

5.3 本章结语

凯文·凯利这样看待我们的科学知识体系：

> 我们称之为科学的知识架构中存在着裂痕，一个缺口……科学知识是一种平行的分布式体系。没有中心，没有人处于控制地位。它也是一个网络，一个事实和理论相互影响共同进化的体系……知识、真理和信息在网络和群体系统内流动……我们共同了解的很多科学知识都发源于一些小的领域，而在这些领域之间却是大片物质的荒漠。

他还将当下的科学知识架构隐喻为"大片无知的荒漠中横亘着一个个自成体系的知识山峰"。在当下的"设计研究"中，我们所依赖的科学知识体系就是在这样的"荒漠"与"高山"中进行的。不同的实践者和研究者总是站在各自的"位置"与"视点"去看待"设计"，看待"研究"：每个人选择依据何种知识和学科，取决于他们站在"哪座山上"；每个人从何种角度切入"设计"或"研究"，取决于他们站在"山脚"还是"山顶"；每个人也都有选择自己行动范围的权利，有些人来往于不同的"山地"与"荒漠"之间，有些人敢于"开垦荒漠"，有些人"久居山中"，与其他人"老死不相往来"……

以上的比喻和猜想事实上不无道理。托尼·比彻以文化人类学的方法研究了 220 多名学者，提出了"学科领地"与"部落文化"的观点。托尼·比彻将"彼此隔离、共同性少、交流也不多的各个学科共同体比作部落，它们内部共享着相同的信念、文化和资源。但由于其他部落很少往来，而它们形成部落的基础就在于它们是在同一块知识领地上进行生活与劳作"。托尼·比彻采用了"转变的景观，变化的领土"来形容高等教育不断变化的状况对学者、对学术部落、对科学领土所带来的深远影响。他认为"景观"的比喻极为恰当："如果仅仅是'土地'，是不会有观赏者的，而'景观'却不同，'景'是有人有意识的投影，是人对'土地'的领悟和反映。"

通过论文对设计研究的种种背景的论述，我们发现对于中国设计的整个"地形"已经发生了变化，设计整合、跨学科合作和设计的"广义化"探索都在各个不同的领域进行着。我们所需要的，是对这些"土地"变化的"感悟与回应"。而正是这些"回应"构成了"广义设计学"研究的文化景观与实践景观。无论以何种"研究导向"切入，都将是实践中的一种"风景"，这种"风景"本身是立体的、多维的，本来并没有"景框"。而无论追求何种"广义设计"的研究或实践都要回归到"如何去更好的设计，如何更好地生活，共建和谐的文明"。